Cutting-Edge Technologies in
**Smart
Environmental
Protection**

智慧环保前沿技术丛书

U0201620

智慧环保前沿技术丛书

城市供水系统智能优化与控制

Intelligent Optimization and Operation Control
of Urban Water Supply Systems

乔俊飞　傅安琪　潘广源　李云峰　著

化学工业出版社

·北京·

内容简介

本书详细介绍了智能优化和控制方法在城市供水系统中的重要作用和巨大潜力，主要包括智能优化和运行控制两大部分，涵盖了从管网设计到供水过程系统控制的主要理论、设计方法和应用实例。在介绍成果的同时，也加入了城市供水系统的研究背景和现状、供水系统模型、常见优化和控制方法等基础内容，以方便读者阅读。

本书适合从事自动控制理论与技术、城市供水系统智能优化领域的专业研究人员和工程技术人员阅读，也可作为高等院校相关专业研究生及高年级本科生的教材和参考书。

图书在版编目（CIP）数据

城市供水系统智能优化与控制 / 乔俊飞等著. —北京：化学工业出版社，2023.7
　（智慧环保前沿技术丛书）
　ISBN 978-7-122-43948-2

Ⅰ. ①城…　Ⅱ. ①乔…　Ⅲ. ①城市供水系统-智能控制　Ⅳ. ①TU991

中国国家版本馆CIP数据核字（2023）第139987号

责任编辑：宋　辉
文字编辑：李亚楠　温潇潇
责任校对：李雨函
装帧设计：王晓宇

出版发行：化学工业出版社
　　　　　（北京市东城区青年湖南街13号　邮政编码100011）
印　　装：天津图文方嘉印刷有限公司
710mm×1000mm　1/16　印张21¼　字数398千字
2024年1月北京第1版第1次印刷

购书咨询：010-64518888
售后服务：010-64518899
网　　址：http://www.cip.com.cn
凡购买本书，如有缺损质量问题，本社销售中心负责调换。
定　　价：128.00元

Cutting-Edge Technologies in
Smart Environmental Protection

序

  环境保护是功在当代、利在千秋的事业。早在 1983 年，第二次全国环境保护会议上就将环境保护确立为我国的基本国策。但随着城镇化、工业化进程加速，生态环境受到一定程度的破坏。近年来，党和国家站在实现中华民族伟大复兴中国梦和永续发展的战略高度，充分认识到保护生态环境、治理环境污染的紧迫性和艰巨性，主动将环境污染防治列为国家必须打好的攻坚战，将生态文明建设纳入国家"五位一体"总体布局，不断强化绿色低碳发展理念，生态环境保护事业取得前所未有的发展，生态环境质量得到持续改善，美丽中国建设迈出重大步伐。

  环境污染治理应坚持节约优先、保护优先、自然恢复为主的方针，突出源头治理、过程管控、智慧支撑。未来污染治理要坚持精准治污、科学治污，构建完善"科学认知－准确溯源－高效治理"的技术创新链和产业信息链，实现污染治理过程数字化、精细化管控。北京工业大学环保自动化研究团队从"人工智能＋环保"的视角研究环境污染治理问题，经过二十余年的潜心钻研，在空气污染监控、城市固废处理和水污染控制等方面取得了系列创新性成果。"智慧环保前沿技术丛书"就是其研究成果的总结，丛书包括《空气污染智能感知、识别与监控》《城市固废焚烧过程智能优化控制》《城市污水处理过程智能优化控制》《水环境智能感知与智慧监控》和《城市供水系统智能优化与控制》。丛书全面概括了研究团队近年来在环境污染治理方面取得的数据处理、智能感知、模式识别、动态优化、智慧决策、自主控制等前沿技术，这些环境污染治理的新范式、新方法和新技术，为国家深入打好污染防治攻坚战提供了强有力的支撑。

  "智慧环保前沿技术丛书"是由中国学者完成的第一套数字环保领域的著作，作者紧跟环境保护技术未来发展前沿，开创性提出智能特征检测、自组织控制、多目标动态优化等方法，从具体生产实践中提炼出各种专为污染治理量身定做的智能化技术，使得丛书内容新颖兼具创新性、独特性与工程性，丛书的出版对于促进环保数字经济发展以及环保产业变革和技术升级必将产生深远影响。

清华大学环境学院教授
中国工程院院士

随着人类社会文明的进步和公众环保意识的增强，科学合理地利用自然资源，全面系统地保护生态环境，已经成为世界各国可持续发展的必然选择。环境保护是指人类科学合理地保护并利用自然资源，防止自然环境受到污染和破坏的一切活动。环境保护的本质是协调人类与自然的关系，维持人类社会发展和自然环境延续的动态平衡。由于生态环境是一个复杂的动态大系统，实现人类与自然和谐共生是一项具有系统性、复杂性、长期性和艰巨性的任务，必须依靠科学理论和先进技术的支撑才能完成。

面向国家生态文明建设，聚焦污染防治国家重大需求，北京工业大学"环保自动化"研究团队瞄准人工智能与自动化学科前沿，围绕空气质量监控、水污染治理、城市固废处理等社会共性难题，从信息学科的视角研究环境污染防治自动化、智能化技术，助力国家打好"蓝天碧水净土"保卫战。作为国内环保自动化领域的拓荒者，研究团队经过二十多年的潜心钻研，在水环境智能感知与智慧管控，城市污水处理过程智能优化控制，城市供水系统智能优化与控制，城市固废焚烧过程智能优化控制以及空气质量智能感知、识别与监控等方面取得了重要进展，形成了具有自主知识产权的环境质量感知、自主优化决策、智慧监控管理等环境保护新技术。为了促进人工智能与自动化理论发展和环保自动化技术进步，更好地服务国家生态文明建设，团队在前期研究的基础上，总结凝练成"智慧环保前沿技术丛书"，希望为我国环保智能化发展贡献一份力量。

本书的主要内容包括城市供水现状分析、供水管网分析与建模方法、供水系统组成与动力学模型、不同类型城市管网优化设计、供水管网健康监测及智能管理、城市供水系统智能控制和优化调度等，为城市供水系统智能优化和运行控制提供了理论方法和技术基础。本书致力于科学供水、高效供水，涵盖了从管网设计到供水过程控制的主要理论、设计方法和应用实例，旨在解决城市供水系统设计与运行中的优化与控制方面的问题，为提升城市供水水平、降低供水过程资源消耗，实现社会可持续发展和经济可持续增长做出应有的贡献。

本书的研究工作得到国家自然科学基金项目 (62021003、61890930) 和科技创新 2030 "新一代人工智能"重大项目 (2021ZD0112301、2021ZD0112302) 的资助。感谢国家自然科学基金委员会、科技部长期以来的支持，使我们团队能够心无旁骛地潜心研究。感谢团队研究生杨少布道、魏新宇、张岩、范飞、戴永吉等同学，他们在资料整理、图形绘制、文字校对等方面做了大量的工作，为本书出版进程的加快和出版质量的提高做出了贡献。感谢城市供水系统领域的国内外专家学者，你们的思想启迪了我们的智慧，你们的成功激励了我们继续前行的勇气，你们的研究工作无疑使本书的内容得到了进一步升华。

由于自动控制、人工智能、给水工程等领域知识体系不断丰富和发展，而作者的知识积累有限，书中难免有不妥之处，敬请广大读者批评指正。

目 录

第 1 章　概述　　　　　　　　　　　　　　　　　　　　/ 001

　1.1　城市供水系统　　　　　　　　　　　　　　　　/ 002

　1.2　城市供水管网的优化　　　　　　　　　　　　　/ 003
　　1.2.1　传统优化设计方法　　　　　　　　　　　　/ 004
　　1.2.2　智能优化设计方法　　　　　　　　　　　　/ 005

　1.3　城市供水系统的控制　　　　　　　　　　　　　/ 008
　　1.3.1　传统控制方法　　　　　　　　　　　　　　/ 009
　　1.3.2　现代控制方法　　　　　　　　　　　　　　/ 010

　1.4　城市供水系统优化与调度　　　　　　　　　　　/ 012

　1.5　本书组织结构　　　　　　　　　　　　　　　　/ 013

　参考文献　　　　　　　　　　　　　　　　　　　　/ 014

第 2 章　城市供水管网分析与建模　　　　　　　　　　/ 017

　2.1　城市供水管网图论基础　　　　　　　　　　　　/ 018

　2.2　供水管网图形的简化　　　　　　　　　　　　　/ 019

　2.3　供水管网水力特性分析　　　　　　　　　　　　/ 021

　2.4　供水管网水力计算方法　　　　　　　　　　　　/ 023

　2.5　供水管网优化设计目标　　　　　　　　　　　　/ 025
　　2.5.1　经济性目标函数　　　　　　　　　　　　　/ 026
　　2.5.2　可靠性目标函数　　　　　　　　　　　　　/ 027

　参考文献　　　　　　　　　　　　　　　　　　　　/ 030

第 3 章　城市分布式供水系统模型　　　　　　　　／033

　3.1　概述　　　　　　　　　　　　　　　　／034

　3.2　常用设备与设备控制　　　　　　　　　／036

　3.3　水箱系统模型　　　　　　　　　　　　／041
　　　3.3.1　水箱系统概述　　　　　　　　　　／042
　　　3.3.2　系统建模与参数辨识　　　　　　　／045
　　　3.3.3　控制器设计　　　　　　　　　　　／046

　3.4　反馈通路网络化的影响与理论　　　　　／049
　　　3.4.1　无线网络化控制方法　　　　　　　／049
　　　3.4.2　混杂系统理论　　　　　　　　　　／051
　　　3.4.3　事件触发控制方法　　　　　　　　／054
　　　3.4.4　无线网络传输技术与协议选取　　　／055

　本章附录：水箱系统建模过程　　　　　　　／061

　参考文献　　　　　　　　　　　　　　　　／068

第 4 章　树状城市管网优化设计　　　　　　　　／071

　4.1　树状管网模型　　　　　　　　　　　　／072
　　　4.1.1　模型介绍及特点　　　　　　　　　／072
　　　4.1.2　优化目标设计与分析　　　　　　　／072
　　　4.1.3　优化方法　　　　　　　　　　　　／072

　4.2　粒子群优化算法　　　　　　　　　　　／074
　　　4.2.1　算法介绍　　　　　　　　　　　　／074
　　　4.2.2　优化设计分析　　　　　　　　　　／075
　　　4.2.3　改进1：提高后期种群多样性　　　／081
　　　4.2.4　改进2：提高搜索效率　　　　　　／084
　　　4.2.5　改进3：解决初期无目的性问题　　／087
　　　4.2.6　改进4：全局与局部搜索的平衡　　／091

　4.3　优化结果分析　　　　　　　　　　　　／093

4.3.1　树状管网优化案例 1　　　　　　　　/ 093

4.3.2　树状管网优化案例 2　　　　　　　　/ 095

参考文献　　　　　　　　　　　　　　　　/ 097

第 5 章　环状城市管网优化设计　　　　　　/ 101

5.1　双环状管网模型　　　　　　　　　　　/ 102

5.1.1　模型介绍及特点　　　　　　　　　　/ 102

5.1.2　约束条件设计与分析　　　　　　　　/ 102

5.1.3　优化方法　　　　　　　　　　　　　/ 104

5.2　蚁群算法　　　　　　　　　　　　　　/ 104

5.2.1　算法介绍　　　　　　　　　　　　　/ 104

5.2.2　标准蚁群算法　　　　　　　　　　　/ 106

5.2.3　改进 1：提高信息素更新效率　　　　/ 108

5.2.4　改进 2：一种高效的搜索机制　　　　/ 109

5.2.5　改进 3：信息素更新过程的优化　　　/ 110

5.2.6　综合改进算法的流程　　　　　　　　/ 111

5.2.7　改进算法的性能测试　　　　　　　　/ 112

5.3　优化结果分析　　　　　　　　　　　　/ 114

5.4　多环状管网模型　　　　　　　　　　　/ 117

5.4.1　汉诺塔模型介绍及特点　　　　　　　/ 117

5.4.2　可靠性分析　　　　　　　　　　　　/ 119

5.4.3　基于经济性与可靠性的供水管网模型　/ 122

5.4.4　约束条件设计与分析　　　　　　　　/ 123

5.4.5　优化方法　　　　　　　　　　　　　/ 124

5.5　遗传算法　　　　　　　　　　　　　　/ 124

5.5.1　算法简介　　　　　　　　　　　　　/ 124

5.5.2　NSGA2 算法　　　　　　　　　　　/ 125

5.5.3　两种改进型 NSGA2 算法　　　　　　/ 129

        5.5.4　函数测试及评价指标　　　　　　　　/ 132

        5.5.5　改进型 NSGA2 性能测试　　　　　　/ 133

    5.6　优化结果分析　　　　　　　　　　　　　/ 136

    参考文献　　　　　　　　　　　　　　　　　/ 137

第 6 章　典型城市管网优化设计　　　　　　　　　　/ 141

    6.1　典型城市管网　　　　　　　　　　　　　/ 142

        6.1.1　城市管网概述　　　　　　　　　　　/ 142

        6.1.2　纽约城市管网　　　　　　　　　　　/ 142

        6.1.3　约束条件设计与分析　　　　　　　　/ 145

        6.1.4　优化方法　　　　　　　　　　　　　/ 147

    6.2　强度 Pareto 进化算法　　　　　　　　　/ 147

        6.2.1　强度 Pareto 进化算法简介　　　　　/ 147

        6.2.2　基于参考向量的强度 Pareto 进化算法　/ 152

        6.2.3　函数测试及评价指标　　　　　　　　/ 155

        6.2.4　改进型 SPEA2 性能测试　　　　　　/ 157

    6.3　优化结果分析　　　　　　　　　　　　　/ 171

        6.3.1　模型优化结果　　　　　　　　　　　/ 171

        6.3.2　工程实例　　　　　　　　　　　　　/ 172

    参考文献　　　　　　　　　　　　　　　　　/ 174

第 7 章　城市供水管网健康监测与智能预警　　　　　/ 177

    7.1　供水管网健康监测需求分析　　　　　　　/ 178

    7.2　我国供水管网运行与管理现状　　　　　　/ 178

    7.3　供水管网漏损检测技术　　　　　　　　　/ 180

7.4　供水管网漏损智能预警与控制　　　　　　　/ 181

7.5　管网健康监测技术发展趋势　　　　　　　　/ 182

参考文献　　　　　　　　　　　　　　　　　　/ 182

第 8 章　城市供水管网智能管理系统　　　　　　　　/ 185

8.1　智能管理系统概述　　　　　　　　　　　　/ 186

8.2　供水信息管理系统的需求分析与设计　　　　/ 187

　　8.2.1　系统需求分析　　　　　　　　　　　/ 187

　　8.2.2　系统功能设计　　　　　　　　　　　/ 188

　　8.2.3　语言方法及工具　　　　　　　　　　/ 190

8.3　管网管理系统软件基本功能的实现　　　　　/ 191

　　8.3.1　登录及用户信息管理　　　　　　　　/ 191

　　8.3.2　管线信息管理　　　　　　　　　　　/ 192

　　8.3.3　实时监控信息管理　　　　　　　　　/ 193

　　8.3.4　爆管信息查询及分析　　　　　　　　/ 195

　　8.3.5　预警信息查询　　　　　　　　　　　/ 196

　　8.3.6　后台管理　　　　　　　　　　　　　/ 198

8.4　地理信息模块的设计　　　　　　　　　　　/ 198

　　8.4.1　GIS 模块的研究　　　　　　　　　　/ 198

　　8.4.2　ArcGIS 软件介绍　　　　　　　　　　/ 198

　　8.4.3　ArcEngine 与 Visual Studio 的联合开发　/ 200

　　8.4.4　GIS 模块的设计与实现　　　　　　　/ 201

　　8.4.5　国产 GIS 系统的发展　　　　　　　　/ 210

8.5　智能决策模块的设计　　　　　　　　　　　/ 211

　　8.5.1　智能决策模块　　　　　　　　　　　/ 211

　　8.5.2　关键技术　　　　　　　　　　　　　/ 211

　　8.5.3　MATLAB 与 VS 混合编程　　　　　　/ 213

　　8.5.4　界面设计　　　　　　　　　　　　　/ 214

　　8.5.5　操作方法及结果显示　　　　　　　　/ 215

8.5.6 预留界面与用户自定义 / 216

参考文献 / 218

第 9 章 分布式供水系统智能控制 / 221

9.1 智能分布式供水系统概述 / 222

9.2 控制方法 / 224

9.2.1 周期性时间触发控制方法（TTC） / 224

9.2.2 周期性集中式事件触发控制方法（PETC） / 225

9.2.3 周期性分布式异步更新事件触发控制方法（ADPETC） / 226

9.2.4 周期性分布式同步更新事件触发控制方法（SDPETC） / 235

9.3 传输协议设计 / 239

9.3.1 简单 TDMA 传输协议 / 240

9.3.2 C-TDMA 传输协议 / 241

9.3.3 SDC-TDMA 传输协议 / 243

9.3.4 ADC-TDMA 传输协议 / 244

9.4 运行结果与分析 / 245

9.4.1 参数选取 / 245

9.4.2 评价指标 / 247

9.4.3 运行结果与分析 / 248

9.5 结论 / 254

本章附录：证明 / 254

参考文献 / 260

第 10 章 远程分布式供水系统智能控制 / 263

10.1 动态事件触发控制方法 / 264

10.1.1 系统概述 / 264

10.1.2 稳定性分析 / 270

10.1.3 实验结果和分析 / 272

10.1.4 结论 / 274

10.2 异步采样事件触发控制方法 / 275

10.2.1 系统概述 / 275

10.2.2 稳定性分析 / 279

10.2.3 实验结果和分析 / 282

10.2.4 结论 / 282

10.3 基于 LoRa 的远程分布式供水系统 / 283

10.3.1 系统概述 / 283

10.3.2 系统描述 / 285

10.3.3 Ctrl-MAC 通信协议 / 288

10.3.4 Ctrl-MAC 与 LoRaWAN 对比 / 294

10.3.5 Ctrl-MAC 在远程分布式供水系统中的应用 / 297

10.3.6 运行结果和分析 / 301

10.4 结论 / 309

本章附录：证明 / 309

参考文献 / 312

第 11 章 城市供水系统优化与调度 / 315

11.1 供水系统调度的作用与挑战 / 316

11.2 供水系统调度的内容与发展现状 / 317

11.3 供水系统调度的发展趋势 / 320

参考文献 / 321

中英文对照表 / 323

常用数学符号

$\mathbb{R}^+$	正实数
$\mathbb{R}_0^+$	非负实数
$\mathbb{N}$	自然数（包括 0）
$\mathbb{N}^+$	非零自然数
$\lvert \bullet \rvert$	对向量是欧氏范数；对矩阵是 $\mathcal{L}_2$ 诱导范数
$\mathcal{L}_2$	所有 $\mathcal{L}_2$ 范数有限信号的空间
$\mathcal{L}_\infty$	所有 $\mathcal{L}_\infty$ 范数有限信号的空间
$\lambda_{\max}(\boldsymbol{P})$	对称矩阵 $\boldsymbol{P}$ 的最大特征值
$\lambda_{\min}(\boldsymbol{P})$	对称矩阵 $\boldsymbol{P}$ 的最小特征值
$\lfloor s \rfloor$	最接近但是小于等于标量 s 的整数
$\lceil s \rceil$	最接近但是大于等于标量 s 的整数
$\mathbb{R}^n$	n 维实数向量空间
$\mathcal{M}_{m \times n}$	$m \times n$ 维实数矩阵的集合
$\mathcal{M}_n$	$n \times n$ 维实对称矩阵的集合
$\boldsymbol{M} \succ 0$	正定对称矩阵
$\boldsymbol{M} \succeq 0$	半正定对称矩阵
$\lvert \boldsymbol{x} \rvert_{\mathcal{A}}$	向量 $\boldsymbol{x}$ 到闭集 $\mathcal{A}$ 的距离

Cutting-Edge Technologies in
**Smart
Environmental
Protection**

第 1 章

概述

1.1
城市供水系统

供水系统是一类将水资源根据需要，进行重新分配的系统。具体来讲，供水系统的目的是将水从水源地输送到水厂并最终到达终端用户。供水系统是一个非常复杂的系统，一个完整的供水系统包括取水、输水、水质处理和配水等设施，如图 1-1 所示。

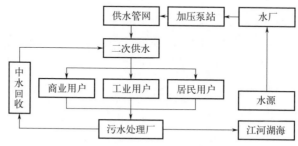

图 1-1　典型城市供水系统原理框图

首先使用取水设施从天然或人工水源中取水；然后经过输水设施，取得的水被送至水厂进行水质处理，以达到规定的水质；最后由配水设施分配，经过输水设施送达终端用户。供水系统按照地理范围和物理尺度，可以分为跨区域调水系统（例如南水北调工程）、城市供水管网系统（又称城市配水网络系统），以及楼宇的二次供水系统。跨区域调水系统物理尺度大，地理范围广，设计建造和控制多要考虑生态问题、地质问题等。城市供水管网系统主要覆盖城市以及毗邻区域。从城市供水管网到达楼宇等终端后，一般水头较小，需要经过加压等才能到达用户，因此称为二次供水系统。

城市供水管网系统主要用于将水源的水分配给城市的终端用户，解决终端用户用水需求的问题。由于城市地理范围广，日需水量高，难以使用挖井、积蓄雨水等手段满足日常的生产生活需求，因此需要从较为集中的一个或多个水源取水，经由水厂提升水质，通过管道形成的供水网络输送给终端用户。水源的水一般由降水、河流、处理后的污水或是来自调水工程的水补充。从水源中获得的水经由水厂处理后，成为质量达标的饮用水。管道中的水经由多个泵站到达供水终端。

城市供水系统随着城市的出现而产生，随着文明的发展而不断进步，并推动着城市的发展[1]。在中国古代，城市的供水围绕着水井展开。我国钻井机械最早可以追溯到公元一世纪的西汉时期[2]。随着城市的发展，进行更好的供水，一直以来都是城市供水系统面对的任务和挑战，城市供水系统主要面临 3 个方面的问题。

首先是节能减排问题。为了分配并输送水，城市供水系统需要额外的能源供应。供水系统是用能大户，降低供水系统的能源消耗非常重要。供水系统已经成为降低碳排放量的重点行业，同时，降低供水系统能耗也是提升供水企业经济效益的重要途径。

其次是节水问题。城市供水系统存在供水漏损。漏损主要由各种类型的管线漏点、水箱及水池等储水设施的渗漏和溢流等造成。一般可以分为 3 类：明漏，或称爆管，即不经检漏即可发现的较为明显的漏点产生的漏水；暗漏，即现有检漏技术下能够检测到的漏损；背景损漏，即现有检漏技术下不能检测到的漏损。供水系统输水过程中的漏损对我国水资源造成了巨大的浪费，因此，对供水系统进行科学的布局和压力管理，减少供水过程中的漏损是非常有必要的。

最后是水资源分配问题。城市供水系统的目的是将达到要求水质的水输送给不同的终端用户。由于水体和空气中存在微生物等，供水系统中水体的水质不断下降。此外，不同的终端用户有不同的用水特点，例如：居民用水的高峰发生在早晚，而凌晨则是用水低谷；工业用水需求则较为平稳。因此，如何合理布局供水管线，优化分配水资源，保证供水系统送达终端用户的水质符合要求，是城市供水系统面临的一个重要课题。

1.2
城市供水管网的优化

在城市供水系统中，供水管网的优化设计是一个重要的内容。在设计供水管网时，一般需要考虑的几个因素是：能否保证水量和水压满足要求、水质是否合格、供水系统是否安全可靠、是否满足管线造价的经济性[3]。因此，通常以这几个条件作为目标进行管网优化设计。按照优化设计的目标是一个还是多个，管网优化设计模型可以分为单目标管网模型和多目标管网模型。另一方面，在优化设计时，还需要考虑管网运行的工况，例如，最大传输时的工况、事故时的工况和消防时的工况等。根据考虑的工况个数，管网的优化设计模型又可以分为单工况优化设计模型和多工况优化设计模型两类。因此，结合以上两种分类方法，供水管网优化设计模型可以分为单目标单工况优化设计模型、单目标多工况优化设计模型、多目标单工况优化设计模型和多目标多工况优化设计模型四类[4]。

① 单目标单工况优化设计模型。就是仅考虑供水的经济性指标的优化设计模型。通常，研究对象是管网最大日最大时的用水工况。该类优化设计模型研究较为成熟，如文献 [5-8]。

② 单目标多工况优化设计模型。就是考虑近期规划或者远期规划内可能出现的多种情况，包括最大用水时工况、最大传输时工况、消防时工况、现状供水工况、规划年限等，统计出现情况最多时候的供水条件、节点压力等。单目标多工况优化设计模型中，首要考虑的指标还是管网设计的经济性，如文献 [9]。

③ 多目标单工况优化设计模型。到目前为止的多目标单工况优化设计模型，优化设计的目标通常选择较高可靠度和最小总费用年折算值，如文献 [10-12]。

④ 多目标多工况优化设计模型。目前，在实质上研究和应用的供水管网多目标多工况优化设计尚不多见。

在优化方法方面，城市供水管网系统优化设计方法一般分为两大类：传统的数学优化方法，或称作确定性优化方法；现代的智能优化方法，或称作随机性优化方法 [13]。

1.2.1　传统优化设计方法

经典的数学优化方法较早地应用于实际工程中，理论也相对成熟，其优点在于使模型能够较快地收敛到局部最优，并已在供水管网优化设计领域取得了一定的成果。代表性的算法有以下 4 种。

（1）枚举法

在进行归纳推理时，如果逐个考察了某类事件的所有可能情况，因而得出一般结论，那么这结论是可靠的，这种归纳方法叫作枚举法。枚举法是利用计算机运算速度快、精确度高的特点，对待解决问题的所有可能情况，一个不漏地进行检验，从中找出符合要求的答案，因此枚举法是通过牺牲时间来换取答案的全面性。因为枚举算法要列举问题的所有可能的答案，所以得到的结果肯定是正确的。但是此种方法效率低下，数据量大的话，可能会造成时间崩溃。

（2）线性规划法

线性规划法就是在线性等式或不等式的约束条件下，求解线性目标函数的最大值或最小值的方法。其中目标函数是优化要求达到目标的数学表达式，用一个极大值或极小值表示；约束条件是指实现目标的限制因素，用一组等式或不等式来表示。线性规划法是运筹学中发展迅速、应用较为广泛的一个重要分支，是研究线性目标函数与线性约束条件下的极值优化问题的数学理论，被广泛地应用于经济规划、生产调度、工程设计和科学研究等方面。线性规划技术是供水管网系统优化设计领域中常用的、应用较早的一种方法，主要用来对树状管网进行优化设计。利用线性规划法对供水管网进行优化计算，必须先将线性规划法中的约束条件和目标函数转化成线性函数，如此一来无法保障求解的精度，并且预处理的数据量也较大；此外，线性规划法把管径视为连续变量进行处理，与市售的离散管径存在矛盾[14]。

(3) 非线性规划法

非线性规划技术研究的是目标函数与约束条件中至少有一个是未知决策量的非线性函数的实函数的极值问题，并在一组不等式或等式的约束条件下进行求解的极值优化问题。非线性规划在产品优化设计、生产过程自动化、管理和经济等领域都有着十分广泛的应用。一个给定的管网系统的管段水头损失和基础建设的投资费用都与管段直径成非线性关系。因此，非线性规划技术能够更加精确地反映管网系统内部的非线性关系，从而获得更加接近工程实际情况的最优解方案。但该方法在解决离散的管网优化问题时，具有一定的局限性。由于在解决供水管网问题中，需要将管径看作是一个连续的变量，因此该算法求得的管网系统的最优管径组合不能直接满足工程要求，还需要对管径进行圆整操作。此外，非线性规划法一般很难求解到问题的全局最优解，往往只能获得局部最优解。特别是当问题的决策变量较多时，算法的求解速度以及解的精度会大大降低。

(4) 动态规划方法

求解决策优化过程的最优化数学方法是动态规划法。其基本思路是：首先把所要进行求解的问题划分成若干个子问题，然后对子问题进行求解，进而通过子问题的解求得原来问题的解。自从动态规划方法被提出以来，在工程技术、生产调度、最优控制和经济管理等方面应用非常广泛。动态规划法求解小型或简单的管网系统能够得到全局最优解或次优解。但是动态规划方法在优化过程中需要的计算时间较长，而且占用的计算机内存也较大，特别是在求解比较复杂的管网系统时无法求得最优解。此外，动态规划方法没有判断一个问题能否构成动态规划的准则，没有构造问题模型的统一标准。因此，动态规划法在比较复杂的供水管网系统优化设计问题的应用中受到了很大的限制[15]。

总之，经典数学优化方法在解决城市供水管网系统优化设计问题时存在着一些不足，例如：算法对复杂管网的优化求解能力有限，在进行优化之前需要对管网模型进行简化，并且不能确保算法搜索到问题的全局最优解；算法直接求得的解不能符合标准的离散管径的要求，使得优化结果与实际的工程之间有一定的差距。因此，在城市供水管网优化设计领域，随着智能计算方法的兴起，经典数学优化方法已逐渐被智能优化设计方法所取代。

1.2.2 智能优化设计方法

智能计算方法是受到人类智慧与大自然智慧的双重启发，基于不同的观点而设计出的一类方法的统称。这些方法起源于对生物的身体机能、生理构造的模仿，或对自然界的物理现象的模仿，或对动物的群体性行为的模仿，或对生物界的进化过程的模仿，或对人类的记忆、语言、思维过程特征的模仿。智能计算方法主要包括：

① 模拟群体智能行为的优化算法，例如粒子群优化算法、蚁群算法、鱼群算法等；

② 模拟生物进化过程的优化算法，例如遗传算法、差分进化算法、人工神经网络方法等。

这些方法有着相同的要素，即随机产生或指定的初始状态、修改算法结构的操作、迭代的终止条件、适应度函数评价、自适应结构等。智能计算方法不但具有自适应、自学习的特征，还具有计算简单、通用性和鲁棒性强、适用于并行处理等特点[16]。下面简述常见的智能算法。

① 遗传算法（Genetic Algorithm，GA）是一种对自然进化搜索最优解的过程进行模拟而衍生的方法，是对遗传学机理中的进化过程与达尔文生物进化论的选择过程进行模拟的智能计算模型，它最早是由美国 J. Holland 教授于 20 世纪 70 年代提出来的[17]。遗传算法是从任意初始的群体开始搜索，然后通过随机选择、交叉和变异等操作，使群体在进化过程中逐渐向搜索空间中越来越好的可行解域靠近。遗传算法的主要特点是不存在函数连续性和高阶求导的限定，能够对结构对象进行直接的操作。遗传算法利用概率的方法来自动地获取、指导优化的搜索空间，并且能够自适应地改变搜索进化的方向，不需要确定的进化规则，具有更好的全局寻优能力。遗传算法已经被成功并广泛地应用于信号处理、组合优化、自适应控制、机器学习和供水管网优化等领域[18]。遗传算法具有很好的自组织性、自适应性和自学习性，但是如果适应度函数选择不当，在优化过程中遗传算法有可能出现早熟收敛，最终收敛于局部最优。

② 粒子群优化算法（Particle Swarm Optimization，PSO）由 J. Kennedy 和 R. Eberhart 于 1995 年提出，是受人工生命研究结果启发，在模拟鸟群觅食过程中的迁徙和群集行为时提出的一种基于群体智能的演化计算技术[19]。该算法具有并行处理能力强、鲁棒性好等优点，能以较大的概率找到问题的全局最优解，且计算效率比传统随机方法高。粒子群优化算法的最大优势在于简单易实现，收敛速度快，而且有深刻的智能背景，既适合科学研究又适合工程应用。粒子群优化算法已在函数优化、神经网络设计、分类、模式识别、信号处理、机器人技术等应用领域得到广泛应用[20]。粒子群优化算法依赖的经验参数较少，收敛速度快，操作简便，易于实现；能够方便地与已有的其他算法或模型相结合；在解决经典优化算法难以求解的诸如不连续、不可微的非线性和组合优化问题时有巨大的优势；扩展性好，易于扩展到其他模型结构中。但是粒子群优化算法本质上是一种仿生

进化算法，作为贪婪算法的一种，同样不可避免地会面临收敛到局部最优的问题。粒子群优化算法在求解优化问题的初期收敛速度较快，后期由于所有的粒子都向最优粒子靠近，整个群体失去多样性，算法易陷入局部最优，从而导致最终的优化结果可能不是全局最优值。

③ 蚁群算法（Ant Colony Optimization，ACO）由意大利学者 M. Dorigo 等人在 20 世纪 90 年代初首先提出，是一种用来求解复杂优化问题的元启发式算法[21]。蚁群算法不仅可以进行全局智能搜索，并且具有鲁棒性、正反馈、分布式计算、适合于离散问题优化等特点。但是蚁群算法在对给水管网进行优化时限制了管网系统的规模，且对于较大管网系统的优化，蚁群算法需要较长的搜索时间，并容易出现停滞现象。

④ 差分进化算法（Differential Evolution，DE）是 M. Ernesto 和 K. Price 等人于 1995 年为求解 Chebyshev 多项式而提出的一种智能优化算法[22]。差分进化算法作为一种进化计算技术，是一种基于实数编码的全局优化方法，其实质是具有保优思想的贪婪遗传算法。同遗传算法一样，差分进化算法包含变异、交叉操作，但同时相较于遗传算法的选择操作，差分进化算法采用一对一的"精英"淘汰机制来更新种群[23]。差分进化算法在一定程度上考虑了多变量间的相关性，因此相较于粒子群优化算法，其在变量耦合问题上有很大的优势。在许多情况下，差分进化算法已经表现出优于遗传算法和粒子群优化算法的性能[24]。差分进化算法以受控参数少、鲁棒性强的特点广泛应用于约束优化、机器智能、人工神经网络、信号处理、优化控制等领域[25]。作为一种基于种群的寻优方法，差分进化算法也存在早熟收敛、易陷入局部最优和所谓的"维数灾"等问题。同时，算法在迭代后期，随着种群多样性的降低，局部搜索能力会变差，收敛速率将变得缓慢，导致算法难以获得全局最优值，使得搜索效率变差。

⑤ 模拟退火算法（Simulated Annealing，SA）的基本思想由 N. Metropolis 等人于 1953 年首次提出[26]。模拟退火算法是在进化搜索的过程中，通过赋予一种随时间变化并最终趋于零的概率突跳性，从而使算法可以有效地趋于全局最优值，避免陷入局部最小的串行结构的优化算法。模拟退火算法是一种通用性较高的优化算法，目前已经在实际工程，如信号处理、生产调度、神经网络、机器学习等领域中得到了广泛应用。然而，模拟退火算法在优化迭代的过程中，对初始温度的设定有较高的依赖性，同时不能够确定理论上的最小迭代次数，所以算法的搜索效率比较低。

⑥ 人工神经网络（Artificial Neural Networks，ANN）是借鉴生物神经网络结构和生物神经元工作机理，在一定程度上模拟人脑功能的信息处理系统。它将实际问题的优化解与神经网络的稳定状态相对应，把对实际问题的优化过程

映射为神经网络系统的演化过程[27]。人工神经网络在处理复杂、非线性和不确定问题时具有较强的学习能力、自适应能力、容错能力、并行处理能力和泛化能力。

⑦ 蛙跳算法（Shuffled Frog Leaping Algorithm，SFLA）由 M. Eusuff 和 K. Lansey 等人于 2003 年最先提出[28]，这种算法通过模拟青蛙觅食过程中信息共享和交流的特点而产生。蛙跳算法具有收敛速度快、算法模型简单、易于实现等特点，但是传统的蛙跳算法模型不适合处理离散的组合优化问题。

⑧ 蜜蜂算法（Honey-Bee Mating Optimization，HBMO）是 1996 年 T. Seeley 在蜂群自组织模型基础上提出的一种群集智能算法[29]。蜜蜂算法操作和实现较为复杂，但具有较高的开发潜力。

在解决城市供水管网系统优化设计这一类实际工程问题时，由于系统的数学模型具有不确定性、高度离散性和复杂性等特点，采用传统的数学优化方法很难求得适应度函数的梯度和高阶导数等，因此，智能优化算法在城市供水系统优化求解中拥有更为广阔的应用前景。

1.3
城市供水系统的控制

虽然供水系统的规模和复杂程度各不相同，但是它们有着共同的基本目的——将水从水源地或者水处理设备输送到用户。从水源到用户之间需要管网、水泵、阀门等传输设施，同时还需要水池、水库等储水设施去适应因用户使用和消防用水变化而引起的需求波动。管网、储水设施和供水设施共同构成所谓的供水系统（Water Distribution Systern WDS）。

对于供水系统，管网的设计与建设固然重要，但是通过对水泵、阀门等设备进行控制，使饮用水能够通过管网系统输送给终端用户也是供水过程中不可或缺的一个重要环节。供水系统中，水泵和阀门是主要执行机构，水泵的主要作用是将电能转变为水的动能；阀门主要用于改变水的运动方向和流量。通过控制水泵和阀门，能够实现对供水系统的控制目的，如满足供水需求，优化水资源分配等。供水系统中，水泵耗电占供水系统总耗电量的 80% 以上。水泵和阀门的控制的精度高低，不仅关系到能否实现设计的优化目标，达到给终端用户供水的目的，也关系到能否实现节能减排的目的。因此，通过精准的优化调度技术、合适的水泵工况选取、高效的变频调速控制方法等手段，提高水泵的综合运行效率，降低输水过程中的能源消耗是非常重要的。

1.3.1 传统控制方法

传统控制方法主要面向供水系统的状态切换[30]。例如压力切换，即系统内压力低于某个预定值的时候，可以设定一个切换动作，以打开某个水泵或者改变某个阀门的开度。或者水泵可以依据每天水量的消耗曲线，在用水峰值来临前几个小时开始工作来向供水水箱内注水。

一般来讲，供水管网系统可以控制的对象和对应的控制动作主要有以下 3 种。

（1）管道控制

管道控制即通过控制管道相关的隔离阀门来决定该管道处于开启的状态还是关闭的状态。通过管道的开启和关闭，不仅可以改变管网局部的水压，也可以隔离发生故障的管道。

（2）水泵控制

最简单的水泵控制是开启或关闭水泵，较复杂的控制是使用变频调速等方式改变水泵的运行状态从而控制流速和改变水泵出口处的水头。

（3）调节阀门控制

相比较于隔离阀门，调节阀门可以自由控制阀门的开度，从而控制流经阀门的流量。通过调节阀门控制，供水系统可以限制某一部分的流量，或者当某一部分有较高的需水量时，通过将调节阀门完全打开以满足供水需求。

传统的控制主要利用隔离阀门和水泵的开关进行控制。传统的控制方法可以分为两类：人工控制和较为简单的自动控制。

人工控制即操作员根据供水系统当前状态或者预定的供水计划，通过控制管道、水泵和阀门改变供水系统的状态，从而调节系统的供水量。这种控制方法需要大量的人力进行手动检测和控制，人力成本较高导致运行费用高昂，控制精度不高且易于出错，难以满足较大型供水系统的要求。

自动化的控制方法通过引入控制器（例如单片机和继电器），将人工控制替换为自动控制。例如，当供水水箱的水位低于某一个阈值时，水泵自动打开，从而向水箱内注水；当供水水箱的水位高于一个预定值时，水泵自动关闭。自动控制反应速度快，控制精度高，不易出错，可以满足一定的控制需求，且可以解放大量劳动力，使得系统的运行更加经济，更加容易预测，具有更强的适应性。

虽然单片机和继电器的结合实现了简单的自动控制，提高了供水系统的供水效率，降低了运行成本，但是这种控制方法只能利用简单的开与关动作，无法通过控制水泵的转速和调节阀门的开度对供水系统实现更进一步的精确控制，导致对应的供水系统无法应对复杂工况。总而言之，这种简单的自动控制方法可以满足小范围的供水需求，但是无法满足现代城市对供水系统供水能力的更高要求。

1.3.2 现代控制方法

随着智能控制理论和技术的发展和进步，供水系统的控制也逐步实现了现代化和智能化。现代智能控制方法可以综合利用隔离阀门、利用具有转速调节功能的水泵和调节阀门，进行更为精确的控制，从而驱动供水系统实现更加复杂的功能，同时提高控制系统的控制精度。

目前应用最广泛的智能控制方法是基于可编程控制器（PLC）的 PID 反馈控制[31]。这种控制方法首先将预先设定的供水计划或者传感器检测到的供水系统当前运行状态传输给可编程控制器，通过运行控制器内预先存储的 PID 控制律，计算出水泵的流量和调节阀门的开度，然后传输给对应的执行器，通过变频调速等方式实现对水泵和调节阀门的精确控制，从而最终实现对供水系统的高精度控制。相比较于使用单片机和继电器的自动控制方法，使用可编程控制器的自动化供水系统拥有更大的优势，例如：控制系统简单灵活；有较高的通用性；控制响应快、精度高、稳定性好、可靠性高、故障率低、寿命长；由于可以根据实际用水量调节水泵的转速和阀门的开度，因此可以保证水泵始终运行于高效率区间，从而提高了设备的运行效率，降低了能源消耗；通过将可编程控制器与数据采集与监控系统（SCADA）联合，可以实现设备之间的联动，进行大数据的采集和分析并上传给远程监控系统，实现实时监控。

在设计 PID 控制器的时候，可以依托系统模型，通过对系统进行时域分析、频域分析，进行较为精确的控制律设计[32]；对于难以建立模型的复杂系统，也可以不依托系统模型，通过调试 PID 控制器的参数，给出可以使用的控制器。

PID 控制器更适合应用于单输入单输出（SISO）的单回路反馈控制系统，当被控对象为多输入多输出系统，缺乏变量间耦合信息的单回路控制，很难保证良好的全局控制性能，而设计适合多输入多输出系统的 PID 控制器较为复杂。此外，PID 控制器的参数多来源于设计人员的调试，而不是精确的计算，因此 PID 控制器的效果主要依据经验，这一方面导致设计 PID 控制器仍旧需要大量的人力资源，另一方面也导致控制效果难以进一步提高。

除了 PID 控制器，还可以使用其他智能控制方法。目前比较流行的智能控制方法还包括现代控制方法、自适应控制方法、模糊控制方法、模型预测控制方法、无线网络化控制方法等。

现代控制方法非常适合处理多输入多输出的复杂系统。现代控制理论是一种建立在状态空间法基础上的控制理论，这种控制方法对系统的分析和设计主要通过时间域上系统的状态变量的描述来进行。围绕优化和稳定的要求，利用最优控制、极点配置等方法和理论设计控制律，非常适合计算机辅助设计和计算[33]。现代控制方法在航空航天等领域取得了辉煌的成就。但是这种方法需要被控对象精确的数学模型，如果被控对象模型不够精确，则控制的效果会大打折扣。由于城市供水系统十分复杂，范围十分广阔，因此构建一个精确的供水系统模型较为困难，故应用现代控制方法会受到一定的限制。

自适应控制（Adaptive Control，AC）则是一种适合控制存在不确定部分的系统的控制方法[34]。系统的不确定部分包括但不限于参数不确定、初始值不确定，或者系统的参数可变。自适应控制方法可以通过在线计算的方式，一边给出控制信号，一边迭代控制律，从而更加深刻地了解被控对象并逐渐给出更合适的控制律，实现对含有不确定部分的系统的稳定性控制。自适应控制在工业生产中已经有了诸多成功的应用。但是运行自适应控制需要的在线计算量较大，一般的可编程控制器较难满足迭代控制律对计算能力的要求，因此需要引入高性能嵌入式芯片或者工控机作为控制器。

模糊控制（Fuzzy Control，FC）也是一种适合于被控对象难以精确建模的系统的控制方法[35]。模糊控制可以模仿人工控制的方式，根据操作人员的控制经验，利用计算机实现精确的控制。特别适合处理具有复杂性、非线性、滞后性、耦合性等特点的复杂被控对象。模糊控制在工业生产和日常生活中已经有了大量的应用。特别地，模糊控制可以和自适应控制方法结合起来，称之为自适应模糊控制，其通过自适应算法在线更新模糊控制器，从而适用于更为复杂、参数和动态过程不断变化的系统[36]。自适应模糊控制的应用前景十分广泛。但是自适应模糊控制不仅对控制器计算能力要求较高，其性能好坏也依赖操作人员的控制经验。

模型预测控制（Model Predictive Control，MPC）是一种能够处理系统的输入信号和输出信号存在约束，且期望控制器能够优化控制被控对象的，适合多输入多输出系统的控制方法[37]。模型预测控制首先在工业界提出并取得了非常突出的控制效果。之后随着控制理论的不断发展，才从理论上给出了模型预测控制的相关证明。模型预测控制需要一个预测模型，这个模型可以非常简单，甚至可以是系统的阶跃响应模型，因此不需要系统的精确模型；在线优化控制器根据预测模型和系统约束、性能指标等参数，不断在线计算未来有限时间内系统的优化控制输入。通过运行时更新预测模型和不断在线滚动优化，模型预测控制可以非常好地应对系统的结构和参数发生改变的情况。因此，模型预测控制非常适合处理工业过程控制系统这类含有非线性、不确定性、时变性等特点的复杂系统。但是模型预测控制需要在每一个采样时刻在线求解优化问题，因此对于控制器的计算能力有着非常高的要求。早期阶段由于计算机计算能力的制约和成本的限制，模型预测控制仅仅应用在大型系统的过程控制中，例如大型石油化工生产的过程控制中。

无线网络化控制方法则是一种基于现代控制理论，尤其是混杂系统理论[38]，特别适合物理范围较大的被控对象的控制方法。一般来讲，供水系统的反馈控制回路包括三个部分，即传感器（如压力传感器、流量传感器、液位传感器等）、控制器和执行器（如水泵和阀门）。无线网络化控制方法利用无线网络将所有这些节点连接起来，从而大大提高了节点安装的便利性和空间适应性。设想在城市级别的供水系统中，分布着大量的传感器、控制器和执行器，连通这些传感器、控制器和执行器的线缆铺设将是一笔巨大的开支。如果传感器、控制器和执行器节点并不连通，那么基本的数据采集、管网监控和供水量的智能控制几乎无法实现，而使用无线网络代替有线线缆则能节省大量建设和维护开支。无线网络化控制方法的关键在于使用现代控制理论的同时，需要结合无线网络传输协议进行深度结合设计[39]。而且无线网络化控制系统（WNCS）需要额外考虑无线网络带来的有限带宽和去掉线缆后各个无线节点由于电池供电带来的本地能量有限的问题。但是随着 5G 通信技术的发展和电池技术的进步，以及无线网络化控制系统理论的发展，特别是信息物理系统（CPS）方法的研究和进步，无线网络化控制方法越来越显示出其在大范围控制系统应用中的优势。无线网络化控制方法是一个在城市供水系统中非常有应用前景的控制方法。

1.4
城市供水系统优化与调度

在供水管网建成并投入使用后，另一个重要的课题是如何实现供水的优化调度。供水调度是在现有的供水资源条件下，面向不同类型的终端用户，依照供水调度关键指标的引导，通过优化计算得出调度指令，对生产和供水管网等设备中的水资源进行均衡调配，以持续满足终端用户的用水需求的过程。可以看到，供水调度是对现有水资源的一种关于时间和空间的调配。

供水调度有两项基本原则。

首先，供水调度只考虑既有的供水资源条件。供水调度只能进行水资源的再分配，无法超出现有条件。因此供水调度的主要任务是在有限的供水资源条件下，通过优化平衡各个用户之间的用水矛盾，深度挖潜供水能力，减少供水过程损耗浪费，满足用户用水需求。

其次，供水调度需要围绕关键调度指标进行，其他优化指标需要在满足关键指标之后，才给予考虑。这也是由于供水资源有限所决定的。对于城市供水系统，保证供水质量，满足居民正常生活用水，是供水调度需要优先考虑的指标。

供水调度的实现需要依靠调度指令。调度指令决定了供水调度如何运行，其决策依据决定了供水调度的先进程度。传统的调度指令来源于调度员[40]。决策依据通常是预先编制的年度和季度用水计划、整体用水调度方案，结合观测到的水源水量和对用户用水需求的预测而编制的水量平衡表。这种供水调度决策方式严重依赖调度经验，调度决策过程难以达到最优化。另外，随着城市规模的不断扩大，水源来源广泛且复杂，用水需求复杂多变，这种供水调度决策方式已经难以满足现代城市的供水需求。调度决策结果不尽平衡，导致为了满足居民正常用水这一基本指标，只能不断加大管道压力，因此管网漏损时有发生，造成了资源的极大浪费。

随着技术的不断进步，地理信息系统（GIS）、数据采集和监控系统的引入，供水系统特别是管网系统的监控水平不断提升；加之管网模拟仿真系统和优化调度软件的开发利用，供水调度实现了智能化。供水调度的本质是一个优化问题，因此既可以使用前述介绍的传统优化方法，例如线性规划法和动态规划法，也可以使用智能优化方法。

1.5
本书组织结构

本书由 11 章组成，结构如下所述。

第 1 章为概述，介绍了城市供水系统的重要意义和存在的问题，综述了城市供水系统的优化和控制方法。

第 2 章为城市供水网络数学模型，为管网优化提供模型支持。

第 3 章为城市分布式供水系统模型，为供水系统的过程控制提供模型支持。

第 4 章为树状管网模型优化设计，使用改进的粒子群优化算法对管网进行优化。

第 5 章为环状管网模型优化设计，使用改进的蚁群算法和遗传优化算法对管网进行优化。

第 6 章以纽约城市管网模型为典型城市管网，设计使用改进的强度 Pareto 进化算法进行优化。

第 7 章介绍城市供水管网健康监测技术和智能预警方法。

第 8 章为城市供水管网智能管理系统，从系统开发的目标、特色、需求分析、设计、软件基本功能、地理信息模块设计、智能决策模块设计等方面，详细介绍了一款针对城市供水管网的智能管理系统。

第 9 章为分布式供水系统智能控制，介绍了时间触发控制方法和多种事件触发控制方法，以及对应的基于 TDMA 的传输协议的设计，通过在水箱系统部署和运行，给出了实验结果对比和分析。

第 10 章为远程分布式供水系统智能控制，分别介绍了动态事件触发控制方法、异步采样事件触发控制方法和基于 LoRa 的远程分布式供水系统的设计和运行。

第 11 章介绍城市供水系统的优化与调度。

参考文献

[1] 孙晓. 世界经济一体化形势下中国城市水务产业投融资问题研究 [D]. 青岛: 青岛大学, 2010.

[2] 张永刚. 重庆地区市政供水工程中项目管理的应用研究 [D]. 重庆: 重庆交通大学, 2014.

[3] Eusuff M. Optimization of Water Distribution Network Design Using the Shuffled Frog Leaping Algorithm [J]. Water Resource Planning and Management, 2003, 129 (3): 210-225.

[4] 张增荣. 给水管网单目标多工况优化设计的研究与应用 [D]. 上海: 同济大学, 2007.

[5] Savic D A, Walters G A. Genetic Algorithms for Least-Cost Design of Water Distribution Networks [J]. Water Resources Planning And Management, 1997, 123 (2): 67-77.

[6] 曾文, 时圣磊, 丁晶晶. 基于管线对偶图模型的供水管网可靠性分析 [J]. 哈尔滨工业大学学报, 2018, 050 (008): 56-63.

[7] Schaake J, Lai D. Linear Programming and Dynamic Programming Applications to Water Distribution Network Design [R]. Cambridge: Dept. of Civil Engineering, MIT, 1969: 116.

[8] Afshar M H. An Iterative Penalty Method for the Optimal Design of Pipe Networks [J]. International Journal of Civil Engineerng, 2009, 7 (2): 109-123.

[9] 董深, 吕谋, 陆海. 基于遗传算法给水管网优化模型的改进研究 [J]. 中国给水排水, 2007, 23 (017): 87-90.

[10] Burrows R, Tabesh M. Head-driven simulation of water supply networks [J]. International Journal of Engineering, 2002, 15 (1): 11-22.

[11] Formiga K T, Chaudhry F H, Cheung P B, et al. Optimal design of water distribution system by multiobjective evolutionary methods [C]// 2nd International Conference on Evolutionary Multi-Criterion. 2003. DOI: 10.1007/3-540-36970-8_48.

[12] 蒋怀德. 给水管网多目标优化设计 [D]. 上海: 同济大学, 2007.

[13] 孟玮. 城市给水管网系统的分类及其优化设计模型探析 [J]. 科技信息, 2012, 000 (029): 373.

[14] 何素芬, 范远威, 汤涛, 等. 基于线性规划的给水管网系统动态有限元优化设计 [C]. 湖北省土木工程专业大学生科技创新论坛, 2010.

[15] 陈国栋, 尹士君, 汤金如, 等. 枚举法和动态规划法在污水管网布置优化中的应用 [J]. 给水排水, 2008, 289 (03): 114-117.

[16] 吴春梅. 现代智能优化算法的研究综述 [J]. 科技信息, 2012, 000 (008): 31.

[17] Holland J H. Adaptation in Natural and Artificial Systems. Cambridge: MIT Press, 1975.

[18] 葛继科, 邱玉辉, 吴春明, 等. 遗传算法研究综述. 计算机应用研究, 2008, 25 (10): 2911-2916.

[19] Kennedy J, Eberhart R. Particle Swarm Optimization [C]// Icnn95-International Conference on Neural Networks. IEEE, 1995.DOI: 10.11.09/ICNN. 1995. 488968.

[20] 郭远帆. 基于粒子群优化算法的最优潮流及其应用研究 [D]. 武汉: 华中科技大学, 2006.

[21] Dorigo M, Stutzle T. Ant Colony Optimization [M]. Cambridge: MIT press, 2004.

[22] Ernesto M, Price K, Lampine J. Differential Evolution—A Practical Approach to Global Optimization [M]. New York: Springer, 2005.

[23] 刘波, 王凌, 金以慧. 差分进化算法研究进展 [J]. 控制与决策, 2007, 22 (7): 721-727.

[24] Vestertrom J, Thomson R. A Comparative Study of Differential Evolution, Particle Swarm Optimization, and Evolutionary Algorithms on Numerical Benchmark Problems [C]. New York: IEEE Congress on Evolution computation, 2004: 1980-1987.

[25] 杨启文, 蔡亮, 薛云灿. 差分进化算法综述 [J]. 模式识别与人工智能, 2008, 21 (4): 506-512.

[26] Steinbrunn M, Moerkotte G, Kemper A. Heuristic and Randomized Optimization for the Join Ordering Problem [J]. The VLDB Journal, 1997, 6 (3): 8-17.

[27] Wang S C. Artificial neural network [C]. Boston: Springer, Interdisciplinary computing in java programming, 2003: 81-100.

[28] 韩毅, 蔡建湖. 随机蛙跳算法的研究进展 [J]. 计算机科学, 2010, 37 (7): 16-19.

[29] 薛晗, 李迅, 彭胜军. 空间机器人随机故障容错规划的蜜蜂算法 [J]. 信息与控制, 2009, 38 (6): 724-734.

[30] 沃斯基. 高级供水系统建模与管理 [M]. 北京: 中国水利水电出版社, 2016.

[31] 赵锂, 章林伟, 王研, 等. 二次供水工程设计手册 [M]. 北京: 中国建筑工业出版社, 2018.

[32] 胡寿松. 自动控制原理 [M]. 7版. 北京: 科学出版社, 2019.

[33] 张嗣瀛, 高立群. 现代控制理论 [M]. 2版. 北京: 清华大学出版社, 2017.

[34] 柴天佑, 岳恒. 自适应控制 [M]. 北京: 清华大学出版社, 2016.

[35] 范军芳. 模糊控制 [M]. 北京: 国防工业出版社, 2017.

[36] 佟绍成, 李永明, 刘艳军. 非线性系统的自适应模糊控制 [M]. 2版. 北京: 科学出版社, 2020.

[37] 席裕庚. 预测控制 [M]. 2版. 北京: 国防工业出版社, 2013.

[38] Goebel R, Sanfelice R G, Teel A R. Hybrid Dynamical Systems: modeling, stability, and robustness [M]. Princeton: Princeton University Press, 2012.

[39] Allen M, Preis A, Iqbal M, et al. Water distribution system monitoring and decision support using a wireless sensor network [C]. Honolulu: IEEE SNPD, 2013: 641-646.

[40] 南京水务集团有限公司. 供水调度工基础知识与专业实务 [M]. 北京: 中国建筑工业出版社, 2019.

第 2 章

城市供水管网分析与建模

2.1

城市供水管网图论基础

管网图形的性质可以用图论的基本理论来分析。"图"由"弧"和"顶点"两部分组成。供水管网的几何图形可以抽象地认为是由管段（也称管线）和节点构成的有向图，将管段看作"弧"，将节点看作"顶点"，管网本身也是一种"图"。管网图形中每一个节点通过一条或多条管段和其他节点相连接。舍弃后会破坏"图"的连续性的管段，称为联系管段[1]。绝大多数的管网为平面图形，即平面上的两条管道只在其起点和终点相交，没有其他公共点。

管网图的节点包括：

① 配水源节点，如泵站、水塔、高位水池等；

② 不同管径或不同材质的水管相连接的点，也就是水流条件变化的点。

按照管线与节点的连接方式，供水管网一般可分为树状管网、环状管网、混合管网。树状管网的任意两节点之间只有一条管线，环状管网的任意两节点之间至少连接两条管线。混合管网既包含树状管网，也包含环状管网，是一种比较复杂的管网组成模式。

城市和工业供水管网在建设初期采用的往往都是树状管网，随着城市的发展和用水量的日益增加，根据需求将树状管网连接成环状管网，同时建设多个水源[2]。树状管网的计算比较简单，管段的流量可以由节点流量连续性方程组直接解出，不用求解非线性方程。树状管网的计算一共分两步：

步骤1：用流量连续性条件计算管网的流量，并计算出管段压降；

步骤2：根据管段能量方程和压降方程，从压力确定的节点出发求出各节点水头。

环状管网各个管段的实际流量必须满足节点流量连续性方程和环能量方程的条件，由于参数较多、工况多变，所以一个环状的管段流量、水头损失和节点压力都不明确。求解环状管网的两种基本方法为解环方程组和解节点方程组。

（1）解环方程组

求解环状管网的思想就是先给各个管段分配好初始流量，并且满足管网的节点流量连续性方程，在满足节点流量连续性不变的前提下，通过校正流量，使得环状管网各个管段满足环能量方程。规定顺时针校正的环校正流量为正，逆时针校正的为负。环校正流量是未知的。求解环能量方程组，方程的数量与管网的环数是相等的。

（2）解节点方程组

解管网节点方程：首先给各个管段一个节点水头，使其满足管网环能量方程，但此时不满足节点流量连续性方程。然后给各个节点施加一个增量（正值为提高节点水头，负值为减小节点水头），通过求解节点压力的增量，使其满足节点流量连续性方程。

2.2
供水管网图形的简化

城市供水管线遍布在城市的地下，管网的形状和城市规划的平面设计有着密切的联系，如图 2-1 所示。通常，城市供水管网是由环数较多的环状管网和树状管网组合成的混合管网，由于城市供水管线繁多，特别是大中型城市，如果将所有的地下管线都考虑进去加以计算，计算量特别大，有时候甚至是不可能完成的。因此，在对实际的管网进行优化计算之前，要对管网适当地加以简化，删掉次要的管线，保留主要的管线，但是简化后的管线应该能够基本上反映出实际的用水情况。在保持基本的水力特性不变的前提下对管线省略、合并和分解。例如，对于混合管网，可以将树状部分省略，将其节点流量加至联系管段的节点上，这样一个混合管网就成了一个环状管网，这是一种行之有效的简化方法，不会产生误差。通常情况下，管网越简化，计算量就越小，但是过分简化的管网，计算结果将与实际的情况相差甚远，所以对管网的简化要慎重[3]。

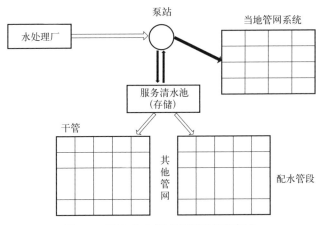

图 2-1　城市供水管网与城市规划相关

管径越大的管线在给配水中起的作用越大，对水力条件的影响也越大，管径越小则影响越小。因此，应首先去掉对水力条件影响较小的小管径管线，小管径管线省略以后流量集中在少数大管径管线中。对于管网工况的模拟计算来说，管段损失增大，下游节点水压减小，得出省略管线所产生的误差是偏于安全的结论[4]。管线的省略要限制在管网计算允许的误差范围之内，并且要尽量减小因管线省略对管网水力系统造成的影响。在管网中去掉一条管线后会影响管网的水力特性，但是，一般认为只对所省略管线四周的管线水力影响较大。

城市供水管网是一种管线规模较大，分布错综复杂且多变的管道网络系统。为了便于设计、规划和运行管理，应将其简化和抽象，使其仅有管段和节点这两类元素，并赋予其工程属性，以便用水力学和数学分析理论进行分析计算和表达。但是在简化管网的时候必须遵循以下几点原则。

① 删除次要管线（如管径较小的支管、配水管、出户管等），保留主干管线和干管线。

② 当管线交叉点很近时，可以将其合并为同一交叉点。相近交叉点合并后可以减少管线的数目，使系统简化。

③ 并联的管线可以简化为单管线，直径采用水力等效原则计算。

④ 在可能的情况下，将大系统拆分成多个小系统，分别进行分析计算。

图 2-2 和图 2-3 给出了某区域实际管网根据管网简化原则进行简化的实例，经过对比可以看到，简化后的管网仅仅是由节点和管段组成，比原来的管网精简了很多，这有利于后面对管网的数学建模和优化研究。

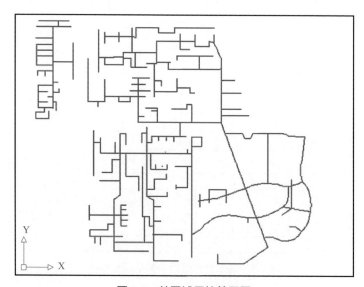

图 2-2　某区域原始管网图

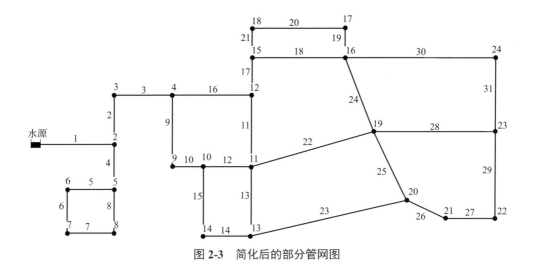

图 2-3　简化后的部分管网图

2.3
供水管网水力特性分析

　　管网水力计算的任务，是在流量已知和管径已经确定的情况下，求出各个管段的实际流量，确定配水源流量和水压及各节点的水压。一个单元管段如图 2-4 所示。

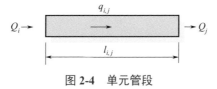

图 2-4　单元管段

　　在管网运行期间，实时分析流量分配情况，并且考虑用水量的变化，以便进行管网合理调度。在调度时，水力计算条件会稍微不同。在管网铺设初期的优化，基于假定配水源的特性已知且不考虑最小允许自由水压的要求，求使目标函数最优的管径组合。在管网优化求解的过程中的水力计算有节点流量连续性方程、回路方程、压降方程和虚环方程。

（1）节点流量连续性方程

$$\sum \pm q_{i,\,j} + Q_i = 0 \qquad\qquad (2\text{-}1)$$

式中 Q_i ——节点 i 的流量;

$q_{i,j}$ ——与节点 i 相连接的各管段流量;

i、j ——起、止节点编号。

上式表示流向任一节点的流量必须等于从该节点流出的流量,以满足节点流量平衡的条件。

(2)回路方程

回路方程是闭合环的能量平衡方程,可写成:

$$\sum_{1}^{L} h_{ij} - \Delta H_k = 0 \qquad (2\text{-}2)$$

式中 h_{ij} ——属于基环 k 的管段的水头损失;

ΔH_k ——基环 k 的闭合差,或增压和减压装置产生的水压差。

每一环有一个回路方程。管段水头损失的正负号规定如下:当管段流量与环的方向一致时为正,反之为负;亦即,顺时针流向的管段水头损失为正,逆时针为负。

(3)压降方程

管段水头损失与其两端节点水压的关系式,称为压降方程(即水头损失方程)。管网计算时,一般不计局部阻力损失,必要时可适当增大摩阻系数,在优化城市供水管网时通常只计算沿程水头损失。流量 q 和水头损失 h 的关系,可用指数型公式表示:

$$h_{ij} = H_i - H_j = S_{ij} q_{ij}^n \qquad (2\text{-}3)$$

式中 H_i, H_j ——管段两端节点的水压高程;

h_{ij} ——管段水头损失,m;

S_{ij} ——管段摩阻;

q_{ij} ——管段流量;

n ——指数,取值为 1.852～2,根据所采用的水头公式不同而定。

(4)虚环方程

用有关管线的水头损失表示配水源之间的关系的方程式称为虚环方程,使用下式表示:

$$F(Q)_1 - F(Q)_k = (\sum h)_{1-k} \qquad (2\text{-}4)$$

式中,$F(Q)$ 表示配水源的流量和水压特性。

2.4
供水管网水力计算方法

当水温一定时，任何管流可用流量 q、水头损失 h、管径 d、管长 l 和管壁条件 C 等五个变量描述。因为 d、l、C 一般为已知，只有 q、h 为未知，而 q 和 h 的关系可由水头损失公式表示。管网计算时，消去 h，以 q 为未知量的计算方法，称为流量法；消去 q，以节点水压 H 为未知量的计算方法，称为水压法。这两种方法是管网计算的主要方法。

（1）流量法

压降方程、节点流量连续性方程和回路方程是流量法的三个基础方程式，将压降方程代入回路方程之后可以得到：

$$\sum S_{ij} \left| q_{ij} \right|^{n-1} q_{ij} - \Delta H_k = 0 \tag{2-5}$$

由上式和管网的节点流量连续性方程可以得到恰好与管段数量相同的方程组，解方程组后就可以得出管网各管段流量，流量法的基本原理就由此得来。但是上述公式是关于流量的非线性方程，一般不能直接解非线性方程组，必须用逐步近似法求解，因此流量法又可以分为一次近似解法和高次近似解法。

管段流量 q 的近似值为 q'，修正值为 Δq；管段水头损失 h 的近似值为 h'，修正值为 Δh。则有下列关系式：

$$\begin{aligned} q &= q' + \Delta q \\ h &= h' + \Delta h \end{aligned} \tag{2-6}$$

当式子中 h 以 q 或者以 Δq 的一次函数表示时，叫作一次近似解法；当使用高次函数表示时，则叫作高次近似解法。一次近似解法相对高次近似解法来说更为简单，因此应用比较广泛。常用的代表性计算方法有哈代 - 克罗斯法（Hardy-Cross）和牛顿 - 拉夫森法（Newton-Raphson）。

（2）哈代 – 克罗斯法

环状网在初步分配流量时已经满足了节点流量连续性方程的条件，但是还不满足回路方程的要求。应用流量法的环状网的计算任务，是在已定管径的基础上重新分配各管段的流量，以满足节点流量连续性方程和回路方程。因此管网平差计算就是联立求解方程组，求出各个位置的管段流量的过程。

管网中 L 个非线性回路方程可表示为：

$$\begin{cases} F_1(q_1, \ q_2, \cdots, \ q_f) = 0 \\ F_2(q_g, \ q_{g+1}, \cdots, \ q_j) = 0 \\ \qquad \cdots\cdots \\ F_L(q_m, \ q_{m+1}, \cdots, \ q_p) = 0 \end{cases} \tag{2-7}$$

在求解非线性方程组时采用的方法是牛顿法，其原理是预先假定各个管段的初始流量 $q_i^{(0)}$ 值，$q_i^{(0)}$ 应该满足节点流量平衡的条件，据此来确定管径。然后对初步分配的管段流量加入校正流量，使管段流量逐步接近于实际流量，从而使环闭合差逐渐减小，最后趋于零，即：

$$\begin{cases} F_1(q_1^{(0)} + \Delta q_1, \ q_2^{(0)} + \Delta q_2, \cdots, \ q_f^{(0)} + \Delta q_f) = 0 \\ F_2(q_g^{(0)} + \Delta q_g, \ q_{g+1}^{(0)} + \Delta q_{g+1}, \cdots, \ q_j^{(0)} + \Delta q_j) = 0 \\ \qquad \cdots\cdots \\ F_L(q_m^{(0)} + \Delta q_m, \ q_{m+1}^{(0)} + \Delta q_{m+1}, \cdots, \ q_p^{(0)} + \Delta q_p) = 0 \end{cases} \tag{2-8}$$

将函数 F 展开，保留线性项，得：

$$\begin{cases} F_1(q_1^{(0)}, \ q_2^{(0)}, \cdots, \ q_f^{(0)}) + \left(\dfrac{\partial F_1}{\partial q_1}\Delta q_1 + \dfrac{\partial F_1}{\partial q_2}\Delta q_2 + \cdots + \dfrac{\partial F_1}{\partial q_f}\Delta q_f \right) = 0 \\ F_2(q_g^{(0)}, \ q_{g+1}^{(0)}, \cdots, \ q_j^{(0)}) + \left(\dfrac{\partial F_2}{\partial q_g}\Delta q_g + \dfrac{\partial F_2}{\partial q_{g+1}}\Delta q_{g+1} + \cdots + \dfrac{\partial F_2}{\partial q_j}\Delta q_j \right) = 0 \\ \qquad \cdots\cdots \\ F_L(q_m^{(0)}, \ q_{m+1}^{(0)}, \cdots, \ q_p^{(0)}) + \left(\dfrac{\partial F_L}{\partial q_m}\Delta q_m + \dfrac{\partial F_L}{\partial q_{m+1}}\Delta q_{m+1} + \cdots + \dfrac{\partial F_L}{\partial q_p}\Delta q_p \right) = 0 \end{cases} \tag{2-9}$$

由上述公式求得管网水头损失代数和，即闭合差 $\Delta h^{(0)}$：

$$\sum h^{(0)} = \sum S_i \left| q_i^{(0)} \right|^{n-1} q_i^{(0)} = \Delta h^{(0)} \tag{2-10}$$

闭合差 Δh 越大，说明初步分配流量和实际流量相差越大。通过公式推导，可以得到校正流量公式如下：

$$\Delta q_i = \frac{-\Delta h_i}{n \left(\displaystyle\sum_{k \in i} S_k q_k^{n-1} \right)_i} \tag{2-11}$$
$$i = 1, \cdots, L$$

式中，i 是节点编号，k 是与 i 邻接的节点编号。经过修正后，管网的平差结果小于规定的误差范围，则计算完成。整个管网水力分析流程如图 2-5 所示。

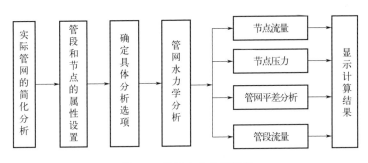

图 2-5　管网水力分析流程

2.5
供水管网优化设计目标

供水管网的优化设计研究是指在已知管网布局的情况下，寻求管网造价最小且满足用户正常用水的管道组合设计方案。理想情况下，对一个完整的管网模型进行优化设计，需要考虑以下几个方面的问题：首先是经济性，其次是可靠性，再次是水压与水量的保证性，最后是水质的安全性。大多数情况下，经济性是最主要的设计目标，其余三个因素可以作为约束条件[8-10]。从 20 世纪 40 年代起，经过 80 多年的发展，供水管网的优化模型经历了单目标优化和多目标优化两个阶段[5-7]。

管网单目标优化设计的目的，主要是在满足用户所需水量、水压及兼顾其他约束条件的前提下，求出一定年限内管网建造费用和管理费用之和为最小的管线直径组合，也就是经济管径（或优化管径）组合。

管网优化问题较为复杂，供水系统的选择、管网的合理布局、泵站的数量、水池的位置和各水源水量的分配等都会影响管网的经济指标。因此，在考虑经济指标时必须结合实际，通过各种方案的技术和经济比较来确定。最优方案是在技术上合理，在一定期限内每年建造费用和管理费用之和为最小的方案。管网建造费用中主要是管线的费用，它和水管的长度、材料、管径等有关，泵站所占费用很小，其余供水构筑物如水池、水塔等并不影响方案的经济比较。管理费用主要是泵站将水提升加压所需要消耗的能量费用，能量费用随水泵的流量和扬程而定，扬程取决于管网控制点要求的自有水压、泵站和吸水井的水位差,以及管网和输水管的水头损失等。水头损失又和管段的长度、管径和流量有关。因此,当管段长度已定时,建造费用和管理费用主要由流量和管径决定,管网的技术管理和检修等费用并不大,可以忽略不计。

当流量相同时,选取较小的管径可以降低管网的建造费用,但是水头损失会增加,管理费用因此增加。相反,当选取大管径时,会减少管理费用,但是会增大管网的造价。将建造费用和管理费用之和以管径的函数表示,则在管网流量已经分配的前提下,可以求得最优解。供水系统的优化设计通常被视作在满足供水和其他设计约束条件的情况下选择最小净现值的构建组合。虽然许多实际的决策问题需要兼顾多个目标,如成本最低、可靠性最高、误差最小等,但是,这些目标并不都能以资金来衡量,只有建设、运行、管理的成本通常用资金衡量。城市供水系统最主要的设计约束是在供水最不利点满足水头和水量需求,而且供水网络中的水量和节点水头必须满足质能连续方程。而优化问题的公式化通常是优化过程中最重要的环节,包括确定设计变量、约束条件以及目标函数[11-13]。

但另一方面,由于单目标管网设计十分片面,例如只考虑经济性而不考虑可靠性,故存在巨大的安全隐患,设计不当的管网容易发生爆管、漏损等事故,反而导致更多的费用支出,影响城市居民的正常生活[14]。因此,管网可靠性也是十分必要的优化目标,有一部分学者已经将管网可靠性作为约束条件加入管网模型中。

2.5.1 经济性目标函数

经济性优化目标是指,在满足用户所需水量、水压并兼顾其他设计目标的前提下,求出一定年限内管网建筑费用和管理费用之和为最小时的管径,也就是经济管径或优化管径。

根据前面章节分析指出,当前城市供水管网的优化设计首要考虑优化的目标是经济性指标,在优化设计的时候以管径作为决策变量,在有限预算的前提下选择最优解。管网系统的经济性指标是指管网在设计建成运行之后的年费用折算值。年费用折算值的定义为:管网在其投资偿还期内的建设投资费用和运行管理费用之和的年平均值。表达式如式(2-12)所示:

$$Y = \frac{A}{B} + y_1 + y_2 \tag{2-12}$$

式中　Y——年折算费用值;

B——管网投资偿还期；

A——管道造价和阀门造价；

y_1——管网折旧和大修费用；

y_2——管网的年运行费用。

管道的造价计算方式为管道的长度乘以单位长度的造价。单位长度的造价主要考虑管材、配件、材料施工费等，是与管径成正比的，如式（2-13）所示：

$$C = a + bD^\lambda \tag{2-13}$$

式中　C——单位长度造价，元/m；

　　　D——管径值，m；

a, b, λ——拟合参数设置，一般是根据经验值选取。

综上所述，管网系统的年费用折算值 W 包括两个部分，即管段的造价费用和泵站的运行费用，如式（2-14）所示：

$$W = \left(\frac{p}{100} + E\right)\sum_{i=1}^{P}(a + bd_i^\lambda)l_i + K\left(H_0 + \sum_{i \in LM} h_i\right)Q_P \tag{2-14}$$

式中　　p——管网每年折旧和大修的概率，以管网建造费用的百分比计；

　　　　E——基建投资效果系数；

　　　　t——基建投资回收期，年；

d_i, l_i——管段 i 的直径和长度；

$a + bd_i^\lambda$——水管建造费用；

　　　H_0——水泵静扬程；

　　　　K——与抽水费用相关的经济指标；

　　　LM——从泵站到控制点 m 的任一条管线上的管段集合；

　　　　h_i——管段 i 的水头损失；

　　　　P——管网的管段数；

　　　Q_P——进入管网的总流量或泵站流量，m³/s。

2.5.2　可靠性目标函数

在各种工程系统和建筑物的设计中，可靠性理论已经开始得到广泛应用[15-17]。可靠性问题之所以得到重视，是因为系统中各部分关系密切，任何部分出现故障或损坏都可能导致整个系统的故障乃至崩溃，从而对社会和人民的生活造成严重的影响。系统可靠性同经济性指标一样，已经成为评价系统设计的重要指标之一，供水管网系统也不例外。

系统可靠性是指在规定的时间和规定的条件下，系统能够完成规定功能的能力。对于供水管网来说，可靠性则是：在正常工作条件下，提供用户需要的水压和水量；在发生事故的情况下，水压和水量不低于规定的限度，并且此种状态的持续时间不能超过允许水压降低和水量减少的持续时间。不可靠的供水系统发生故障时，必然会造成费用的增加，导致经济损失。而在设计供水系统时，将可靠性作为其中一项评价指标，可以减少因发生事故而造成的损耗。当然，供水系统所要求的可靠性越高，为保证供水系统的可靠性，所投入的建设资金就越多。

在实际应用中，由于管网系统的复杂性，不同的研究者对系统可靠性的定义也不同，提出了多种供水管网优化设计可靠性目标函数。已有的供水管网可靠度研究大致可以分为三类：机械可靠度、水力可靠度和水质可靠度。

（1）机械可靠度

机械可靠度主要评估连接节点和整个供水管网的连通情况。整个管网的机械可靠度是建立在管网网络连接中各个组件均能保持正常运行状态的基础上，也就是所有组件在任何时候均能保持正常运行状态的概率。其中最具代表性的是使用节点连通性和管网系统可得性两个指标来评价管网系统的机械可靠度。节点连通性是指管网中该节点至少与一个水源相通，而管网系统可得性是指管网中所有节点均至少与一个水源相通。若管网中所有节点均与一个水源相通，则认为管网中各节点流量、水压和水质都能满足用户需求，显然这是不合理的。后来，机械可靠度又用节点可靠度来评价，即一个特定的水源与一个特定的需水节点之间连通的概率。机械可靠度能在一定程度上评估供水管网的可靠性，但存在明显的缺陷，即供水管网不能只保证水源和需水节点之间连接畅通即可，还必须保障用户的用水需求。

（2）水力可靠度

水力可靠度是指供水管网在不同情况下，能够满足用户用水需求的概率。这类方法主要依靠大量的水力模拟计算来估算管网的水力可靠度。研究表明城市用水量的增加是城市供水管网发生水力故障的主要原因。由于需要进行多次水力计算后才能获得比较精确的结果，求解时间非常长，因此使用这类方法进行的研究较少。

（3）水质可靠度

随着研究的深入，学者们逐渐意识到单纯地分析机械可靠度或者水力可靠度具有一定的缺陷，因此许多学者开始用水质可靠度表征管网系统的可靠度。作为评价管网水质可靠度的主要指标，供水管网的余氯含量被大量研究，并在此基础上形成了不同的研究方法，包括：蒙特卡洛法、最小割集法、最小路不交化方法、图论法、弹性系数法、熵指数法等。机械可靠度和水力可靠度的评价方法缺点突出，因此水质可靠度成为评价管网可靠性的最常用的方法，本书也采用水质可靠度来评价。

水质可靠度中，节点富余水头总和是一个常用的可靠性评价函数，节点富余水头越大，管网中水压越高，管网发生爆管和漏损的可能性越大。使用节点富余水头总和作为管网水质可靠度评价函数，可以从总体上反映整个管网的可靠性。

虽然节点富余水头总和可以从一定程度上反映管网系统的可靠性，但是并不能反映管网中节点富余水头的分布情况。若管网中节点富余水头分布不均，说明管网中存在高低压，高压地区可能发生爆管等事故，而低压地区水压没有达到供水需求，势必要增大水泵出水压力，这样会使得高压地区的水压更高，增大了事故发生的概率。因此，本书引入节点富余水头方差表示节点富余水头在管网中的分布情况，与节点富余水头总和一起，作为表征管网的可靠性的两个函数。下面对该可靠性模型进行详细介绍。

节点富余水头表示节点水头高于该节点所要求的最小自由水头的部分水头，表示为：

$$I_{si} = H_i - H_{imin} \quad i = 1, 2, \cdots, I \tag{2-15}$$

式中　　I_{si}——管网节点 i 的富余水头，m；

H_i——管网节点 i 的自由水头，m；

H_{imin}——管网节点 i 所要求的最小自由水头，m；

I——管网中节点总数。

则供水管网节点富余水头总和为：

$$I_s = \sum_{i=1}^{I} (H_i - H_{imin}) \tag{2-16}$$

节点富余水头均值为：

$$\overline{I_s} = \frac{I_{s1} + I_{s2} + \cdots + I_{sI}}{I} \tag{2-17}$$

因此，节点富余水头方差为：

$$s = \sum_{i=1}^{I} (I_{si} - \overline{I_s})^2 \quad i = 1, 2, \cdots, I \tag{2-18}$$

参考文献

[1] 盛东方, 陈继平, 周宇, 等. 城市供水管网信息化管理体系的构建及应用 [J]. 给水排水, 2021, 57 (01): 96-102.

[2] 吴亚群. 树状给水管网系统的优化设计研究 [D]. 西安: 长安大学, 2014.

[3] Hesarkazzazi S, Hajibabaei M, Bakhshipour A E, et al. Generation of optimal (de) centralized layouts for urban drainage systems: A graph-theory-based combinatorial multi-objective optimization framework [J]. Sustainable Cities and Society, 2022, 81: 103827.

[4] 杨启航, 周艳, 吴水波, 等. 供水管网压力监测点优化布置方法 [J]. 给水排水, 2022, 58 (04): 113-118.

[5] 张金婷. 基于蒙特卡洛模拟法的给水管网多目标优化设计研究 [D]. 合肥: 合肥工业大学, 2021.

[6] Elshaboury N, Abdelkader E M, Al-Sakkaf A, et al. Teaching-Learning-Based Optimization of Neural Networks for Water Supply Pipe Condition Prediction [J]. Water, 2021, 13 (24): 3546.

[7] Lyu Y, Liu W, Chow T T, et al. Pipe-work optimization of water flow window [J]. Renewable Energy, 2019, 139: 136-146.

[8] Snider B, McBean E A. Improving urban water security through pipe-break prediction models: Machine learning or survival analysis [J]. Journal of Environmental Engineering, 2020, 146 (3): 04019129.

[9] Sitzenfrei R, Wang Q, Kapelan Z, et al. Using complex network analysis for optimization of water distribution networks [J]. Water resources research, 2020, 56 (8): e2020WR027929.

[10] Bakhshipour A E, Bakhshizadeh M, Dittmer U, et al. Hanging gardens algorithm to generate decentralized layouts for the optimization of urban drainage systems [J]. Journal of Water Resources Planning and Management, 2019, 145 (9): 04019034.

[11] Sarbu I. Optimization of urban water distribution networks using deterministic and heuristic techniques: comprehensive review [J]. Journal of Pipeline Systems Engineering and Practice, 2021, 12 (4): 03121001.

[12] Alizadeh Z, Yazdi J, Mohammadiun S, et al. Evaluation of data driven models for pipe burst prediction in urban water distribution systems [J]. Urban Water Journal, 2019, 16 (2): 136-145.

[13] Xue Z, Tao L, Fuchun J, et al. Application of acoustic intelligent leak detection in an urban water supply pipe network [J]. Journal of Water Supply: Research and Technology-AQUA, 2020, 69 (5): 512-520.

[14] Kravvari A, Kanakoudis V, Patelis M.

The Impact of pressure management techniques on the water age in an urban pipe network—The case of Kos city network [J]. Multidisciplinary Digital Publishing Institute Proceedings,2018,2 (11): 699.

[15] 赵媛. 基于防灾的城市供水管网功能可靠性提升策略 [D]. 大连: 大连理工大学, 2021.

[16] 黄稳. 城市供水管网可靠性替代指标研究 [D]. 广州: 广东工业大学, 2021.

[17] Wang Q, Huang W, Yang X, et al. Impact of problem formulations, pipe selection methods, and optimization algorithms on the rehabilitation of water distribution systems [J]. Journal of Water Supply: Research and Technology-Aqua, 2020, 69 (8): 769-784.

Cutting-Edge Technologies in
**Smart
Environmental
Protection**

第3章
城市分布式供水系统模型

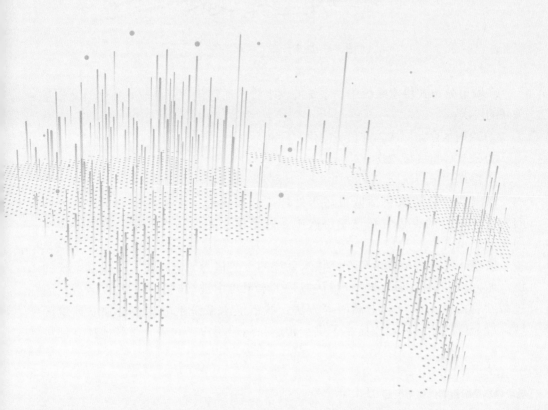

3.1

概述

在过去的数十年间，为了提高城市供水系统的服务质量，减少供水过程中水资源的浪费，降低供水系统运行和维护成本，对供水系统的研究越来越多，例如研究如何构建城市智能分布式供水系统[1]。而构建的基础是城市的分布式供水系统，如图 3-1 所示。

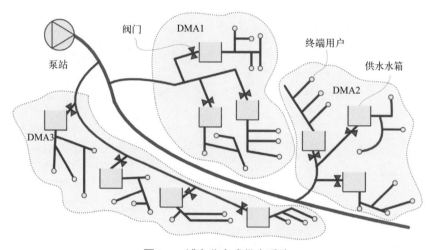

图 3-1　城市分布式供水系统

在城市分布式供水系统中，系统的供水管网通常包含三个彼此独立但又相互关联的层次：

① 饮用水存储层次，并负责向供水管网泵水；

② 独立计量区域层次；

③ 终端用户层次。

饮用水存储层次包括城市污水处理厂、水库等。连接各个独立计量区域的主干供水管网也包含在这个层次中。这个层次主要负责向整个管网供应饮用水。

独立计量区域是城市分布式供水系统的重要概念，直接决定了供水系统的供水能力和供水范围。独立计量区域是供水系统中被切割分离的独立区域。通过截断管段或关闭管段上阀门等方法，城市供水系统被分为多个独立计量区域。每个独立计量区域连接主干供水管道和终端用户，并独立于其他独立计量区域运行。在一个独立计量区域内，通常在供水管网的若干个固定位置安装有控制用阀门，用来控制水流的压力和流量；同时安装有若干水泵，给管道中的水流增加压力，用以补偿重力和摩擦等导致的水头损失。一个独立计量区域的供水管网还可分为若干小的独立计量区域。每一个区域一般包含数百到数千个终端用户。在英国等国家，一个独立计量区域平均包含1500个终端用户。各个区域之间有着较为严格的边界。每个区域内供水管网的网络拓扑结构一般设计施工好后便不再改变。每个独立计量区域都通过流量、压力等传感器对供水管网进行连续的监测，用以实现水管漏水检测管理、水压管理和水网高效维护等功能。

供水系统的分区管理最早由英国水工业协会在其水务联合大会上提出，并被证明是控制城市供水系统水量漏损的有效方法之一。经过多年发展，基于分区管理的分布式供水系统也证明了其在保证供水质量、优化供水能力上的优越性[2-4]。城市分布式供水系统面临诸如信息安全、故障诊断与容错控制、对既有供水系统的兼容性、提升易部署性等问题，因此综合运用信息技术、智能控制技术、大数据等技术，开发城市智能分布式供水系统是重要的发展方向。

然而将这些先进技术结合起来，需要一个统一的框架，即信息物理系统框架。信息物理系统是一个将物理过程和传感、通信、控制、计算等集成起来的系统[5]。信息物理系统通过集成先进的信息技术和自动控制技术，构建了管网等组成的物理空间与智能化控制器等组成的信息空间中人、机、物、环境、信息等要素交互、高效协同的复杂系统，实现城市供水系统内资源配置和运行的按需响应、快速迭代及动态优化。在信息物理系统中，物理部分和信息部分深度结合，能够为完成诸如优化供水等更加复杂的任务、提高供水系统的运行效率和扩大供水管网等物理系统的地理尺寸提供更多的可能[6]。

在城市智能分布式供水系统中，信息物理系统的特点可以概括如下。

首先，该类信息物理系统以自动控制为核心。信息物理系统是信息系统与物理系统的深度交互。信息系统可以通过传感器网络等途径从物理系统中取得数据，但是信息系统想要对物理系统有所作用，就必然要涉及自动控制。想要物理系统按照设计的要求运行，例如，保证系统的稳定性或者表现出给定的性能，完成既定的设计目标，这个正是自动控制的控制目标。所以，自动控制这个任务是信息物理系统的核心任务。城市供水系统的核心任务，也即自动控制的目标，就是满足终端用户的用水需求。其他功能都围绕着这个核心目标展开。

其次，信息物理系统的功能不仅有自动控制，还包括很多其他的功能。例如，对于城市智能分布式供水系统，对应的功能包括故障诊断、大数据收集、数据分类归纳存储、数据可视化、边缘计算、系统预测与优化、系统信息安全、数字孪生建模等。而且随着技术的发展、社会经济的进步和对供水系统要求的提升，这个功能也是不断扩展的。

最后，信息物理系统设计的时候需要统筹考虑。信息物理系统包含有很多功能，这些功能之间可能会有一些冲突，如资源上的冲突、数据上的冲突等，因此信息物理系统设计方法要求统筹考虑，兼顾各个功能的需求，不能顾此失彼。例如，在本书接下来将要介绍的水箱系统的运行中，设计了一个无线网络化事件触发控制器来控制水管网络，使其能够将足量的饮用水提供给终端用户；同时，考虑无线网络带宽有限和无线传感器节点由于电池供电导致的能量有限，期望最小化系统的资源消耗，包括最小化无线网络带宽资源的消耗和最小化无线节点电池电量的消耗，以保证系统运行稳定并降低维修频率。但是，水箱系统还包括数据收集和可视化功能。这些功能要求传感器节点尽可能多地向服务器提供系统当前数据，以供专家实时查看系统的运行状态，并自动运行诸如需求预测等功能。这些功能与自动控制的能量消耗最小化的要求相悖。此外，故障诊断功能也要求采集数据的时间间隔尽量小，以便系统能及时发现漏水等故障，从而第一时间排除故障并恢复系统运行。这个也是与系统控制和优化利用系统资源的要求背道而驰的。因此在设计信息物理系统的时候，需要综合考虑这些功能的要求，根据系统的现状改进各个功能的算法，并在各个功能之间做出科学合理的妥协，以满足并达到供水系统的总体设计要求。

3.2
常用设备与设备控制

结合城市分布式供水系统，本节介绍供水系统中常用的设备及其控制。

（1）水泵
水泵是供水系统重要的执行器之一，其作用是为泵入供水管网的饮用水提供足够的能量（水头），使之在水管网络中按照计划流动，并最终到达供水水箱或者终端用户。对于每一个水泵，都会有一个特性曲线显示其输入量和输出量之间的关系。一个典型的水泵特性曲线可以表述为：

$$P(t) = \eta \rho q(t) g h(t)$$

式中　$P(t)$——水泵的功率，W；

　　　$q(t)$——流量，m³/s；

$h(t)$——水头，m；

η——水泵的效率；

ρ——液体的密度，kg/m³；

g——重力加速度，m/s²。

离心泵和轴流泵是两种较为常见的水泵。这两种泵的典型特性曲线的示例如图 3-2 和图 3-3 所示。从图 3-2 中可以看到，对于离心水泵，随着输入功率的增大，水泵的效率会逐渐上升并达到一个峰值，之后会回落；随着功率和效率的提升，水头和流速均会提升，直到到达某一点，之后流速会继续提升，但是水头会下降。对比图 3-3 所示的轴流泵的特性曲线，可以看到不同的水泵由于原理不同，其特性曲线也是不同的。对于轴流泵，随着输入功率的降低，水头会下降，但是水泵的效率和流速会明显提升。在给供水系统建模并设计控制器的时候，通过安装并试运行水泵从而拟合水泵的特性曲线是必要的步骤。

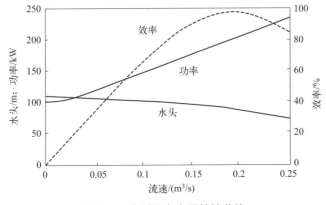

图 3-2　典型的离心泵特性曲线

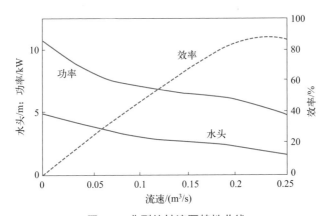

图 3-3　典型的轴流泵特性曲线

（2）控制阀

在供水系统中，控制阀，或者称为调节阀门，可以直接控制流入和流出每个管段的水量。一般来讲，通过一个控制阀的流量 $q(t)$ 由阀门两端的压差 $\Delta p(t)$、阀门的结构和阀门的打开角度（开度）决定。通过一个阀门的流量由如下的公式计算：

$$q(t) = \frac{K_v}{3600}\sqrt{\frac{\Delta p(t)}{SG}}$$

式中　K_v——流量系数，由阀门的结构和阀门的打开角度决定；

　　　SG——流体相对于水的相对密度，对于饮用水，$SG=1$。

值得一提的是，在一些文献中使用 C_v 代替 K_v。K_v 与 C_v 的区别在于单位：K_v 适用于使用国际单位制的情况，而 C_v 适用于使用英制单位的情况。两者之间的换算关系为：$C_v = 1.156K_v$。通常情况下，阀门的供应方会在阀门的配套说明文档中提供一个指示该阀门的流量系数 C_v 和打开角度对应关系的流量系数曲线。一些典型阀门的流量系数曲线如图 3-4 所示。

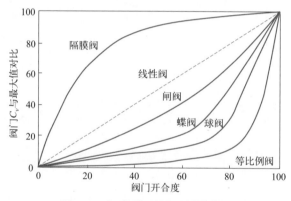

图 3-4　典型阀门的流量系数曲线

阀门入水端和出水端的压差产生于水流经过阀门时的水头损失。定义 $v(t)$ 为流量，阀门的水头损失 h_w 由如下公式计算：

$$h_w = K_L \frac{v^2}{2g}$$

式中，K_L 表示控制阀的水头损失系数，计算如下：

$$K_L = 1.22\frac{r^4}{C_v^2}$$

式中，r 表示阀门的内径，m。

在建立分布式供水系统的模型和设计系统的控制器时，入水控制阀门和出水控制阀门的流量系数曲线都应该被辨识出来。同样可以通过实验和采集的数据进行曲线拟合。

（3）供水水箱

每个独立计量区域都设计有多个供水水箱，用于向终端用户供水。对于供水水箱 i ，其水位高度 h_i 由流入速度和流出速度决定：

$$\dot{h}_i(t) = \frac{1}{A_i}(q_i^i(t) - q_o^i(t))$$

式中　　A_i——供水水箱 i 的截面积，m^2；

$q_i^i(t)$——流入供水水箱 i 的液体的流量，m^3/s；

$q_o^i(t)$——流出供水水箱 i 的液体的流量，m^3/s。

根据伯努利定理，$q_o^i(t)$ 与 $h_i(t)$ 之间存在一个非线性的关系：

$$q_o^i(t) = a_i\sqrt{2gh_i(t)}$$

式中，a_i 为供水水箱出水口的截面积，m^2。

在设计控制策略时，如果控制目的是将水箱内水位高度稳定在一个期望的给定值 h_i'，从而保证出水压力在给定值左右，那么供水系统的模型可以简化。当水箱内的水位高度 $h_i(t)$ 接近期望高度 h_i' 的时候，微小的水压变化可以被忽略，即出水压力可以看作是一个常值，继而得到简化后的模型：

$$\dot{h}_i(t) = \frac{1}{A_i}\left(q_i^i(t) - a_i\sqrt{2gh_i'}\right)$$

可以很容易地看到，这个系统是一个线性系统。这也是系统非线性模型线性化的基本原理。

然而，如果供水水箱 i 的出水阀门并没有完全打开，或者出水阀门的内径小于出水口的内径，那么设计和分析的时候就不能忽略掉阀门带来的影响。可以引入前述的对控制阀的分析方法进行分析；也可以将出水阀门的这些效应看作扰动 $w(t)$，并得到如下的模型：

$$\dot{h}_i(t) = \frac{1}{A_i}\left(q_i^i(t) - a_i\sqrt{2gh_i(t)}\right) + w(t)$$

（4）涡轮

涡轮在供水管网中并不常见。但是在智能供水系统中，可以考虑作为发电设备，为传感器等部件供电。对于无线网络化节点，由于电池电量有限且供电线路铺设困难，因此一个额外的发电装置可以极大地延长电池的工作时间。太阳能电池是一个选择（文献 [2]），但是由于太阳能设备昂贵，在城市内没有足够的安装空间，容易受到气候的影响，因此难以推广。而涡轮发电装置是一个可以考虑的节点电量供应来源。对于涡轮发电，首先将能量通过水泵注入管道内的水中，能量通过水流带到无线网络化节点处，然后通过涡轮进行能量回收，并供给设备用电。在智能供水系统中，为了支持传感器和执行器节点的无线网络化互联，每一个传感器／执行器节点均可安装涡轮，带动发电装置为节点供电。

对于一个涡轮，其能够从水流中获得能量的功率 $P(t)$ 为：

$$P(t) = \eta \rho g h(t) q(t)$$

式中　η——涡轮的效率；

　　$h(t)$——水头，m；

　　$q(t)$——流量，m³/s。

可以看到涡轮的功率公式与水泵的功率公式较为类似，这是因为水泵的作用是将电能转化为水的动能，而涡轮的作用是将水的动能转化为电能。同样地，在系统建模的时候需要拟合不同水头和流速下涡轮功率的变化曲线。

（5）其他组件

供水系统中使用的其他组件包括水管、L 型连接、T 型连接，介绍如下。

① 水管　考虑到饮用水是一种牛顿流体，因此，一个水管的水头损失 $h_w(t)$ 为：

$$h_w(t) = \frac{64}{Re} \times \frac{l}{d} \times \frac{v(t)^2}{2g}$$

其中

$$Re = \frac{\rho v(t) d}{\mu}$$

式中　l——水管的长度，m；

　　d——水管的直径，m；

　　$v(t)$——水的流速，m/s；

　　ρ——液体的密度，kg/m³，对于饮用水 $\rho = 1000 \text{kg} / \text{m}^3$；

　　μ——液体的流体黏度。

Re 非常小，大约等于 10^{-6}。对于尺寸比较小的供水系统，例如小型社区级别的供水系统，其水管长度比较小，水管的水头损失占比非常小，因此可以忽略水管的水头损失。常用的 PVC 材质的水管的粗糙度系数为 0.0015mm，因此分析时也可以忽略水管的摩擦力。但是，对于尺寸比较大的供水系统，例如城市级别的供水系统，供水水管产生的水头损失占比非常大，是水头损失的主要来源。此时反而可以忽略其他部件带来的水头损失。

② L 型连接　水流在水管的 L 型连接处会有水头损失。水头的损失可以通过查表或者实验采集数据得到，对于 90°的连接，其水头损失系数一般为 $K_L = 0.8$。

③ T 型连接　水流在水管的 T 型连接处也会产生水头损失。对于与水流流入方向相同的干流，其水头损失系数一般为 $K_L = 0.3{\sim}0.4$；对于方向不一致的支流，其水头损失系数一般为 $K_L = 0.75{\sim}1.8$。

3.3
水箱系统模型

一般来讲，对于已经运营的城市分布式供水系统，为了达到减少水资源浪费和降低成本的目的，可以对这些供水系统进行现代化改造，例如在系统内加入传感器节点和数据记录装置[7]。通过这些装置，能够周期性地将监测数据上传至数据中心。利用这些数据，结合为供水系统设计的故障诊断算法和用水量预测算法等算法，可以实现对水管网络的优化布置，实现对供水系统的智能控制和对水泵运行的智能调度。这就形成了智能分布式供水系统。但是在应用这些算法之前，需要对其进行大量的测试工作，因此一个合适的测试系统显得尤为必要。

智能分布式供水系统是一个典型的信息物理系统，既包括由供水管网及配套的传感器、执行器等组成的物理系统，也包括由各种算法、协议组成的信息系统。测试算法可以考虑使用模拟仿真的方式，使用计算机对系统进行仿真测试。但是仿真的时候，需要对包括物理系统和信息系统在内的整个系统进行仿真。然而，软件仿真只能单独地模拟管网系统的行为或者单独模拟无线传感网络的功能。如果想要同时模拟两个子系统，则仿真系统很有可能无法面面俱到，即无法模拟出系统所有的状态和特性，例如水管破裂、漏水、传感器故障、通信中断或者传输丢包等。同时，模拟仿真也难以考虑未知因素的影响。基于这些原因，实验室级别的智能分布式供水系统测试平台被设计和制作出来，用于测试先进的智能算法。一个比较著名的测试平台是新加坡的 WaterWise[8]。这个测试平台含有 25 个传感器。这些传感器周期性地向服务器发送测得的数据。如果使用 3G 网络，则每间隔 30s 发送一次；如果使用 WiFi 网络，由于传输带宽受限，这个间隔延长至每 5min 发送一次。服务器接收到这些数据后，对数据进行分析处理。利用这些数据，可以实现控制决策制定和能量消耗优化等功能。但是 WaterWise 仅仅适合收集数据，并没有包含控制系统。水箱系统则包含数据收集和系统控制等所有功能。

3.3.1 水箱系统概述

水箱系统是一个缩减了尺寸的智能分布式供水系统，非常适合在实验室内进行供水的相关研究和实验测试工作。例如，水箱系统可以通过适配新型通信协议和控制方法，从而实现对供水系统的实时监测和智能控制。在本书的第9章，水箱系统被用来测试多种新型事件触发控制方法和对应的传输协议。本书第10章搭建的远程分布式供水系统模型也参考了水箱系统的结构和功能。

水箱系统可以用来模拟一个独立计量区域的工作情况，也可以用来模拟树状主干网络对各个独立计量区域供水的过程。在本书中主要用来模拟前一种情况。图3-5显示了水箱系统的全貌，图3-6显示了水箱系统的结构，图3-7显示了水箱系统的一个传感器和执行器节点。在水箱系统中，考虑到尺寸和复杂度，一组传感器和执行器被安装部署在同一个无线节点上。实际的供水系统中，则更有可能分开布置。水箱系统包含的结构有如下4部分。

图 3-5　水箱系统全貌

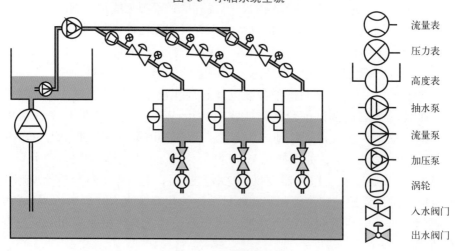

图 3-6　水箱系统结构

（1）废水回收处理、饮用水存储和向供水管网泵水部分

水箱系统一共有 5 个水箱，包括 1 个低水箱、1 个高水箱和 3 个直接供水水箱。低水箱模拟废水回收和处理装置，一般此部分不属于城市供水系统。水箱系统包含此部分，可以使装置中的水循环使用，从而减小供水水箱的尺寸，并延长装置运行时间，方便算法的测试和实验工作。低水箱回收直接供水水箱流出的水，并通过一个埋入低水箱液面下的船舱用抽水泵向高水箱供水。通过合适的选型和设计，这个船用抽水泵能够保证给高水箱足够的供水量。高水箱代表饮用水存储和供水装置，例如蓄水池等。高水箱内串联安装有两个水泵，即一个流量泵和一个加压泵。通过这两个水泵的协同工作，高水箱能够保证向供水管网中泵入足够流量和压力的饮用水。通过供水管网的饮用水最终流入供水水箱中。当供水水箱需要大量的供水时，流量泵和加压泵将同时工作；当供水水箱需要的水量并不是很大时，只有流量泵独自工作。通过这种工作方式能够应对不同用水需求下的供水要求，例如住宅小区或者工厂在白天和夜间对水量的需求就有着巨大的差异[9-10]。

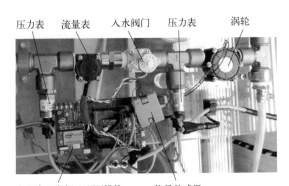

图 3-7　水箱系统的传感器和执行器节点

（2）供水管网和传感器、执行器节点部分

从高水箱泵出来的水流通过一个供水管网，流入三个小的直接供水水箱。在流入每个供水水箱之前的管道上均安装有一个传感器和执行器节点。这个节点通过一个 Intel Edison 开发板控制。开发板的主要功能包括：监测入水的流速、监测入水阀门前后的水管压力、监测小水箱内液面的高度，以及通过控制一个电气化的入水调节阀门从而控制水流入供水水箱的速度。此外，每个节点附近的水管中还安装有一个涡轮，通过水管水流驱动这个涡轮机发电，给无线节点进行电能供给。这个涡轮的使用能够保证节点仅在电池供电的情况下，其维护保养（如更换电池）的时间间隔尽量延长，从而降低维护费用。为了测量节点的能量消耗，每个传感器和执行器节点还安装有一个定制化的能量传感器，实时监测电能消耗。

值得注意的是，在水箱系统中，传感器和执行器节点安装在了同一个节点上，并由同一个开发板控制。但是在本书中介绍的控制和通信方法也适用于传感器和执行器节点没有安装在同一个节点上的结构。

（3）终端用户用水量模拟部分

在每一个直接供水水箱的底部开有一个小孔，以使水从供水水箱流出并通过管道流入低水箱。在连接小孔的水管中，安装有一个传感器和执行器节点，包含有一个同型号控制用开发板、一个流量传感器和一个出水调节阀门。通过调节出水阀门可以控制供水水箱内水流出的速度，从而模拟终端用户不同的用水量。

（4）基站和控制器部分

每一个传感器和执行器节点都配套安装有一个无线收发模块，用来连接一个专用 WiFi 网络。通过设置禁用无线路由器的服务集标识符（SSID）广播，并选用一个较少使用的信道，可以实现一定程度的无线网络隔离，即整个水箱系统可以运行在一个不连接其他任何无关的无线设备并较少被其他无线设备干扰的 WiFi 无线网络中。除了所有的传感器和执行器节点，还有一个笔记本电脑也被连接到这个 WiFi 网络中。这个笔记本电脑被用来作为基站运行水箱系统的控制程序、数据记录程序和数据可视化程序。数据显示与控制应用程序界面如图 3-8 所示。这个可视化程序可以在实验开始前选择已经部署了的通信协议和时间/事件触发控制方法；在实验进行时，实时显示系统的运行状态，从自动

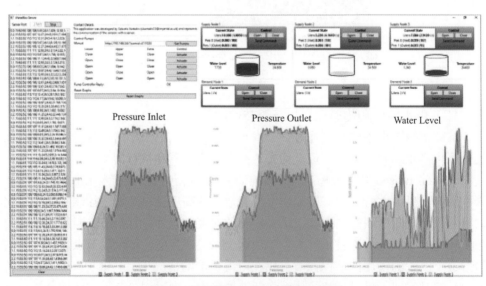

图 3-8　数据显示与控制应用程序界面

控制切换到对执行器（包括水泵和阀门）的手动控制，记录运行数据和嵌入诸如故障诊断等其他功能。值得注意的是，水箱系统测试运行的很多算法程序和通信协议需要各个无线节点之间非常高精度的时间同步。但是由于水箱系统被设计用来在实验室内进行供水系统的测试和实验，因此很难使用全球定位系统的信号同步各个无线节点的时间。因此，在水箱系统的无线网络控制节点中部署有一个网络时间协议（NTP）服务用于同步无线网络中各个节点的时钟。通过这个协议可以保证每个节点的时钟误差在毫秒内，从而保证通信协议和算法的正常运行。在水箱系统中，由于仅仅进行实验测试，系统运行的时间很少超过 1h，因此为了减少网络事件协议服务占用的通信资源，仅仅在每一个实验开始的时刻，运行一次时间同步服务来同步所有无线节点的时钟。

3.3.2 系统建模与参数辨识

常用的系统建模与参数辨识方法有两种，即灰盒建模和黑盒建模[3]。灰盒建模的思想是首先通过系统的力学等特性建立描述系统的方程，之后通过运行设计的实验并收集数据，从而确定描述系统方程的各个参数；黑盒建模则直接通过输入系统的信号和收集的系统数据进行建模。

由于水箱系统所用的设备与部件的结构均可获知，因此适合使用灰盒建模的方法进行系统建模和参数辨识。对于水箱系统，通过参阅相关文献和手册，查找各个部件的结构，根据每个部件的动力学特性，首先构建一个描述系统结构与行为的模型。之后，根据水箱系统的实际情况，在两种模式下运行系统。

模式一：仅仅运行一个流量泵的小流量工作模式。

模式二：同时运行流量泵和压力泵的大流量工作模式。

设计两个工作模式是因为当水流的流量和压力较大时，管道破裂的风险也会相应提高。结合安装的执行器和传感器，以及系统的动力学模型，仔细设计了系统的输入信号，多次实验并收集了系统对应的状态信号。通过使用 MATLAB cftool 工具对取得的数据进行回归分析，得到了关于阀门的系数、涡轮的系数和泵的系数等参数，并最终得到了水箱系统的非线性模型。此时可以考虑直接使用适合非线性系统的控制方法设计控制器[11]，但是其设计过程较为复杂。考虑到水箱系统的目的是将三个小水箱的液面稳定在一个给定的高度 $h_j', j \in \{1,2,3\}$，因此在这个高度附近，可以对水箱系统的非线性模型进行线性化，并最终得到了水箱系统的线性模型，从而使用适合线性系统的控制器设计方法。

具体建模过程参见本章附录。

3.3.3 控制器设计

为了评估给出的结合无线传输协议的控制器的优劣，可以假设如下的控制场景：通过控制入水阀门的开度，使 3 个直接供水水箱的液面稳定在一个给定的高度，从而保证稳定的出水压力和流量。在供水水箱液面相对给定参考液面较低时，启动模式二，即同时开启流量泵和压力泵，快速注入饮用水；在小水箱液面距离给定参考液面较近时，切换至模式一，即仅开启流量泵，使得出水压力较小，从而保护管网不致破裂。

在设计控制器时，需要考虑以下限制。

① 执行器饱和：入水阀门和出水阀门的最大开启角度是 360°，最小的闭合角度是 0°。

② 执行器量化：由于入水阀门和出水阀门的控制部件的限制，阀门的开关角度只能间隔 10°运行，而无法执行任何中间值。因此，特定的扰动，即使非常小，也可能引起执行器较大的执行动作。

③ 水管过压保护：由于水管管网的机械部件的限制，水管的压力不能过大，否则会导致水管爆裂。

设计控制器的时候还要考虑到，供水水箱内的液面高度直接影响了供水质量，因此需要一个具有快速响应能力的闭环反馈控制通路，即使在有突发的用水需求的情况下，供水水箱内液面的高度依旧可以稳定在给定参考液面高度。此外，由于供水水箱尺寸的限制，反馈控制系统的超调量不能过大，否则有可能会导致供水水箱内饮用水溢出。通过实验发现当系统运行在模式二时，如果如下的条件不能保证：

$$\sum_{j=1}^{3} \alpha_j^{in} \geqslant 180° \tag{3-1}$$

式中，α_j^{in} 表示入水阀门开合角度。

即三个入水阀门的开合角度之和大于等于 180°不能被满足，则会由于压力过大导致水管爆裂。系统运行时候的超调和外界扰动都可能导致这个条件不能被满足。这个条件仅存在于模式二，实验表明在模式一下不会有水压过大导致水管爆裂的问题，原因在于流量泵的流量和出水压力较小，即使阀门全关，供水管网也不会过压，也就不会导致水管爆裂。因此，在初始运行时刻或是供水水箱液面较低时，水箱系统需要使用模式二快速向供水水箱注入饮用水，当不等式的条件不能被满足时需要切换至模式一。

此外，同样通过实验观察到，当系统运行在模式一时，即使入水阀门开合在最大角度，即 $\alpha_j^{in} = 360°$，$\forall j \in \{1, 2, 3\}$ 时，水泵也不一定能保证向供水水箱充入足够量的饮用水，使得供水水箱的液面稳定在给定高度。这个取决于出水阀门的开合角度，即终端用户的用水量。由于供水不足会导致供水水箱液面的下降，因此，当供水水箱的液面下降到一个预设值时，系统需要切换回模式二以快速向供水水箱供水。为了支持这种模式切换，定义：

$$\underline{h} := \begin{bmatrix} \underline{h}_1 & \underline{h}_2 & \underline{h}_3 \end{bmatrix}^{\mathrm{T}}, \underline{h}_j < h'_j, j \in \{1,2,3\}$$

作为低液面高度的阈值。如果 $\exists j \in \{1,2,3\}$ 使得 $h_j(t) \leqslant \underline{h}_j$ 满足，那么系统将由模式一切换至模式二。通过仔细选择 $\underline{h}_j$ 的值和设计得当的控制器，切换条件只会发生在模式一运行时。进一步的分析表明，只有在 $h_j(t) > h'_j$ 条件下，不等式（3-1）才能不被满足。这些事实和 $\underline{h}_j < h'_j$ 保证了切换控制器的系统不会产生芝诺效应（Zeno behavior，即有限的时间内产生无限次切换的效应[12]）。

定义 $\vartheta \in \{1,2\}$ 代表系统运行的状态。水箱系统的线性化后的系统模型和切换控制器表述如下：

$$\dot{\xi}(t) = \mathbf{A} \times (\xi(t) + \mathbf{h}') + \mathbf{B}_\vartheta \mathbf{v}(t), \vartheta \in \{1,2\}$$

$$\mathbf{v}(t) = S\left(-\mathbf{K}_\vartheta \xi(t) + \bar{\alpha}_\vartheta^{in}\right), \vartheta \in \{1,2\}$$

式中　　$\xi_j(t) := h_j(t) - h'_j, j = 1,2,3$ ——系统的状态且 $\xi(t) = \begin{bmatrix} \xi_1(t) & \xi_2(t) & \xi_3(t) \end{bmatrix}^{\mathrm{T}}$；

$\qquad\quad h_j(t) \in \mathbf{R}$ ——液面高度；

$\qquad\quad h'_j \in \mathbf{R}$ ——液面参考高度，且 $\mathbf{h}' = \begin{bmatrix} h'_1 & h'_2 & h'_3 \end{bmatrix}^{\mathrm{T}}$；

$\qquad\quad v_j(t) := \alpha_j^{in}, j = 1,2,3$ ——系统的控制输入，且 $\mathbf{v}(t) = \begin{bmatrix} v_1(t) & v_2(t) & v_3(t) \end{bmatrix}^{\mathrm{T}}$；

$\qquad\quad \mathbf{A}$，$\mathbf{B}_\vartheta$ ——表征系统动态过程的矩阵；

$\qquad\quad \mathbf{K}_\vartheta$ ——设计的增益矩阵；

$\qquad\quad \bar{\alpha}_\vartheta^{in}$ ——在每一个运行模式 ϑ 下，系统状态位于平衡点时，入水阀门的开合角度；

$\qquad\quad S: \mathbb{R}^m \to \mathbb{R}^m$ ——一个代表了执行器饱和和量化的映射，即

$$S(s_j) := \max\left\{\min\left\{10\lfloor 10^{-1} s_j \rfloor, 360°\right\}, 0°\right\}$$

通过以上分析，可以给出水箱系统的切换控制器的状态自动机，如图3-9所示。

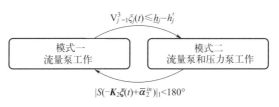

图3-9　切换控制器的状态自动机

接下来通过使用灰盒辨识方法确定系统的参数。由于水箱物理结构的限制和流量表较低的精度，出水流速被辨识为一个常值，即

$$A \times \left(\xi(t) + h' \right) = -10^{-4} \times \begin{bmatrix} 5.809 & 3.554 & 5.102 \end{bmatrix}^{\mathrm{T}}$$

此时

$$B_1 = 10^{-5} \times \begin{bmatrix} 0.1436 & -0.0170 & -0.0164 \\ -0.0098 & 0.1060 & -0.0100 \\ -0.0139 & -0.0139 & 0.1492 \end{bmatrix}$$

$$B_2 = 10^{-5} \times \begin{bmatrix} 0.7666 & -0.0493 & -0.0457 \\ -0.0274 & 0.5848 & -0.0279 \\ -0.0393 & -0.0432 & 0.7865 \end{bmatrix}$$

给定 $h'_j = 0.06$ 和 $\underline{h}_j = 0.03, \forall j \in \{1,2,3\}$。假设不存在执行器饱和和量化，此时 $\bar{\alpha}_1^{in}$ 和 $\bar{\alpha}_2^{in}$ 由如下的方程解得

$$A \times \left(\xi(t) + h' \right) + B_{\vartheta} \bar{\alpha}_{\vartheta}^{in} = 0$$

并得到

$$\bar{\alpha}_1^{in} = \begin{bmatrix} 503.5950 \\ 422.4378 \\ 428.5839 \end{bmatrix}$$

$$\bar{\alpha}_2^{in} = \begin{bmatrix} 84.5099 \\ 68.2069 \\ 72.8442 \end{bmatrix}$$

由于 $A \times \left(\xi(t) + h' \right)$ 被 $B_{\vartheta} \bar{\alpha}_{\vartheta}^{in}$ 补偿，故 A 可以被看作是一个 3×3 的全 0 矩阵。

据此，控制器可以设计成：

$$K_1 = \begin{bmatrix} 99950 & 3029 & 872 \\ -3014 & 99940 & -1679 \\ -922 & 1652 & 99982 \end{bmatrix}$$

$$K_2 = \begin{bmatrix} 9998.5 & 167.1 & 41.0 \\ -166.6 & 9997.9 & -116.0 \\ -43.0 & 115.3 & 999.2 \end{bmatrix}$$

通过验证 $-B_1 K_1$ 和 $-B_2 K_2$ 均为 Hurwitz 矩阵，可知设计的控制器可以保证在

模式一和模式二下系统状态均稳定。考虑到系统在每一个模式都拥有较长的驻留时间，故反馈系统是稳定的。

3.4
反馈通路网络化的影响与理论

由于城市智能分布式供水系统的部件分散在大范围地理空间，因此需要借助网络进行各个部件之间的信息交互。由于网络传输的特性，系统不能在有限时间内传输一个体积无限大的数据包，也不能在无限小的时间内传输一个长度有限的数据包[13]。前者说明系统不能传输无限精度的数据，也就是说传输的数据必须经过量化，并由此产生量化误差；后者说明每个数据包的传输都会有传输延时。因此将控制系统的反馈通路引入网络进行传输，将面临离散时间传输、传输延时、量化误差等问题。这些问题将会对系统的稳定性带来不利影响。目前常用两步法进行设计：首先，在不考虑反馈通路网络化带来的问题的情况下设计控制器；之后，考虑并分析这些问题对系统的影响，因此产生了网络化控制方法、混杂系统理论等方法和理论。

3.4.1　无线网络化控制方法

网络化控制系统是一类较为常见的信息物理系统[14]。它集合了物理过程和传感器技术、通信技术、控制技术、计算机技术等，将物理部分和软件部分深度结合在一起，为系统在应对更复杂的任务、提升系统工作效率并扩大被控对象的范围和物理尺寸等方面提供了更多的可能。网络化控制系统的应用对象包括智能供水系统、智能电网和智慧农业等。近年来，随着无线网络技术的发展，网络化控制系统更多地采用无线网络传输数据，即所谓的无线网络化控制系统[15]。

一个典型的无线网络化控制系统包含有两个部分：一个连续时间域或离散时间域的物理系统和一个以无线网络和控制器为核心的信息系统。在这个无线网络化控制系统中，传感器、计算单元和执行器一般通过一个无线网络连接，构成反馈通路。反馈通路的作用是通过传感器在规定的离散时间序列采集物理系统当前的运行状态信息，并依据给定的控制律计算控制输入信号并发送给物理系统的执行单元，从而实现对物理系统的控制。

对比基于有线网络的网络化控制系统，无线网络化控制系统的最大特征就是将其中的有线网络替换为无线网络，这个替换使得系统的灵活性、适应性得到显著提高。例如：系统的一些节点可以更容易地安装在有线网络难以抵达的空间位置；对于范围较大的物理系统，网络部署的成本也能够明显降低；如果物理系统结构发生改变，网络节点的再部署也更为容易。这些特性使得被控对象的集合得到巨大的扩展，控制目标也得以大大拓展，以往难以实现的控制目标也有了实现的可能。

然而，有得必有失。相比于有线网络的较大带宽和高传输速度，无线网络的传输带宽明显受到限制，传输速度也较低。因此在设计和应用无线网络化控制系统的时候，有一些由于无线网络产生的重要限制因素需要考虑。

① 系统各个节点本身与其他系统共享无线网络信道，以及对应的传输协议；

② 采样和传输间隔多样且不等；

③ 传输延时多样且不等；

④ 丢包；

⑤ 信号采集和传输过程中产生的量化误差。

以上所述的 5 个限制均是由无线网络带宽有限造成的。这些限制对于网络化控制系统均成立，即在控制系统中利用网络作为反馈通路的传输媒介时，都需要考虑以上限制。对于使用无线网络作为传输通路的控制系统，这些限制尤为突出，因为无线网络的传输带宽更小，速率更慢。

此外，在应用无线网络的时候，还可能存在其他的一些问题。在这些问题当中，最主要的问题就是一些使用电池作为供电电源的无线网络节点的维护问题。当使用无线网络模块时，各个节点之间不再必须通过线缆连接起来。这就意味着，如果这些网络节点使用电池作为供电电源的话，节点的灵活性和移动性能够得到最大的提升。没有了线缆的束缚，这些节点可以更容易地部署在最适合的位置，而不必考虑线路部署的问题。当然，如果这些位置不适合部署线路，那么也意味着在这些位置更换节点的电池将会十分麻烦，或者更换电池的成本会较为高昂。因此，如何减少每个节点的能量消耗，节约电量，延长电池的使用寿命，从而延长系统的工作时间，减少系统的维护量，是一个很重要的课题。

随着传感器技术、信息技术和无线传输技术的发展，无线网络化控制系统在设计、部署和升级上有更好的灵活性。这些优势使得无线网络化控制系统全生命周期的成本得以降低，并且非常适用于分布范围较大的物理系统的控制。随着控制理论的发展，无线网络化控制系统的应用前景会更加广阔。

例如，在城市智能供水系统中，为保证系统的正常运行和水资源的高效分布，反馈控制器有着广泛的应用。反馈控制器利用流量、水压等传感器测得的物理系统输出量，依据由给定的稳定性或性能而设计的控制器[16]，计算出系统当下的控制量，并传输给诸如阀门和水泵等执行单元。由于城市供水系统范围大，环境复杂，有线的传感器网络和反馈控制通路维护管理费用高昂，因此适合使用无线网络化控制方法。

3.4.2 混杂系统理论

在分析信息物理系统，特别是无线网络化控制系统时，混杂系统理论是一个很重要的理论方法。混杂系统是一种包含有连续时间域动态过程（flow dynamics）和离散时间域动态过程（jump dynamics）的系统[17]。一个著名的混杂系统的例子就是弹力球。在弹力球上升或者下降的过程中的动态，就是连续时间域动态过程；在接触地面反弹的时刻和最高点改变运动方向的时刻的动态，就是离散时间域动态过程。

对于基于网络的反馈控制系统，可以将物理系统的状态和控制器状态均纳入到系统状态 x 中。因为网络的存在，系统的反馈通路只在离散的时间闭合。这个离散的时间信号可以由时钟控制周期产生，也可以由事件触发方法非周期产生。闭合的过程包括：传感器采集系统输出信号并传输给控制器，控制器计算控制量并传输给执行器，执行器接收控制量并执行。在两次执行的间隙，系统是处于连续时间域动态过程的，系统的状态也在连续地变化；而在闭合的时候，系统处于离散时间域动态过程，系统的状态可能会有跳跃。因此，网络化的控制系统，或者说信息物理系统是十分适合使用混杂系统理论进行分析的。

本书第9章和第10章的例子主要使用混杂系统方法进行控制系统设计和分析。在此介绍一些有关于混杂系统的基本概念和分析方法，有助于读者了解混杂系统，同时也为后续相关章节的数学过程给出基本定义和铺垫。

定义 3-1：混杂系统（hybrid system）。

如果一个系统 $\mathcal{H} := (C_H, F_H, D_H, G_H)$ 可以用如下形式表述，则称其为混杂系统。

$$\begin{cases} x \in C_H, & \dot{x} \in F_H(x) \\ x \in D_H, & x^+ \in G_H(x) \end{cases}$$

式中　x——系统的状态；

　　F_H——连续时间域动态过程的映像；

　　G_H——离散时间域动态过程的映像；

　　C_H——连续时间域动态过程系统状态的集合；

　　D_H——离散时间域动态过程系统状态的集合；

　　x^+——系统状态在跳跃后的值。

混杂系统包含连续时间域动态过程和离散时间域动态过程，因此一个混杂系统的解需要包含有两个参数：t——混杂系统已经运行的时间；j——混杂系统发生跳跃的次数。

定义 3-2：混杂系统的时间域（hybrid time domain）。

考虑一个混杂系统 $\mathcal{H} := (C_H, F_H, D_H, G_H)$。对于一个子集 $E_H \subset \mathbb{R}_0^+ \times \mathbb{N}$，如果这个集合是无限个区间 $[t_j, t_{j+1}] \times \{j\}$（其中 $0 = t_0 \leqslant t_1 \leqslant t_2 \leqslant \cdots$）的并集，或者是有限个这样的区间的并集，但是最后一个区间是诸如 $[t_j, \ t_{j+1}] \times \{j\}$、$[t_j, t_{j+1}) \times \{j\}$ 或者 $[t_j, \infty] \times \{j\}$ 形式中的一种，那么这个子集 E_H 就叫作这个混杂系统的时间域。

定义 3-3：混杂系统的弧（hybrid arc）。

考虑一个混杂系统 $\mathcal{H} := (C_H, F_H, D_H, G_H)$。这个混杂系统的弧是一个方程 $\phi : \mathrm{dom}\,\phi \to \mathbb{R}^n$，其中 ϕ 是这个混杂系统的时间域，并对于每一个给定的 j，$t \to \phi(t, j)$ 是区间 $I_j = \{t : (t, j) \in \mathrm{dom}\,\phi\}$ 上的局部的绝对连续方程。

定义 3-4：混杂系统的解（hybrid system solution）。

对于一个混杂系统 $\mathcal{H} := (C_H, F_H, D_H, G_H)$，如果 $\phi(0, 0) \in C_H \cup D_H$，并且满足连续时间域条件、离散时间域条件，那么这个混杂系统的弧 ϕ 就是这个混杂系统的一个解。

- 连续时间域条件：对于每一个 $j \in \mathbb{N}$，I_j 是一个非空区间，都有

$$\dot{\boldsymbol{x}}(t, j) \in F_H(\boldsymbol{x}(t, j)), t \in I_j$$

$$\boldsymbol{x}(t, j) \in C_H, \ t \in [\min I_j, \sup I_j]$$

- 离散时间域条件：对于每一个 $(t, j) \in \mathrm{dom}\,\boldsymbol{x}$，$(t, j+1) \in \mathrm{dom}\,\boldsymbol{x}$，都有

$$\boldsymbol{x}(t, j+1) \in G_H(\boldsymbol{x}(t, j))$$

$$\boldsymbol{x}(t, j) \in D_H$$

对于混杂系统，系统的状态有可能收敛到一个集合，而不是一个点。实际系统中，系统状态收敛到一个集合是更加普遍存在的。为了描述系统状态的收敛，引入了一个向量到一个集合的距离的概念：对于一个向量 $\boldsymbol{x}$ 和一个闭集 $\mathcal{A}$，这个向量到这个集合的距离为

$$|\boldsymbol{x}|_{\mathcal{A}} = \min\{|\boldsymbol{x} - \boldsymbol{y}| : \ \boldsymbol{y} \in \mathcal{A}\}$$

有了这个距离的定义，就可以给出预渐进收敛稳定的定义。

定义 3-5：预渐进收敛稳定（pre-asymptotical stability）。

考虑一个 $\mathbb{R}^n$ 上的混杂系统 $\mathcal{H}$。$\mathcal{A} \subset \mathbb{R}^n$ 是一个闭集，则：

- 如果存在一个 $\mathcal{K}_\infty$ 方程 α，使得 $\mathcal{H}$ 的所有解 ϕ 满足对于所有的 $(t, j) \in \mathrm{dom}\,\phi$，

都有 $|\phi(t,j)|_{\mathcal{A}} \leq \alpha(|\phi(0,0)|_{\mathcal{A}})$，则集合 $\mathcal{A}$ 对于系统 $\mathcal{H}$ 全局一致稳定。

● 如果对于每个 $\varepsilon > 0$ 和 $r > 0$，都存在 $T > 0$，使得 $\mathcal{H}$ 的所有解 ϕ，$|\phi(0,0)|_{\mathcal{A}} \leq r$，$(t,j) \in \text{dom}\,\phi$ 和 $t + j \geq T$ 意味着 $|\phi(t,j)|_{\mathcal{A}} \leq \varepsilon$，则集合 $\mathcal{A}$ 对于系统 $\mathcal{H}$ 全局一致预吸引。

● 如果集合 $\mathcal{A}$ 对于系统 $\mathcal{H}$ 是全局一致稳定和全局一致预吸引的，那么集合 $\mathcal{A}$ 对于系统 $\mathcal{H}$ 全局一致预渐进收敛，即集合 $\mathcal{A}$ 对于系统 $\mathcal{H}$ 全局预渐进收敛稳定（Uniformly Global pre-Asymptotical Stable，UGpAS）。

混杂系统的李雅普诺夫候选函数和对应的预渐进收敛稳定的充分条件如定义 3-6、定理 3-1 所述。

定义 3-6：李雅普诺夫候选函数（Lyapunov function candidate）。

给出一个混杂系统 $\mathcal{H} := (C_H, F_H, D_H, G_H)$ 和一个闭集 $\mathcal{A} \subset \mathbb{R}^n$，如果如下的条件能够被满足：

● V 在 $(C_H \cup D_H) \backslash \mathcal{A} \subset \text{dom}\,V$ 上连续且非负；

● V 在开集 $\mathcal{O}$ 上连续可微，并满足 $C_H \backslash \mathcal{A} \subset \mathcal{O} \subset \text{dom}\,V$ 和 $\lim\limits_{\{x \to \mathcal{A},\ x \in \text{dom}\,V \cap (C_H \cup D_H)\}} V(x) = 0$。

其中，$x \to \mathcal{A}$ 表述 $\lim\limits_{t \to \infty} x(t) \in \mathcal{A}$。

那么方程 $V: \text{dom}\,V \to \mathbb{R}$ 是 $(\mathcal{H}, \mathcal{A})$ 的一个李雅普诺夫候选函数。

定理 3-1：李雅普诺夫充分条件（sufficient Lyapunov conditions）。

考虑一个混杂系统 $\mathcal{H} := (C_H, F_H, D_H, G_H)$ 和闭集 $\mathcal{A} \subset \mathbb{R}^n$ 满足 $G_H(\mathcal{A} \cap D_H) \subset \mathcal{A}$。

如果对于 $(\mathcal{H}, \mathcal{A})$ 存在一个李雅普诺夫候选函数 V，使得

$$\langle \nabla V(x), f \rangle \leq 0, \forall x \in C_H \backslash \mathcal{A}, f \in F_H(x)$$

$$V(g) - V(x) \leq 0, \forall x \in D_H \backslash \mathcal{A},\ g \in G_H(x) \backslash \mathcal{A}$$

那么 $\mathcal{A}$ 是预渐进稳定且预吸引的可达集包含每一个前向不变紧致集。

根据系统的稳定性，同时给出一种系统性能的指标，即 $\mathcal{L}_2$ 性能。

定义 3-7：$\mathcal{L}_2$ - 增益。

对于系统 $\dot{\xi}(t) = f(\xi(t), w(t))$ 和 $z(t) = g(\xi(t), w(t))$，如果存在一个 $\mathcal{K}_\infty$ 方程 $\delta: \mathbb{R}^{n_\xi} \to \mathbb{R}^+$ 使得对于任意的 $w \in \mathcal{L}_2$，任何系统初始状态 $\xi(0) = \xi_0 \in \mathbb{R}^{n_\xi}$，系统的解都满足 $|z|_{\mathcal{L}_2} \leq \delta(\xi_0) + \gamma|w|_{\mathcal{L}_2}$，那么从 w 到 z 的 $\mathcal{L}_2$ - 增益小于或等于 γ。

一般来说，z 是一个特别设计的系统输出量，可以是对于 x 和 w 的线性或者非线性函数。系统的 $\mathcal{L}_2$ - 增益表述了扰动输入 w 对输出 z 的影响。

3.4.3　事件触发控制方法

在无线网络化控制系统中，一般使用反馈形式的控制器。这种控制器通过给定的控制律，结合实时测量到的系统当前的状态或者输出值，计算出适用的控制信号，作为系统的输入值，通过执行单元返回给系统。控制律设计的好坏则直接决定了系统是否稳定，以及给定的控制目标是否能够实现。

随着科技的发展，传感器和控制器都实现了数字化，使得反馈通路的闭合时间也实现了离散化，即：只有在离散时间点上，传感器、控制器才协同工作计算出新的控制信号；而在离散时间点之间的时间，反馈系统实际上是开环的。因此离散时间点的选取至关重要。

离散时间点的选取可以基于系统的时钟或者系统的状态。如果基于系统的时钟，那么这种控制器叫作时间触发控制器。目前绝大多数系统采用的都是周期触发的时间触发控制器，即系统的连续两个反馈通路闭合时间的间隔都是等长的。这种控制系统也叫作周期控制。此种方法由于不需要考虑系统的需求和系统当前的状态，故而实现起来较为简单，并在实践中有着大量的应用。然而，很多时候虽然系统当前的稳定性或性能能够满足要求，但是反馈通路依旧按照时钟周期性闭合，因此这种方法较为浪费系统资源。

与周期性时间触发控制方法相对应的，是基于事件触发的控制方法。在事件触发控制方法中，反馈通路的闭合需要考虑系统的需求和系统当前的状态[18]。只有在系统需要的时候，例如系统的稳定性或性能即将无法满足时，反馈通路才闭合，这使得反馈通路闭合频率大大降低，系统资源消耗相应减少。因此，事件触发控制方法能够有效地节约系统的资源消耗，很适合无线网络化控制系统，例如智能供水系统。

事件触发机制（ETM）可以分为中心化事件触发机制和去中心化事件触发机制两类。中心化事件触发机制即为，在某一时刻，事件触发节点接收到系统全部传感器节点采集的系统当前输出信号，并对比触发条件是否满足，如果满足，则反馈通路闭合，采集到的系统输出信号被传输至控制器用于计算控制量。去中心化事件触发机制则是，每一个传感器节点都有自己本地的事件触发条件，即事件触发节点分散分布于每一个传感器节点。在某一时刻，本地传感器采集系统本地输出信号，并由本地事件触发条件决定是否将新采集信号传输至控制器。有任何一个节点的事件触发条件被满足，系统反馈通路皆闭合，但是只有条件满足的传感器节点会传输新的信号给传感器，对于其他传感器节点，控制器依旧使用最近的历史信号参与计算控制量。在本书的第9章中，将会详述这两类事件触发机制并通过实验进行对比。

事件触发控制方法的核心在于如何设计事件触发条件。一般的事件触发条件均来源于系统的李雅普诺夫函数信号的演变。即，当系统的李雅普诺夫函数当前动态无法满足设计的稳定性或性能条件时，反馈通路将被触发闭合一次。通过系统状态的阶跃式更新，比如计算并应用新的控制量，系统的李雅普诺夫函数动态将再次满足稳定性或性能条件。因此，设计事件触发控制器后代入系统的李雅普诺夫方程，通过李雅普诺夫函数信号的演变，即可测得系统的稳定性是否满足设计条件。当然，由于系统包含连续和离散两种动态过程，所以相对应的设计过程也要将连续和离散动态过程分开分析，故比较适合应用混杂系统理论进行分析。

事件触发控制系统要求在系统反馈通路闭合前，反馈通路的各个组件，即传感器节点、计算单元，有的时候甚至包括执行单元，要及时唤醒，并接入无线网络，从而保证反馈通路能够顺利运行。这对于接入的时间上具有更高的设计要求，从而避免多个节点同时传输造成的传输冲突。

3.4.4 无线网络传输技术与协议选取

无线网络由于设计部署快速、维护费用低廉、容易二次部署，特别适合城市智能分布式控制系统的信息传输[19]。设计无线网络时有两个非常重要的选择：传输协议和传输技术。前者决定了信道的利用率和传输延时等参数，后者决定了最大传输速度、最大传输距离、最大接入节点数量等参数。不同的无线网络化控制系统应根据控制和传输的要求选择合适的传输协议和传输技术[20]。

介质访问控制（MAC）又称传输协议或无线网络传输技术[21]。对于无线网络，由于频谱资源的限制和基于安全性、可靠性等的考虑，一般要求使用广播信道的网络链路，即所有联网的节点访问一个公共信道。设计这类网络的时候，一个需要解决的重要问题是，当有多个无线节点使用信道时，如何确定哪个节点拥有使用权。而用来确定多路访问信道下一个使用者从而有效地分配传输介质的使用权，使得节点之间的通信不会发生相互干扰的控制方法就是介质访问控制方法。

常见的介质访问控制方法有信道划分介质访问控制、随机访问介质访问控制和轮询访问介质访问控制。其中前者是静态划分信道的方法，而后两者是动态分配信道的方法。

(1) 信道划分介质访问控制

信道划分介质访问控制将使用介质的每个设备与来自同一通信信道上的其他设备的通信隔离开，把时域和频域资源合理地分配给网络上的设备。信道划分的实质就是通过分时、分频、分码等方法，把原来的一条广播信道在逻辑上分为几条用于两个节点之间通信的互不干扰的子信道，实际上就是把广播信道转变为点对点信道。信道划分介质访问控制具有以下 4 种方式。

① 频分多路复用（FDM）　频分多路复用是一种将多路基带信号调制到不同频率载波上，再叠加形成一个复合信号的多路复用技术。每个子信道分配的带宽可不相同，但它们的总和必须不超过信道的总带宽。在实际应用中，为了防止子信道之间的干扰，相邻信道之间需要加入"保护频带"。频分多路复用的优点在于能够充分利用传输介质的带宽，通信系统的效率较高；缺点在于信道划分量有限，通常还要结合其他复用方式。

② 时分多路复用（TDM）　时分多路复用是将一条通信信道按时间分成若干时间片，轮流地分配给多个节点使用。每个时间片由一对发送与接收节点占用。如果给每个节点都注册一个固定的时间片，且这个节点发送数据不是周期性的，例如事件触发控制系统下的节点，那么这个节点对已分配的时间片的利用率不高，导致整个信道的利用率较低。对 TDM 进行改进，就有了统计时分多路复用（STDM），它采用 STDM 帧，STDM 帧并不固定分配时隙，而是按需动态地分配时隙，当终端有数据要传送时，才会分配到时间片，因此可以提高线路的利用率。但是 STDM 可能会导致在某些情况下，例如数据爆发传输时，一个节点较长时间无法申请到时间片的问题。

③ 波分多路复用（WDM）　波分多路复用即光的频分多路复用。由于造价昂贵，因此并不常见。

④ 码分多路复用（CDM）　码分多路复用是采用不同的编码来区分各路原始信号的一种复用方式。与 FDM 和 TDM 不同，它既共享信道的频率，又共享时间。码分多址（CDMA）是码分复用的一种方式，其原理是每个信号都用向量来表示，任意两个向量要求相互正交。当两个或多个站点同时发送时，各路数据在信道中线性相加。码分多路复用技术具有频谱利用率高、抗干扰能力强、保密性强等优点，主要用于移动通信系统。但其技术较为复杂，且有诸多专利限制。

（2）随机访问介质访问控制

由于无线节点众多，信道资源有限，除了时分多路复用，仅仅划分信道是不足以解决传输冲突的。可以在每个划分好的信道上加入随机访问介质访问控制，来解决传输冲突。随机访问介质访问控制协议的基本思想是当传输冲突发生时，每个发生冲突的无线节点按照一定的规则反复地重新发送信息，直到该信息无冲突地送达至接收节点。而这个规则，则是控制协议的核心。常用的协议有 ALOHA 协议和 CSMA 协议，它们的核心思想都是无线节点通过竞争获得信息的发送权。因此，随机访问介质访问控制协议又称争用型协议。

常用的 ALOHA 协议有两种，即纯 ALOHA 协议和分槽（时隙）ALOHA 协议。纯 ALOHA 基本思想是需要发送时，无线节点即刻发送，如果产生冲突，就等待一个随机时间再次发送。缺点是再次发送的时候，如果有其他节点正在发送信息，那么会产生传输冲突，且正在发送的信息会发送失败。分槽（时隙）ALOHA 基本思想是将信道的传输时间划分为时间片，只有每个时间片开始的时刻，无线节点才可以开始发送，如果产生传输冲突，则与纯 ALOHA 相同。分槽（时隙）ALOHA 的优点是产生传输冲突的可能性降低且集中在时间片开始时刻，因此分槽（时隙）ALOHA 网络的吞吐量比纯 ALOHA 协议大了 1 倍。

载波侦听多路访问（CSMA）协议是在 ALOHA 协议基础上发展的一类协议，它与 ALOHA 协议的主要区别是多了一个载波侦听装置。采用分槽（时隙）ALOHA 协议的系统的效率虽然是采用纯 ALOHA 协议系统的 2 倍，但是每个无线节点都是在需要发送的时刻立即尝试发送的，而没有考虑信道内是否有其他节点正在传输数据，因此发生传输冲突的概率依旧很大。CSMA 协议则要求每一个需要发送信息的无线节点都侦听一下无线信道，只在没有其他任何正在进行的数据传输时，才利用信道发送本地数据。这样发生传输冲突的概率得以降低，信道的利用率得以提高。但是如果有多个节点同时侦听并发送数据，那么使用 CSMA 协议的系统依旧会产生传输冲突。为了进一步解决传输冲突的问题，在 CSMA 协议基础上发展了 CSMA/CD 和 CSMA/CA 两种协议。

载波侦听多路访问 / 冲突检测（CSMA/CD）。CSMA/CD 协议是 CSMA 协议的改进方案。使用 CSMA/CD 协议的系统的无线节点在发送前先侦听信道，检测一下信道上是否有其他节点正在发送数据，若有则暂时不发送数据，等待信道变为空闲时再发送。冲突检测机制就是在发送数据的时候依旧侦听信道，以便判断自己在发送数据时其他节点是否也在发送数据。如果无线节点侦听到传输冲突，则立即停止发送。这样就避免了同时发送数据产生的冲突导致的所有发送的信息均不可用，且由于检测不到传输冲突而继续发送信息导致浪费信道资源的问题。

载波侦听多路访问 / 冲突避免（CSMA/CA）。冲突避免机制是无线节点在发送数据时先广播告知其他节点本地将有信息发送，让其他节点在某段时间内不要发送数据，以免出现传输冲突，从而解决同时开始传输导致的传输冲突的问题。

（3）轮询访问介质访问控制

在轮询访问介质访问控制方法中，无线节点不能随意地发送数据，而是需要等待网络控制器询问到这个节点是否需要发送数据并分配信道才可以发送。只有被询问到的节点才可以发送，而同一时刻只会有一个节点被询问，因此避免了传输冲突。在传输结束后，无线节点将告诉网络控制器发送完毕并由控制器收回数据发送权限。典型的轮询访问介质访问控制协议是令牌传递协议，令牌是由一组特殊的比特组合而成的帧。这个令牌就代表着发送权限。轮询访问介质访问控制的缺点是，如果一个节点想要发送数据，就需要连续侦听信道从而接收令牌，考虑到对于很多无线网络技术，侦听信道和发送数据消耗的能量差不多，有时甚至会更多，因此会消耗较多的能量。

针对无线网络化控制系统，还有一些专门设计的协议，例如令牌环（RR）[22]、尝试-放弃（TOD）[16]、最大误差优先（MEF）[23] 等。这些协议是由基本传输协议结合控制系统特性设计而成，实现起来较为复杂，适合专用的无线网络化控制系统，不适合与其他系统共享一个无线网络的情况。

相比于有线网络，无线网络的传输技术和传输协议更加多样。对于不同的应用场景，应该选用合适的无线网络传输技术，开发适用的传输协议。对于城市智能分布式供水系统，一个适合的传输协议可以有效地减少传输冲突，并且缩短每个节点的发送等待时间，使得无线节点在传输上的能量消耗得以减少，通信量能够实现最小化。结合第 9、10 章的内容可以看到，对于自组无线网络的智能分布式供水系统，基于造价和专利等限制，多采用单个通道传输数据，因此时分多址（TDMA）传输协议和 CSMA/CA 协议更为常用。这两个协议相对而言实现起来较为简便，并且能够充分利用现有的无线传输标准。其中，TDMA 能够有效保证最大传输延时，方便控制器的设计和系统稳定性的保证，但是信道资源不能被充分利用，导致资源浪费；CSMA/CA 协议能够充分利用信道资源，但是无法保证传输延时的上确界，只能给出概率值，如果概率极高，则一般认为存在这个传输延时的上确界。

对于无线网络，另一个重要的关注点为传输标准。一般来讲，较为常用的适合控制系统的无线网络传输标准有如下几种：IEEE 802.11，其代表技术为 WiFi；IEEE 802.15.4，其代表技术为 Zigbee（主要应用于智能家居和仓储物流）、ISA100.11a（主要应用于工业生产）、WirelessHART（主要用于流程工业）、WIA-PA（主要用于工业过程自动化）。此外，低功耗广覆盖局域网（LPWAN）和商用移动通信网络，例如 5G 技术也可被应用于一些控制系统中。下面分别介绍。

① IEEE 802.11 是当前无线局域网的通用标准。主要运行在 2.4GHz 和 5GHz 两个频段上。其中 2.4GHz 的频段为世界上绝大多数国家通用，因此应用也最广泛。2.4GHz 频段下一共有 14 个信道，但是常用的只有前 13 个。每个信道的有效宽度是 20MHz，另外还有 2MHz 的强制隔离频带。例如，对于中心频率为

2412MHz 的 1 信道，其频率范围为 2401 ～ 2423MHz。对于家用 WiFi 网络，一般常用 CSMA/CA 协议。但是在本章介绍的水箱系统中，则基于 WiFi 物理层，开发了基于 TDMA 的结合控制器设计而成的专有介质访问控制方法，从而使得传输延时有上确界，确保系统的稳定性达到设计指标。

传统的 WiFi 使用 2.4GHz 频段，随着使用 2.4GHz 频段的设备越来越多，相互之间干扰增强，因此第五代 WiFi 技术研制了运行在 5GHz 以上的高频段。理论上 5GHz 频段相较 2.4GHz 速率更快，但两者各有优缺点：2.4GHz 穿墙衰减更少，传播距离更远，但使用设备多，干扰大；5GHz 网速更稳定，速率更高，但穿墙衰减大，覆盖距离小。在水箱系统实验中明显发现，如果有外界对 WiFi 信号的干扰，反馈通路的传输延时会大大增加。

但是不可否认，WiFi 具有传输速度快、组网简单、覆盖范围较为广泛、可靠性尚可的优点。一般来讲，WiFi 组件的无线网络需要有一个中心节点和多个节点。中心节点是网络的中心，可以管理网络的其他节点。不同节点之间不可以直接通信，数据都需要经过中心节点的转发。因此，这个中心节点非常适合部署集中式控制系统的控制器，其他节点则部署对应的传感器和执行器。

② IEEE 802.15.4 广泛应用于智能家居和工业自动化等领域。ZigBee 是一种较为常见的基于 IEEE 802.15.4 的无线连接技术，它可以工作在 2.4GHz（全球流行）、868MHz（欧洲流行）和 915MHz（美国流行）3 个频段上，分别具有最高 250Kbps、20Kbps 和 40Kbps 的传输速率。ZigBee 的传输距离在 10 ～ 75m 的范围内，但可以通过中继器继续增加传输距离。在组网性能上，ZigBee 可以构造为星形网络或者点对点对等网络，在每一个 ZigBee 组成的无线网络中，连接地址码分为 16bit 短地址或者 64bit 长地址，可容纳的最大设备个数分别为 216 个和 264 个，因此具有较大的网络容量。在通信协议上，通常采用 CSMA/CA 协议来避免传输冲突。此外，为保证传输数据的可靠性，建立了完整的应答通信协议。ZigBee 也可以通过对 MAC 层进行改写实现 TDMA 传输协议，从而保证控制系统对于传输延时的高要求性。ZigBee 设备具有低功耗、数据传输速率低、兼容性高和实现成本低等特点，但是由于传输信道受到限制，较为容易产生不同网络之间的传输干扰，因此更加适用于工厂、矿山等较为封闭独立的环境。相比较 WiFi 而言，ZigBee 传输距离较近，功耗更低，传输速度低，成本也低。

③ LPWAN 是一类技术的总称。这类技术的共同特点是具有较低的传输速率、较长的传输距离，因此较为适用于物联网应用，例如电池为电源的无线传感器网络。LoRa 无线连接技术是一种非常常见的 LPWAN 技术，是远距离无线电（Long Range Radio）技术的简写。在相同功耗条件下，LoRa 的通信距离是传统

的无线射频通信距离的 3 ~ 5 倍，其通信范围可以超过 10km，当然此时传输速率只有 37.5Kbps 左右。基于不同的传输数据量，无线节点可以工作数月到数年的时间而不需要更换电池。LoRa 主要在全球免费频段（即非授权频段）运行，包括 433MHz、868MHz、915MHz 等。LoRa 具有低功耗、高敏感度、容量大、部署灵活等优点，在表计领域有着非常多的应用。此外，LoRa 在非表计领域的应用也得到了突破性的发展，在智能楼宇、智慧城市、路灯、农业等领域都有很多成功应用的案例。当前，LoRa 在国内每年部署的节点已超过 1000 万个，在北京、深圳、广州、杭州等城市均有城市级的 LoRa 网络覆盖。荷兰皇家 KPN 电信集团已经构建出覆盖荷兰全境的 LoRa 网络。

LoRa 网络主要由终端（内置 LoRa 模块）、网关（或称基站）、网络服务器以及应用服务器等组成。LoRa 网络架构是一个典型的星形拓扑结构。在这个网络架构中，LoRa 网关是一个传输中继，连接终端设备和后端中央服务器。在第 10 章的利用 LoRa 构建远距离大范围智能水分布系统部分，控制系统的控制器即被部署在了网关中。LoRa 有三种工作模式。

● Class A 模式：节点按需主动上报数据，每一个终端上行传输后会伴随着两个下行接收窗口，平时休眠，只有在固定的窗口期才能接收网关下行数据。在这个模式下，系统的功耗极低。

● Class B 模式：固定周期时间同步，在固定周期内可以随机确定窗口期接收网关下行数据，兼顾实时性和低功耗，特点是对时间同步要求很高。

● Class C 模式：该模式是常发常收模式，节点不考虑功耗，随时可以接收网关下行数据，实时性好，适合不考虑功耗或需要大量下行数据控制的应用，比如智能路灯控制。

一般来讲，独立部署的 LoRa 网络可以根据传输需要和维护成本考虑选取合适的工作模式，收集并存储数据。如果使用网络提供商例如 KPN 提供的 LoRa 网络，节点上传的数据会首先被存储在提供商的服务器内，用户需要向其支付费用才能下载和使用。此外 LoRa 使用免费频段，信道资源有限，因此较为容易受到干扰。

NB-IoT 是基于蜂窝的窄带物联网（NB-IoT）。NB-IoT 构建于蜂窝网络，只消耗大约 180kHz 的带宽，可以直接部署于全球移动通信系统（GSM）网络、通用移动通信业务（UMTS）网络或者长期演进技术（LTE）网络，以降低部署成本。NB-IoT 采用超窄带、重复传输、精简网络协议等设计，以牺牲一定速率、时延、移动性性能，获取面向低功耗广域（LPWA）物联网的承载能力。一个电池供电的节点甚至可以实现对该节点供电 10 年而免于维护。NB-IoT 的芯片成本也非常低。由于基于蜂窝移动网络，NB-IoT 在覆盖面上非常广。其传输速率在 100Kbps 以内。但是，NB-IoT 一般只能由网络提供商部署，因此采集到的数据需要先上传到运营商处。虽然可以免去组网费用，但是由于使用商用服务，因此会增加运营费用。许多企业由于隐私考虑，不愿意将收集的数据经过其他公司，对于这类企业，能够组建自己网络的 LoRa 显然更为适合。

④ 移动网络，即利用蜂窝移动通信技术的无线网络。目前最新一代的商用移动网络即为 5G 网络。与 4G 相比，5G 的提升是全方位的，包括更高带宽、更低时延、更海量的接入能力，可满足物联网等领域的诸多需求。5G 的峰值理论传输速度可达每秒数十兆位，能够大大扩展服务和功能，且由于大量建设基站，可以实现对城市乃至国家范围的覆盖。因此也非常适用于大范围无线网络化控制系统，例如城市智能供水系统。但是相应地，使用移动网络供应商的服务会导致日常运行成本的上升。

对于城市智能供水系统，显然大范围、低功耗、适合组建私有网络的 LoRa 和大范围、覆盖面广、通信速率高、信号稳定、不需要自己组网的 5G 都是非常适用的。但是 LoRa 的传输速率较低，而 5G 的运行费用高昂。利用不同技术混合组网或者开发新的更适用的通信标准或是更好的选择。对于水箱系统，由于尺寸较小，故选用了 WiFi 技术。表 3-1 给出了常见的无线网络技术对比。

表 3-1　不同无线网络技术对比

通信技术	通信范围	传输速度	节点功耗	频段授权
WiFi	100～200m	11～54Mbps	高	非授权
ZigBee	100m	250Kbps	低	非授权
LoRa	20km	50Kbps	低	非授权
NB-IoT	20km	<100Kbps	低	授权
5G	100～300m	1Gbps	高	授权

本章附录：水箱系统建模过程

水箱系统节点编号与对应位置如图 3-10 所示。其中，21、22、23 在 T 型连接头的入口处，31、32、33 在 T 型连接头的支流出口处，41、42 在 T 型连接头的干流出口处，$5i$ 和 $6i$ 分别位于入水阀门的入口和出口处，$7i$ 位于水管出口处，$8i$ 和 $9i$ 分别位于出水阀门的入口和出口处。水箱系统建模符号定义见表 3-2。

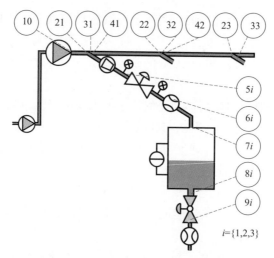

图 3-10　水箱系统节点编号与对应位置

表 3-2　水箱系统建模符号定义

符号	单位	符号含义
h_a	m	流量泵提供的扬程
q_a	m³/s	流量泵提供的流速
p_a	Pa	流量泵产生的水压
h_p	m	加压泵提供的扬程
q_p	m³/s	加压泵提供的流速
p_p	Pa	加压泵产生的水压
Δh_{ap}	m	流量泵和加压泵的高度差
g	m/s²	重力加速度
d_p	m	水管的直径
a_p	m²	管道横截面积，$a_p = \pi d_p^2 / 4$
ρ	kg/m³	流体密度，当流体为水时，$\rho = 1000\text{kg}/\text{m}^3$
α_i^i	rad	第 i 个流入阀门角度

符号	单位	符号含义
$\alpha_{i\,max}^{i}$	rad	第 i 个流入阀门最大角度，阀门全打开时最大角度为 $\alpha_{i\,max}^{i}=2\pi$
$\alpha_{i\,min}^{i}$	rad	第 i 个流入阀门的最小开启角度
α_{o}^{i}	rad	第 i 个流出阀门角度
$\alpha_{o\,max}^{i}$	rad	第 i 个流出阀门最大角度，阀门全打开时最大角度为 $\alpha_{o\,max}^{i}=2\pi$
$\alpha_{o\,min}^{i}$	rad	第 i 个流出阀门的最小开启角度
r_{i}^{i}	m	第 i 个流入阀门的直径，假设 $r_{i}^{i}=d_{p}$
r_{o}^{i}	m	第 i 个流出阀门的直径，假设 $r_{o}^{i}=d_{p}$
q_{i}^{i}	m³/s	流入第 i 个小水箱的流速
q_{o}^{i}	m³/s	流出第 i 个小水箱的流速
SG	—	流体相对于水的相对密度（对于水，$SG=1$）
K_{L}	—	次要损失系数
K_{v}	—	阀门流量系数（国际单位）
C_{v}	—	阀门流量系数（英制单位），$C_{v}=1.156K_{v}$
K_{vi}^{i}	—	第 i 个流入阀门的流量系数（国际单位）
K_{vo}^{i}	—	第 i 个流出阀门的流量系数（国际单位）
H_{i}	m	小水箱的高度
D_{i}	m	小水箱的直径
A_{i}	m²	小水箱的截面积，$A_{i}=\pi D_{i}^{2}/4$
d_{i}	m	第 i 个小水箱出水孔的直径
a_{i}	m²	第 i 个小水箱出水孔的截面积，$a_{i}=\pi d_{i}^{2}/4$
Δh_{i}	m	小水箱底部到流出阀门中心的高度差

符号	单位	符号含义
h_i	m	第 i 个小水箱水位高度
h_i'	m	第 i 个小水箱期望的水位高度
Re	—	雷诺数
μ	Pa·s	流体的动力黏度，对于101.325 kPa、20℃ 水的动力黏度为 $\mu = 1.01 \times 10^{-3} \mathrm{Pa \cdot s}$
η	—	涡轮机的效率
p_j	Pa	第 j 个节点的压力
h_j	m	第 j 个节点的水头
v_j	m/s	第 j 个节点的流速
Δh_j	m	第 j 个节点与加压泵的高度差

各点的动态及不同点之间的关系如下所示：

在 10 处：

$$\begin{cases} h_{10}(t) = \dfrac{v_{10}^2(t)}{2g} + \dfrac{p_{10}(t)}{\rho g} \\ q_{10}(t) = v_{10}(t)a_p \end{cases} \tag{3-2}$$

从 10 到 21：

$$\begin{cases} h_{10}(t) = h_{21}(t) \\ q_{10}(t) = q_{21}(t) \end{cases} \tag{3-3}$$

在 21 处：

$$\begin{cases} h_{21}(t) = \dfrac{v_{21}^2(t)}{2g} + \dfrac{p_{21}(t)}{\rho g} - \Delta h_{31} \\ q_{21}(t) = v_{21}(t)a_p \end{cases} \tag{3-4}$$

从 21 到 31 和 41：

$$\begin{cases} p_{21}(t) = p_{31}(t) = p_{41}(t) \\ q_{21}(t) = q_{31}(t) + q_{41}(t) \end{cases} \tag{3-5}$$

在 31 处：

$$\begin{cases} h_{31}(t) = \dfrac{v_{31}^2(t)}{2g} + \dfrac{p_{31}(t)}{\rho g} - \Delta h_{31} \\ q_{31}(t) = v_{31}(t)a_p \end{cases} \tag{3-6}$$

在 41 处：

$$\begin{cases} h_{41}(t) = \dfrac{v_{41}^2(t)}{2g} + \dfrac{p_{41}(t)}{\rho g} - \Delta h_{31} \\ q_{41}(t) = v_{41}(t)a_p \end{cases} \tag{3-7}$$

从 41 到 22：

$$\begin{cases} h_{41}(t) = h_{22}(t) \\ q_{41}(t) = q_{22}(t) \end{cases} \tag{3-8}$$

在 22 处：

$$\begin{cases} h_{22}(t) = \dfrac{v_{22}^2(t)}{2g} + \dfrac{p_{22}(t)}{\rho g} - \Delta h_{32} \\ q_{22}(t) = v_{22}(t)a_p \end{cases} \tag{3-9}$$

从 22 到 32 和 42：

$$\begin{cases} p_{22}(t) = p_{32}(t) = p_{42}(t) \\ q_{22}(t) = q_{32}(t) + q_{42}(t) \end{cases} \tag{3-10}$$

在 32 处：

$$\begin{cases} h_{32}(t) = \dfrac{v_{32}^2(t)}{2g} + \dfrac{p_{32}(t)}{\rho g} - \Delta h_{32} \\ q_{32}(t) = v_{32}(t)a_p \end{cases} \tag{3-11}$$

在 42 处：

$$\begin{cases} h_{42}(t) = \dfrac{v_{42}^2(t)}{2g} + \dfrac{p_{42}(t)}{\rho g} - \Delta h_{32} \\ q_{42}(t) = v_{42}(t)a_p \end{cases} \tag{3-12}$$

从 42 到 23：

$$\begin{cases} h_{42}(t) = h_{23}(t) \\ q_{42}(t) = q_{23}(t) \end{cases} \quad (3\text{-}13)$$

在 23 处：

$$\begin{cases} h_{23}(t) = \dfrac{v_{23}^2(t)}{2g} + \dfrac{p_{23}(t)}{\rho g} - \Delta h_{33} \\ q_{23}(t) = v_{23}(t)a_p \end{cases} \quad (3\text{-}14)$$

从 23 到 33：

$$\begin{cases} p_{23}(t) = p_{33}(t) \\ q_{23}(t) = q_{33}(t) \end{cases} \quad (3\text{-}15)$$

在 33 处：

$$\begin{cases} h_{33}(t) = \dfrac{v_{33}^2(t)}{2g} + \dfrac{p_{33}(t)}{\rho g} - \Delta h_{33} \\ q_{33}(t) = v_{33}(t)a_p \end{cases} \quad (3\text{-}16)$$

从 3i 到 5i：

$$\begin{cases} q_{3i}(t)\rho g h_{3i}(t) = q_{5i}(t)\rho g h_{5i}(t) + \eta(q_{3i}, h_{3i})q_{3i}\rho g h_{3i}(t) \\ q_{3i}(t) = q_{5i}(t) \end{cases} \quad (3\text{-}17)$$

在 5i：

$$\begin{cases} h_{5i}(t) = \dfrac{v_{5i}^2(t)}{2g} + \dfrac{p_{5i}(t)}{\rho g} - \Delta h_{3i} \\ q_{5i}(t) = v_{5i}(t)a_p \end{cases} \quad (3\text{-}18)$$

从 5i 到 7i：

$$q_{5i}(t) = \frac{K_{vi}^i(\alpha_i^i(t))}{3600}\sqrt{p_{5i}(t)} \quad (3\text{-}19)$$

基于对不同点的动态分析，结合泵曲线得到的 $q_{10}(t)$ 和 $p_{10}(t)$ 的关系，得到供水层的系统模型为：

$$\begin{cases} q_{10}(t) = f(p_{10}(t)) \\ p_{10}(t) + \rho g \Delta h_{31} = \dfrac{\rho g}{1 - \eta(q_{51}, p_{51})} \left(\eta(q_{51}, p_{51}) \dfrac{q_{51}(t)^2}{2a_p^2 g} + \dfrac{p_{51}(t)}{\rho g} - \eta(q_{51}, p_{51}) \Delta h_{31} \right) \\ p_{10}(t) + \rho g \Delta h_{32} = \dfrac{\rho g}{1 - \eta(q_{52}, p_{52})} \left(\eta(q_{52}, p_{52}) \dfrac{q_{52}(t)^2}{2a_p^2 g} + \dfrac{p_{52}(t)}{\rho g} - \eta(q_{52}, p_{52}) \Delta h_{32} \right) \\ p_{10}(t) + \rho g \Delta h_{33} = \dfrac{\rho g}{1 - \eta(q_{53}, p_{53})} \left(\eta(q_{53}, p_{53}) \dfrac{q_{53}(t)^2}{2a_p^2 g} + \dfrac{p_{53}(t)}{\rho g} - \eta(q_{53}, p_{53}) \Delta h_{33} \right) \\ q_{10}(t) = q_{51}(t) + q_{52}(t) + q_{53}(t) \\ q_{51}(t) = \dfrac{K_{vi}^1(\alpha_i^1(t))}{3600} \sqrt{P_{51}(t)} \\ q_{52}(t) = \dfrac{K_{vi}^2(\alpha_i^2(t))}{3600} \sqrt{P_{52}(t)} \\ q_{53}(t) = \dfrac{K_{vi}^3(\alpha_i^3(t))}{3600} \sqrt{P_{53}(t)} \end{cases} \quad (3\text{-}20)$$

因此，有 8 个参数和 8 个函数。如果没有涡轮机，即 $\eta = 0$，则有一个简化的模型：

$$\begin{cases} q_{10}(t) = f(p_{10}(t)) \\ p_{10}(t) + \rho g \Delta h_{31} = p_{51}(t) \\ p_{10}(t) + \rho g \Delta h_{32} = p_{52}(t) \\ p_{10}(t) + \rho g \Delta h_{33} = p_{53}(t) \\ q_{10}(t) = q_{51}(t) + q_{52}(t) + q_{53}(t) \\ q_{51}(t) = \dfrac{K_{vi}^1(\alpha_i^1(t))}{3600} \sqrt{P_{51}(t)} \\ q_{52}(t) = \dfrac{K_{vi}^2(\alpha_i^2(t))}{3600} \sqrt{P_{52}(t)} \\ q_{53}(t) = \dfrac{K_{vi}^3(\alpha_i^3(t))}{3600} \sqrt{P_{53}(t)} \end{cases} \quad (3\text{-}21)$$

注意，映射 $q_{10}(t) = f(p_{10}(t))$ 是从泵曲线得到的关系。加压泵的开关会导致产生 2 条曲线。更具体地说，分别定义 $q_{10}(t) = f_1(p_{10}(t))$ 和 $q_{10}(t) = f_2(p_{10}(t))$，$f_1(\bullet)$ 是流量泵和加压泵同时工作情况的映射，而 $f_2(\bullet)$ 是只有流量泵工作情况的映射。因此，有 8 条曲线需要拟合：$f_1(\bullet), f_2(\bullet), K_{vi}^i, \eta(q_{5i}, p_{5i})$。

DMA 层的系统模型为：

$$\dot{h}_i(t) = \frac{1}{A_i}\left(q_i^i(t) - \frac{K_{vo}^i(\alpha_o^i(t))}{3600}\sqrt{\rho g(\Delta h_i + h_i(t))}\right) \qquad (3\text{-}22)$$

或

$$\dot{h}_i(t) = \frac{1}{A_i}\left(q_i^i(t) - a_i\sqrt{2gh_i(t)}\right) + w(t) \qquad (3\text{-}23)$$

当出水阀完全打开时，DMA 层的简化模型是：

$$\dot{h}_i(t) = \frac{1}{A_i}\left(q_i^i(t) - a_i\sqrt{2gh_i(t)}\right) \qquad (3\text{-}24)$$

参考文献

[1] Singapore, Public Utilities Board. Managing the water distribution network with a Smart Water Grid [J]. Smart Water, 2016, 1: 1-13.

[2] Gomes R, Alfeu S M, Joaquim S. Estimation of the benefits yielded by pressure management in water distribution systems [J]. Urban Water Journal, 2011, 8 (2): 65 - 77.

[3] Diao K, Zhou Y, Wolfgang R. Automated Creation of District Metered Area Boundaries in Water Distribution Systems [J]. Journal of Water Resources Planning and Management, 2013,139: 184-190.

[4] Wright R, Stoianov I, Parpas P, et al. Adaptive water distribution networks with dynamically reconfigurable topology [J]. Journal of Hydroinformatics, 2014, 16: 1280-1301.

[5] Lee J, Behrad B, Kao H A. A Cyber-Physical Systems architecture for Industry 4.0-based manufacturing systems [J]. Manufacturing letters, 2015, 3: 18-23.

[6] Quadar N, Abdellah C, Gwanggil J, et al. Smart Water Distribution System Based on IoT Networks, a Critical Review [C]. KES-HCIS, 2020.

[7] Saravanan K, Anusuya E, Kumar R, et al. Real-time water quality monitoring using Internet of Things in SCADA [J]. Environmental monitoring and assessment, 2018, 190 (9): 1-6.

[8] Allen M, Preis A, Iqbal M, et al. Water distribution system monitoring and decision support using a wireless sensor network [C]. IEEE SNPD, 2013: 641-646.

[9] Gurung T R, Stewart R A, Beal C D, et al. Smart meter enabled water end-use demand data: platform for the enhanced infrastructure planning of contemporary urban water supply networks [J].

Journal of Cleaner Production, 2015, 87: 642-654.

[10] Moreau A. Control strategy for domestic water heaters during peak periods and its impact on the demand for electricity [J]. Energy Procedia, 2011, 12: 1074-1082.

[11] Ljung L. System Identification: Theory for the User [M]. NewYork: Pearson, 1998.

[12] Khalil H. Nonlinear Systems [M]. New York: Pearson, 2001.

[13] Heymann M, Lin F, Meyer G, et al. Analysis of Zeno behaviors in a class of hybrid systems [J]. IEEE Transactions on Automatic Control, 2005, 50 (3): 376-383.

[14] Heemels W P M H, Teel A R, de Wouw N V, et al. Networked control systems with communication constraints: Tradeoffs between transmission intervals, delays and performance [J]. IEEE Transactions on Automatic Control, 2010, 55 (8): 1781 - 1796.

[15] Al-Dabbagh A W, Chen T. Design considerations for wireless networked control systems [J]. IEEE Transactions on Industrial Electronics, 2016, 63 (9): 5547-5557.

[16] Nesic D, Teel A R. Input-output stability properties of networked control systems [J]. IEEE Transactions on Automatic Control, 2004, 49 (10): 1650-1667.

[17] Goebel R, Sanfelice R G, Teel A R. Hybrid Dynamical Systems: modeling, stability, and robustness [M]. Princeton: Princeton University Press, 2012.

[18] Tabuada P. Event-triggered real-time scheduling of stabilizing control tasks [J]. IEEE Transactions on Automatic Control, 2007, 52 (9): 1680-1685.

[19] Stoianov I, Nachman L, Madden S, et al. Pipenet: A wireless sensor network for pipeline monitoring [C]. IPSN, 2007: 264-273.

[20] 樊昌信, 曹丽娜. 通信原理 [M]. 7 版. 北京: 国防工业出版社, 2012.

[21] 俞菲, 王雷. 无线通信技术 [M]. 北京: 人民邮电出版社, 2020.

[22] Beldiman O, Walsh G C, Bushnell L. Predictors for networked control systems [C] // American Control Conference. IEEE, 2000, 4: 2347-2351.

[23] Walsh G C, Ye H, Bushnell L G. Stability analysis of networked control systems [J]. IEEE Transactions on Control Systems Technology, 2002, 10 (3): 438-446.

第4章

树状城市管网优化设计

4.1

树状管网模型

4.1.1　模型介绍及特点

将无回路且连通的管网定义为树状管网，组成树状管网的管段称为树枝。树状管网结构简单，可直接将水供应到需水点，所需资金投入低，因此城市和工业供水管网建设初期多采用树状管网，如图 4-1 所示。树状管网具有以下性质：

①　在树状管网中，任意删除一条管段，将使管网图成为非连通图；

②　在树状管网中，任意两个节点之间必然存在且仅存在一条路径；

③　在树状管网的任意两个不相同的节点间加上一条管段，则出现一个回路；

④　由于不含回路，树状管网的节点数 N 与树枝数 M 关系满足式（4-1）。

$$M = N - 1 \tag{4-1}$$

图 4-1　典型树状管网模型

4.1.2　优化目标设计与分析

树状管网具有部署简单、设计方便等优点，在小型城市中得到广泛的应用[1]。传统的树状供水管网优化设计主要将经济性作为优化目标，基本都以管网建造费用为目标函数，以管径大小为决策变量，不同的是考虑的影响因素不同，或者是使用了不同的优化计算方法，例如线性规划法、动态规划法及非线性规划法[2-7]。近年来，群体智能优化算法在许多工程领域中得到了广泛的应用，例如，粒子群优化算法具有并行处理、鲁棒性好、易于实现、收敛速度快等特点，可以应用于城市供水管网的优化设计。本章采用粒子群优化算法对城市供水管网系统进行优化设计，从群体智能角度解决复杂优化问题[8]。

4.1.3　优化方法

粒子群优化算法（PSO）是受人工生命研究结果启发，在模拟鸟群觅食过程中的迁徙和群集行为时提出的一种基于群体智能的演化计算技术[9]。该算法具有并行处理、鲁棒性好等特点，能以较大概率找到问题的全局最优解，且计算效率比传统随机方法高。其最大的优势在于简单易实现、收敛速度快，既适合科学研究又适合工程应用。因此，PSO算法一经提出，立刻引起了演化计算领域研究者的广泛关注，并在短短几年时间里涌现出大量的研究成果，已在函数优化、神经网络设计、分类、模式识别、信号处理、机器人技术等应用领域得到广泛应用[10]。

粒子群优化算法的主要优点有：

① 依赖的经验参数较少，收敛速度快，操作简便且易于实现；

② 能够方便地与已有的其他算法或模型相结合；

③ 在解决经典优化算法难以求解的诸如不连续、不可微的非线性和组合优化问题时有优势；

④ 扩展性好，易于扩展到其他模型结构中。

粒子群优化算法是一种基于群体的全局优化进化算法，由于其良好的并行处理能力和计算效率高的特点，在许多领域已经得到广泛的应用，同时，一些学者尝试将粒子群优化算法应用于供水管网优化设计。国外学者 I. Montalvo 等采用粒子群优化算法对典型的供水管网例程进行优化设计，取得了良好的优化效果[11]；J.C.Bansal 同样采用粒子群优化算法对供水系统的基本构成管网进行了优化设计，在满足供水要求的同时，一定程度上降低了工程造价，取得了一定的优化效果[12]。国内学者近几年也在采用粒子群优化算法对供水管网系统进行优化设计，取得了一定的成果[13]。此外，粒子群优化算法在排水系统、油气输送系统和供水管网检漏点的选择等领域中也有一些成功的应用。

虽然粒子群优化算法具有较为突出的优点，但是其本质上是一种仿生进化算法，作为贪婪算法的一种，不可避免地会面临收敛到局部最优的问题。粒子群优化算法在求解优化问题的初期收敛速度较快，后期由于所有的粒子都向最优粒子靠近，整个群体失去多样性，算法易陷入局部最优，从而导致最终的优化结果可能不是全局最优值[14-16]。针对这一问题，可以将粒子群优化算法和其他算法相融合形成各种改进的粒子群优化算法，在实施搜索时各个算法之间实现信息共享，混合优化算法相比单个算法的寻优效果有较大提升，不易陷入局部最优。但是，由于各个算法并不能保证一定搜索到全局最优，因此仍然存在陷入局部最优的可能。

4.2

粒子群优化算法

4.2.1 算法介绍

粒子群优化算法是一种基于群体智能的随机优化进化算法。而且由于该算法基于群体决策的智能，因此具有全局寻优能力。此外，由于 PSO 的迭代过程简单且易于实现，因此自被提出以来，PSO 一直被计算智能等领域的研究人员关注。

PSO 算法可以描述如下：假设一个搜索空间 S 中有一个粒子种群，种群规模为 N，在 S 的待优化问题中，每个粒子都是一个可行解。该算法通过粒子之间相互的作用（协作和竞争）来进行解寻优。在每次迭代中，每个粒子个体搜索到的最好位置和 N 个粒子搜索到的最好位置分别称为个体最优和全局最优，用 pb 和 gb 表示。因此粒子位置和速度不断更新的过程就是优化问题的运算过程。

粒子 i 的位置和速度根据式（4-2）和式（4-3）来运算，通过当前速度 X_i 个体最优 pb_i 和全局最优 gb 来调整自己的飞行速度 V_i 和方向，当达到迭代次数限制或满足期望值要求，则终止运算，以最后一次的全局最优值作为问题的解。

更新公式如下：

$$X_i(t+1) = X_i(t) + V_i(t+1) \tag{4-2}$$

$$V_i(t+1) = \omega V_i(t) + c_1 r_1 [pb_i(t) - X_i(t)] + c_2 r_2 [gb(t) - X_i(t)] \tag{4-3}$$

式中，r_1、r_2 为两个相互独立的随机数，一般在 $[0,1]$ 之间均匀取值；ω 是惯性系数，一般在 $[0.1, 0.9]$ 之间取值，其大小用来决定粒子当前的速度对粒子移动方向的影响（惯性系数越大，则粒子继承当前速度的能力越强，有利于跳出局部极值；反之，惯性系数越小，粒子继承当前速度的能力越弱，局部搜索能力越强，越有利于算法的收敛）；c_1、c_2 为种群学习因子，通常设置为 $[0,2]$ 之间的正常数，其作用是使得粒子具有自我和社会认知能力，分别用来调节粒子向个体最优位置和全局最优位置方向移动的最大步长（若种群学习因子太小，则粒子可能远离目标区域；若种群学习因子过大，则可能会导致突然向目标区域飞去，甚至飞过求解目标区域）。

基于式（4-2）和式（4-3）的粒子群优化算法的搜索机制可以直观地用图 4-2 表示。图中两个速度分量含义如式（4-4）和式（4-5）所示。

$$V_i(t)pb = c_1r_1\left[pb_i(t) - X_i(t)\right] \tag{4-4}$$

$$V_i(t)gb = c_1r_1\left[gb_i(t) - X_i(t)\right] \tag{4-5}$$

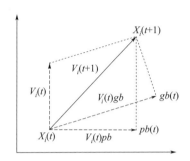

图 4-2　粒子群优化算法搜索机制

4.2.2　优化设计分析

为研究使用基于粒子群优化算法的供水管网优化设计，以第 2 章描述的树状管网系统模型为例，共有 8 个管径需要进行优化设计，待优化变量个数为需要优化设计的管径数，具体优化设计的实现过程如下所述。

设置粒子种群规模为 $N = 100$ 个，r_1、r_2 为 [0,1] 之间的随机数，c_1、c_2 在 [0,2] 之间取值。ω 值较大时能提高算法的空间搜索能力，加快搜索速度；ω 取合适小值时能提高算法的局部搜索能力并提高搜索精度。随后的实验分析中，将针对 ω 取值不同导致对优化过程中搜索性能以及最终优化结果产生的影响进行分析。通过多次试验，验证了 ω 值对优化过程及结果的影响。据此，本书的应用中，最终采用 ω 值随迭代次数线性逐步减小的方法，以此来提高算法的搜索精度，同时提高算法收敛速度。取：

$$\omega = 0.9 - 0.4 \times \frac{T_{\max} - iteration}{T_{\max}} \tag{4-6}$$

式中，$T_{\max}$ 为预设迭代次数；$iteration$ 为当前迭代次数。

通常，通过优化计算得到的最优管径值往往介于两档标准管径之间，一般是无法在工程中直接使用的，因为市售标准管径只有若干个规格，在我国一般为 100mm、150mm、200mm、250mm、300mm、350mm 等规格。优化计算得到的最优管径，只能向上采用大一号或者向下采用小一号的标准管径。在工程实际应用中，可以通过查询标准管径选用界限表来确定管径的标准化，如实际计算出管径值在 171 ~ 222mm 之间，则选用 200mm 档的标准管径。

在粒子群的各个粒子搜索过程中，若搜索到的管径不为标准管径，则需要进行标准化操作。在计算适应度时以标准管径进行计算，可以保证在搜索过程中找到的局部最优解和全局最优解都是市售标准管径的组合，避免了在求解过程结束后再进行标准化操作导致产生非最优解或者不可行解的情况。因此，本章根据目标优化函数的特性以及粒子群优化算法的流程，对城市供水管网粒子群优化算法进行优化设计。

由于优化设计的目标是要保证各个节点的供水压力大于最小压力值，结合罚函数思想，对不满足压力约束的节点压力乘以因子 λ 加以惩罚，构造适应度函数如下：

$$F = W + \lambda \sum_{i=1}^{8} \left(|\Delta H_i| \right) \tag{4-7}$$

$$\Delta H_i = (H_p - h_{fr}) - H_{i\min} \tag{4-8}$$

$$h_{fr} = \frac{10.67 q_r^{1.852}}{C_w^{1.852} D_r^{4.87}} \tag{4-9}$$

式中　　W ——年费用折算值；

　　　H_p ——第 i 个节点的父节点压力值，kPa；

　　$H_{i\min}$ ——第 i 个节点的最低水压，kPa；

　　　h_{fr} ——第 r 管段上的压力损失，kPa；

　　　q_r ——第 r 管段的流量，m³·h⁻¹；

　　　C_w ——海曾 - 威廉系数，C_w =130；

　　　D_r ——第 r 管段的管径，m。

基于上述说明，设计以下三个实验，用于分析粒子群优化算法中的参数对相应的优化结果的影响。

实验 1：ω 值随迭代次数增加而增大进行迭代搜索。

c_1、c_2 分别设为 1 和 1.5，搜索过程中，各个粒子的最大飞行速度和最小飞行速度分别设为 $V_{\max}$ 和 $V_{\min}$，分别设定为 300、-300，初始速度设为 150。粒子数为 100，初始全部管径赋值为 400mm，管径最大为 600mm，最小为 25mm，ω 值采用以下公式：

$$\omega = 0.6 + 0.4 \times \frac{T_{\max} - iteration}{T_{\max}} \qquad (4\text{-}10)$$

式中，$T_{\max}$ 是设定的最大迭代次数；$iteration$ 是当前已经迭代的次数。

实验结果如图 4-3 所示。

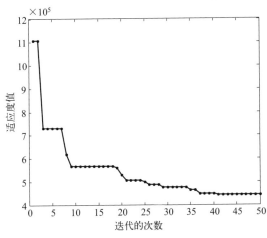

图 4-3　粒子群优化设计曲线 1

采用 ω 值逐渐增大的方式进行优化设计搜索，经过多次试验分析和统计，性能最好的一次达到稳定的搜索结果使用了 41 次迭代。

实验 2：ω 值随迭代次数增加而减小进行迭代搜索。

$$\omega = 0.9 - 0.4 \times \frac{T_{\max} - iteration}{T_{\max}} \qquad (4\text{-}11)$$

其他各个参数的设置同上。得到搜索过程的迭代适应度值变化曲线如图 4-4 所示。

ω 值随迭代次数增加而减小，经过多次试验分析和统计，相对于 ω 值逐渐增大的方式，可以较快地实现算法收敛。本次试验可以通过适应度值的变化（图 4-4）看出，在第 13 次迭代搜索中达到稳定。

上面两个实验验证了在城市供水管网优化设计中使用粒子群优化算法的搜索过程中，ω 值较大时能提高算法的空间搜索能力，加快搜索速度，而 ω 取合适小值时能提高算法的局部搜索能力并提高搜索精度。

实验 3：c_1、c_2 值调整对于搜索过程的影响。

c_1、c_2 的值都设为 2，搜索过程中，各个粒子的最大飞行速度和最小飞行速度分别设为 $V_{\max}$ 和 $V_{\min}$，分别赋值为 300、-300，初始速度设为 150。粒子数为 100，初始全部管径赋值为 400mm，管径最大为 600mm，最小为 25mm，ω 值随迭代次数增加而减小。得到搜索过程的迭代适应度值变化曲线如图 4-5 所示。

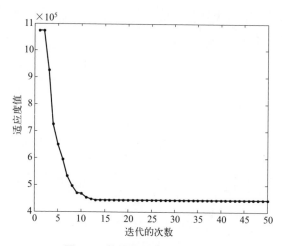

图 4-4 粒子群优化设计曲线 2

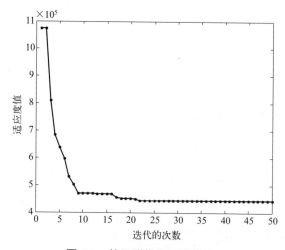

图 4-5 粒子群优化设计曲线 3

c_1、c_2 的取值过大，导致粒子在搜索过程中，参考的飞行速度过大，可能偏离最优区域，导致迭代次数增多。

c_1、c_2 的值都设为 0.5，其余参数不变，得到搜索过程的迭代适应度值变化曲线如图 4-6 所示。

由适应度值变化曲线（图 4-6）可以看出，搜索较快地达到了稳定区域，由于 c_1、c_2 取值过小，每次搜索到的优化值对上一次的个体最优值和全局最优值学习不够，导致最终陷入局部最优。

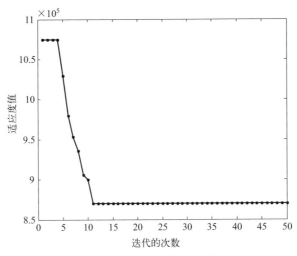

图 4-6　粒子群优化设计曲线 4

由以上试验分析可以知道，粒子群优化算法各个参数的设置对城市供水管网优化设计算法的搜索迭代过程有着重要影响。

通过对粒子群算法参数的一些试验性研究，得到各个参数的较适合的取值，c_1、c_2 分别设为 1 和 1.5，ω 值参照式（4-11）随迭代次数逐步减小，各个粒子的最大飞行速度和最小飞行速度分别设为 V_{max} 和 V_{min}，分别赋值为 300、-300，初始速度设为 150，粒子数为 100，初始全部管径赋值为 400mm，管径最大为 600mm，最小为 25mm，随机初始化后进行迭代计算，进行多次试验，较稳定的最优计算结果如图 4-7 和表 4-1 所示。

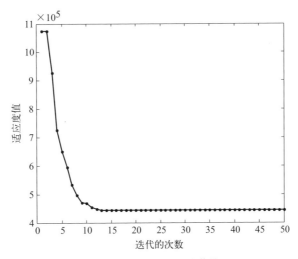

图 4-7　粒子群优化设计曲线 5

表 4-1　优化设计结果

管段（节点）编号	管径/mm	自由水压/kPa
1	450	2058
2	350	516.59
3	350	351.53
4	50	420.42
5	350	402.98
6	75	295.96
7	350	295.76
8	350	—

　　由于粒子群优化算法是一种带有随机参数 r_1、r_2 的优化算法，而随机参数是算法进行智能搜索的关键，因此在一定程度上随机参数的选取引起的不确定性可能导致算法求解陷入局部最优。针对该算例，运行编制的粒子群优化算法程序 30 次，以验证算法求解优化问题的有效性，结果如图 4-8 所示，共有 26 次搜索到了最优值。结果表明：虽然粒子群优化算法应用于该算例有较好的稳定性，但是仍然有陷入局部最优的可能性。

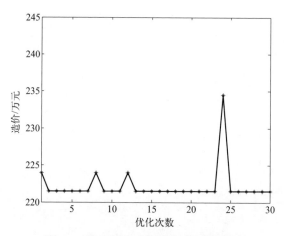

图 4-8　粒子群算法的搜索稳定性分析

　　基于上述分析，本章后面的章节将根据粒子群优化算法现有的缺点，从不同方向，有针对性地对粒子群优化算法进行改进设计。具体改进措施包括：为了增加搜索后期的种群多样性，提出改进的混合型 PSO 算法；为了提高搜索速率，提出改进的自适应 PSO；为了解决种群搜索初期的无目的性问题，提出改进的混沌 PSO；为了平衡算法在优化过程中的全局搜索能力和局部开发能力，提出改进的权值动态调整 PSO。

4.2.3 改进 1：提高后期种群多样性

本小节提出一种改进的混合型粒子群优化算法，用于提高搜索后期的种群多样性，避免陷入局部最优。

基本粒子群优化算法在搜索的前期收敛速度快，但是在搜索后期收敛速度变慢，导致收敛精度变差，主要原因是在搜索后期整个群体找到的最好解已经难以摆脱局部最优。一些研究学者提出了较多的改进方法，如杂交粒子群优化算法、变异粒子群优化算法、自适应粒子群优化算法、重新初始化粒子群等，这些改进不同程度地提高了粒子群优化算法的收敛速度和精度，但是并没有从基本粒子群优化算法收敛于局部最优解的根本原因上进行改进。粒子群优化算法的创始人 J. Kennedy 和 R. Eberhart 通过严格的数学推导，从理论上解释了基本粒子群优化算法在进化停滞后，直到突破进化停滞的局面，粒子才会"飞散"开去，如式（4-12）所示。

$$\lim_{t \to +\infty} X(t) = g^* = \frac{c_1 r_1}{c_1 r_1 + c_2 r_2} pb + \frac{c_2 r_2}{c_1 r_1 + c_2 r_2} gb \qquad (4\text{-}12)$$

由于 r_1、r_2 服从均匀分布，所以基本粒子群优化算法的平均行为可通过其期望值进行观察，式（4-12）可以变为

$$\lim_{t \to +\infty} X(t) = g^* = \frac{c_1 pb + c_2 gb}{c_1 + c_2} = (1 - \alpha) pb + \alpha gb \qquad (4\text{-}13)$$

式中，$\alpha = \dfrac{c_2}{c_1 + c_2}$。

由式（4-13）可知，如果所有粒子在搜索过程中都没有找到全局最优 gb，则进化将陷入局部最优，搜索处于停滞状态，粒子逐渐聚集到由 pb 和 gb 共同决定的 g^*。因此，在算法陷入局部最优时，调整个体极值和全局极值可以使粒子飞向新的位置，从而使粒子种群迁移，经历新的搜索路径和区域，发现更优解的概率得以提高。

本书根据供水管网优化问题的实际情况，在搜索过程中，有选择地对当前搜索到的拟全局最优值 gb 进行扰动，使当前搜索到的最优节点压力值或管径值在一定范围内变动，重新实施搜索策略从而达到跳出局部最优的目的。同时，为增加

种群的多样性，在借鉴前人研究成果的基础上，采用了差分进化算法来保持种群的多样性，并结合扰动理论形成了一种混合粒子群优化算法。通过分为两个种群分别进行协同搜索，并在搜索过程中进行扰动操作，然后对供水管网进行了优化设计。

差分进化算法是一种基于实数编码的具有保优思想的智能优化算法，在维护种群多样性和搜索能力方面较强，近些年得到了广泛的应用[17-20]。该算法采用了随机搜索策略，从随机初始化的种群开始，通过选择、交叉、变异等操作，不断进行迭代计算，并比较每一个个体的适应度值，不断保留优良个体，淘汰劣质个体，最终引导搜索过程向最优解逼近。其中 DE/rand/1 版本全局搜索能力强，本书在进行算法融合时采用了这个版本。

DE/rand/1 版本差分进化算法理论如下所述。

对于一个最小化问题，差分进化算法从包含 N 个候选解的初始种群 $\boldsymbol{x}_i^t$（$i = 1,2,\cdots,N$）开始，其中 i 是种群数，t 为当前代。

变异操作：

$$\boldsymbol{v}_i^t = \boldsymbol{x}_{r1}^t + F(\boldsymbol{x}_{r2}^t - \boldsymbol{x}_{r3}^t) \tag{4-14}$$

随机向量由式（4-14）产生，$r1, r2, r3 \in \{1,2,\cdots,N\}$ 为互不相等的随机数，且不等于 i；F 为缩放因子。

交叉操作：

新种群 $\boldsymbol{x}_i^{t+1} = \left[x_{i1}^{t+1}, x_{i2}^{t+1}, \cdots, x_{iS}^{t+1} \right]$ 由随机向量 $\boldsymbol{v}_i = [v_{i1}, v_{i2}, \cdots, v_{iS}]$ 和 $\boldsymbol{x}_i^t = \left[x_{i1}^t, x_{i2}^t, \cdots, x_{iS}^t \right]$ 共同产生。

$$x_{ij}^t = \begin{cases} v_{ij}, \text{rand}b(j) \leqslant CR \ \text{或} \ j = \text{rand}r(i) \\ x_{ij}, \text{rand}b(j) \geqslant CR \ \text{且} \ j \neq \text{rand}r(i) \end{cases} \tag{4-15}$$

式中　$\text{rand}b(j)$——[0,1] 之间的均匀分布随机数；

$CR \in [0,1]$——交叉概率；

$\text{rand}r(i)$——$[1,2,\cdots,S]$ 之间的随机量。

选择操作中采用贪婪策略，即只有当产生的子代个体优于父代个体时才将其保留，否则保留父代个体作为下一次搜索的依据。

将粒子群优化算法和差分进化算法进行融合形成的混合粒子群优化算法，一方面具有粒子群优化算法在优化求解过程中前期收敛速度快的优点，同时也可以较好地保证在求解过程的后期种群的多样性[21-24]。

图 4-9 给出了基本粒子群优化算法的粒子运动方式，在这种情况下，群体中所有的个体都向群体中最优个体 gb 靠近，个体间的信息交流仅为群体中的个体与

群体中最优秀粒子的信息单向交互，而迭代过程中的最优秀粒子所处的位置有可能正好是局部最优点，这种信息便会误导群体中其他个体向这个方向靠近，预设整个群体陷入局部最优，难以获得全局最优解。

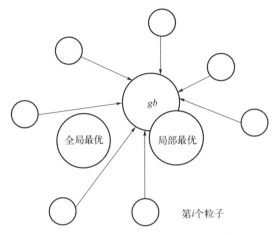

图 4-9　粒子群模型中个体运动方式

　　将粒子群优化算法和差分进化算法相结合，以帮助逃离局部最优点，如图 4-10 所示。当粒子群体中的个体陷入局部最优点的时候，粒子不仅会根据自身群体的经验去确定下一步的位置，同时还会获取差分进化算法群体中最优个体的信息。随着差分进化算法群体中优秀个体信息的获取，可以进一步引导陷入局部最优点的粒子偏离局部最优点，以较大概率向全局最优点靠近。

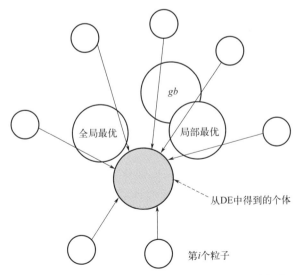

图 4-10　粒子群和差分进化混合模型中个体运动方式

带扰动的粒子群优化算法可以保证算法搜索后期不易陷入局部最优，可以较好地搜索求解区域，保证种群的多样性，同时收敛速度比较快。差分进化算法的变异算子保证种群的多样性，提高全局搜索能力；交叉算子可以加快收敛速度，提高局部搜索能力；选择算子具有一定的记忆能力，可以保留较优个体。但是在进化后期，随着种群多样性的减少，差分进化算法收敛速度缓慢。为了有效利用差分进化算法和粒子群优化算法的优点，同时也为了弥补算法自身在搜索后期易陷入局部最优的缺陷，本书将带扰动的粒子群优化算法和差分进化算法进行融合，记为IPSO，两种算法进行协同搜索，引入信息交流机制，实现搜索信息的共享，有助于进一步避免搜索陷入局部最优点。

改进的混合粒子群优化算法具体实现流程如下所述。

步骤1：随机生成两个规模为 N 的种群，根据两种算法搜索机制的不同，分别命名为PSO种群和DE种群。对于PSO种群中各个粒子的速度和位置进行随机初始化，对 ω、c_1、c_2 进行赋值操作，r_1、r_2 随机生成。对DE种群中缩放因子 F 和变异概率 CR 进行设置。

步骤2：对PSO种群中 N 个粒子按照基本粒子群优化算法进行搜索并计算适应度值，选出全局最优值为 $PSOgb$。

步骤3：对DE种群中个体执行变异、杂交和选择等操作，并计算个体的适应度值，选出最优个体适应度值记为 Dgb。

步骤4：比较两个群体的当前最优适应度值 $PSOgb$ 和 Dgb 的大小，选择较优值记为 Gb，作为两个种群下一次搜索和进化的依据。

步骤5：判断最近5次搜索到的 Gb 值是否减小，若没有减小，算法可能进入局部极小值。储存当前 Gb 值，并对PSO种群中的 $PSOgb$ 实施扰动操作，帮助跳出局部极小区域。将实施扰动后得到的 Gb 值作为下一次搜索和进化的依据。

步骤6：若未达到预设迭代次数，返回步骤2；若达到预设迭代次数（或达到精度要求），搜索过程结束。

4.2.4 改进2：提高搜索效率

本小节提出一种改进的自适应粒子群优化算法，实现整体搜索效率的提高。

参数调整的自适应性和变异的自适应性充分体现了粒子群优化算法的自适应特点。通过对粒子运动轨迹的位置分析，确定粒子的收敛方向，粒子适应度值能分辨位置的好坏。为充分利用粒子适应度分布情况动态调整算法参数，根据上述的粒子运动轨迹分析可知，所有粒子的位置最终停止在 Y_g 处，但在种群迭代过程中的绝大部分时间里，粒子是向加权中心位置靠拢的，将其定义为期望粒子位置

x_e，其中 Y_i 对应的适应度值为 f_{pbest}，Y_g 对应的适应度值为 f_{gbest}，故定义期望适应度值 f_e 如下：

$$f_e = \frac{\varphi_1 f_{pbest} + \varphi_2 f_{gbset}}{\varphi_1 + \varphi_2} \tag{4-16}$$

算法参数的调整很大程度上决定了粒子群优化算法的优化性能，其大小的调节具有一定规律，且与种群分布和单个粒子位置密切相关，粒子在迭代过程中相似程度越来越大，通过种群分布状态，利用粒子相似程度来调节算法参数，进而分析和改进 PSO 算法，提出粒子相似度 $s(i, e)$ 如下：

$$s(i, e) = \begin{cases} 1, & |f_i - f_e| < D_{\min} \\ 1 - \dfrac{|f_i - f_e|}{f_{\max} - f_{gbest}}, & D_{\min} \leqslant |f_i - f_e| < D_{\max} \\ 0, & |f_i - f_e| \geqslant D_{\max} \end{cases} \tag{4-17}$$

式中，$s(i, e)$ 表示第 i 个粒子与期望粒子的相似度；f_i 为第 i 个粒子的适应度值；$D_{\min}$、$D_{\max}$ 是固定正常数。

策略 1：参数调整策略。

粒子群优化算法更新公式简单，可调参数少，只有三个参数：惯性系数（权重）和两个种群学习因子。本小节从数学角度分析粒子的运动轨迹，提出期望粒子的概念，相似度表示的是每个粒子与期望粒子的相似程度，并基于相似度的概念自适应调整惯性权重和两个种群学习因子，同时实现变异的自适应性，有效平衡了粒子群优化算法的全局搜索能力和收敛速度。

粒子群优化算法搜索前期选择较大权重值，加强粒子探索能力，后期选择较小权重值，保持算法收敛速度，这种调整思想被广泛采用。但所有粒子的权重被统一调整，忽略了粒子之间的差异性，若早期就有粒子找到全局最优点，却因其权重过大而跳出最优位置，则会降低算法搜索效率。为此，设计出一种根据各个粒子与期望粒子位置相似度不同而动态调整惯性权重的粒子群优化算法，公式如下：

$$\omega_i^{t+1} = \omega_{\max} - (\omega_{\max} - \omega_{\min}) \times s^t(i, e) \tag{4-18}$$

与期望粒子相似度较小的粒子，权重应较大，可以加快粒子搜索整个解空间；反之，与期望粒子相似度较大的粒子，其权重应较小，这样可使该粒子在期望最优位置领域内进行微小搜索，加强粒子的开发能力。

种群学习因子中，c_1 是个体认知，c_2 是社会认知。算法搜索初期，c_1 应较大，增加种群多样性，c_2 应较小，避免种群陷入局部最优；搜索后期，逐渐找到最优区域，c_1 应较小，加快收敛速度，c_2 应较大，领导种群趋向全局最优位置。结合以上 c_1、c_2 的调整思想，提出其迭代公式如下：

$$c_{1i}^{t+1} = c_{1\max} - (c_{1\max} - c_{1\min}) \times s^t(i, e)$$ （4-19）

$$c_{1i}^{t+1} = c_{1\min} + (c_{2\max} - c_{2\min}) \times s^t(i, e)$$ （4-20）

通过相似度的概念对惯性权重和两个种群学习因子进行自适应调整，能有效平衡算法的全局和局部搜索能力，提高算法搜索精度。

策略 2：分期变异策略。

PSO 算法在迭代过程中会因种群多样性的缺失而陷入局部最优，为增加种群多样性，对种群粒子进行变异，当粒子与期望粒子相似度越大时，对应粒子变异的概率应越小，反之亦然。定义变异概率 p_{im} 为：

$$p_{im} = \cos\left(\frac{\pi}{2} s(i, e)\right)$$ （4-21）

变异条件如下式：

$$\text{rand}() < p_{im}$$ （4-22）

其中，rand() 表示 0 到 1 之间的随机数。

为有效平衡算法的全局搜索能力和收敛速度，将混沌变异和 Gaussian 变异分期交叉进行，整个迭代过程分为四部分，每个部分的前 20% 的迭代步数进行混沌变异，后 5% 的迭代步数进行 Gaussian 变异。利用混沌的遍历性，充分增大种群多样性，如式（4-23）所示；利用 Gaussian 变异的局部搜索能力，加快算法的收敛速度，如式（4-24）所示：

$$\lambda_{ij}^t = u \times \lambda_{ij}^{t-1}(1 - \lambda_{ij}^{t-1})$$ （4-23）

$$\lambda_{ij}^t(x) = \frac{1}{\delta\sqrt{2\pi}} \times \exp\left[-\frac{(x-\mu)^2}{2\delta^2}\right]$$ （4-24）

式中，λ_{ij}^t 表示迭代到第 t 步混合演变后的值，当 $u=4$，$\lambda_{ij}^t \in (0,1)$，且 $\lambda_{ij}^t \neq \{0.25, 0.5, 0.75\}$ 时，将产生混沌现象，$\lambda_{ij}^t(x)$ 在 $(0,1)$ 内遍历。Gaussian 变异就是对原有粒子位置产生一个服从 Gaussian 分布的随机扰动项，其中 δ 为 Gaussian 分布的标准差，μ 为期望，δ 越小分布会越集中在 $x=\mu$ 的位置，反之会越分散。

变异的位置为 x_{ijm}，公式如下：

$$x_{ijm}(t) = x_{ij\min} + \lambda_{ij}^t(x_{ij\max} - x_{ij\min}) \qquad (4\text{-}25)$$

种群中的粒子进行变异操作后的新位置为该粒子前一次迭代的位置与变异位置连线的中点,公式如下:

$$x_{ij}'(t) = 0.5(x_{ij}(t) + x_{ijm}(t)) \qquad (4\text{-}26)$$

分期变异机制的主要特点:通过评估整个种群的分布情况,利用相似度的概念提出自适应变异的判断条件,此判断条件可通过该粒子与期望粒子相似程度大小来决定是否对其变异;两种变异方法分期交叉进行,很好地平衡了种群多样性和收敛能力,在前期能避免算法陷入局部最优,后期可以使算法快速找到全局最优值。

4.2.5 改进 3:解决初期无目的性问题

本小节提出一种改进的混沌型粒子群优化算法,用于解决种群在搜索初期的无目的性和低效率问题。针对 PSO 易陷入局部极值点、运算后期速度较慢和精度较差等问题,进行进一步研究。前期研究指出,将混沌策略的思想引入基本 PSO,有助于后期的搜索,即混沌粒子群优化算法(CPSO)。混沌(Chaos)是自然界一种常见的现象,是由系统内在的非线性特性产生的一种不规律现象,但在看似杂乱的表面下其实蕴含着内在的规律性。混沌粒子群优化算法正是利用混沌的这种特性进行寻优。CPSO 的运算方法是利用混沌运动的随机性和遍历性,将当前的粒子群体中位置最优的粒子混沌化并产生混沌序列,评价新生序列的适应度值,将最好的一个取代当前的最优粒子。

如下的 Logistic 方程是一个典型的混沌系统:

$$z_{n+1} = \mu z_n(1 - z_n) \quad n=0, 1, 2, \cdots \qquad (4\text{-}27)$$

式中 μ——控制参量,已知 $\mu \in [0,4]$。

通过式(4-27)可看出,在这个动力学系统中,一旦 μ 和任意初值 $z_0 \in [0,1]$ 给定,便可迭代出一个确定的时间序列 $z_1, z_2, z_3, \cdots$。已经证明 μ =4、$z \in [0,1]$ 时可以达到最大混沌状态。例如当 μ =4,z =0.9,进行 500 次迭代,仿真图见图 4-11。

一个混沌变量在一定范围内有随机性、遍历性和规律性的特点,由于混沌系统特有的遍历性,该方法可以这种特点来实现全局范围的寻优,并且运算不要求函数是连续和可微的。

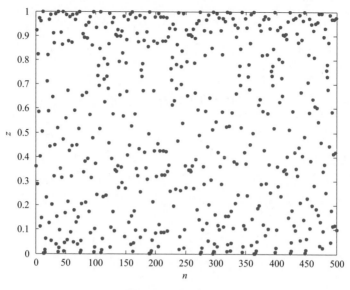

图 4-11　混沌作用

CPSO 的具体步骤如下所述。

步骤 1：初始化。设定粒子种群为 N，种群个体最优 P_{bi} 和全局最优 gb，学习因子 c_1、c_2，进化次数 $T_{\max}$，混沌寻优次数 $MaxC$。

步骤 2：按照式（4-2）和式（4-3）进行粒子群 X_i 和 V_i 的迭代。

步骤 3：计算适应度值，对较好的 k 个粒子的位置进行混沌化。将 $p_{b,i}(i=1,2,\cdots,k)$ 映射到 Logistic 方程的定义域 $[0,1]$，映射公式如下：

$$z_i = (p_{b,i} - X_{\min})/(X_{\max} - X_{\min}) \tag{4-28}$$

式中　$X_{\max}$ 和 $X_{\min}$——粒子取值范围的上限值和下限值。

利用式（4-27）进行迭代产生混沌变量序列 $z_i^{(m)}(m=1,2,\cdots)$，再将该序列逆映射返回到原解空间，逆映射公式为：

$$p_{b,i}^{(m)} = X_{\min} + (X_{\max} - X_{\min})z_i^{(m)} \tag{4-29}$$

得到 $p_b^{(m)} = (p_{b,1}^{(m)}, p_{b,2}^{(m)}, \cdots, p_{b,i}^{(m)})$，计算混沌变量经历的每一个可行解的适应值。

步骤 4：让群体中剩下的 $N-k$ 个粒子位置随机用 $p_b^{(m)}$ 取代。

步骤 5：若达到最大迭代次数或者得到满意解，则运算结束，否则返回步骤 3。

本小节提出的 CPSO 算法分析如下。

（1）CPSO 的算法分析

混沌算法应用于粒子群，特别是离散状况下的粒子群时，初期容易出现无目的性，从而使群体无法向最优点靠近。混沌算法对于初始状况敏感的特性，表明混沌变量的选取应该有一定的规律性，如果混沌变量取一个固定值，则对于离散的粒子群很难适用。

同时，CPSO 由于在 PSO 的基础上增加了混沌运算，所以增加了算法运行时间；另外，由于混沌算法的随机性，CPSO 运算初期效果可能会不如 PSO。下面对 CPSO 公式进行分析，将式（4-28）代入式（4-27），得到：

$$
\begin{aligned}
z_{i+1} &= \mu \frac{p_b - X_{\min}}{X_{\max} - X_{\min}} \left(1 - \frac{p_b - X_{\min}}{X_{\max} - X_{\min}} \right) \\
&= \mu \frac{p_b - X_{\min}}{X_{\max} - X_{\min}} \times \frac{X_{\max} - p_b}{X_{\max} - X_{\min}} \\
&= \frac{\mu \left[-p_b^2 + p_b(X_{\max} + X_{\min}) - X_{\max} X_{\min} \right]}{(X_{\max} - X_{\min})^2}
\end{aligned}
\tag{4-30}
$$

将上式代入式（4-29），得：

$$
\begin{aligned}
p_{b,i} &= X_{\min} + \frac{\mu \left[-p_b^2 + p_b(X_{\max} + X_{\min}) - X_{\max} X_{\min} \right]}{X_{\max} - X_{\min}} \\
&= X_{\min} + \frac{\mu A}{X_{\max} - X_{\min}}
\end{aligned}
\tag{4-31}
$$

其中，$A = -p_b^2 + p_b(X_{\max} + X_{\min}) - X_{\max} X_{\min}$。对 $p_{b,i}$ 进行一阶求导，有：

$$
p_{b,i}' = \frac{\mu[-2p_b + (X_{\max} + X_{\min})]}{X_{\max} - X_{\min}}
\tag{4-32}
$$

根据上式分析可知，当 $p_b = (X_{\max} + X_{\min}) / 2$ 时，$p_{b,i} = X_{\min} + \mu(X_{\max} - X_{\min}) / 4$ 为最大值，例如 $\mu = 4$ 时 $p_{b,i} = X_{\max}$。所以，当 $p_b < (X_{\max} + X_{\min}) / 2$ 时，混沌化会将该粒子映射到靠近 $X_{\max}$ 的方向；如果 $p_b > (X_{\max} + X_{\min}) / 2$ 则相反。

（2）加入混沌启动机制

粒子群寻优是一个位置逐步迭代的过程，而混沌运算选出的粒子适应值是较好的 k 个，所以一般是符合 $p_b < (X_{\max} + X_{\min}) / 2$ 的，其混沌粒子将会靠近 $X_{\max}$ 方向，而在运算初期一般希望粒子种群先向着较优区域飞行，所以初期的混沌运算显然是对粒子寻优不利的，因为每进行一次迭代，对于适应值较差的 $N - k$ 个粒子，即使其正在向着当前最优飞行，混沌化之后仍然无法靠近最优区域。这与实验结果吻合。

所以，设置前 a 次迭代不使用混沌算法，或者判断只有当前群体适应度值的平均值与上一次相比的变化小于某一值时，才允许使用混沌算法，这样对于提高群体精度会有一定的作用。公式描述如下：

$$\begin{cases} \text{无混沌运算}, \overline{Fit_i} - \overline{Fit_{i-1}} > \Delta \text{或} i < a \\ z_{n+1} = \mu z_n (1-z_n), \overline{Fit_i} - \overline{Fit_{i-1}} \leqslant \Delta \end{cases} \quad (4\text{-}33)$$

式中　$\overline{Fit_i}$——第 i 次粒子群迭代之后的群体适应度平均值。

（3）引入历史记忆机制

从算法上来看，每进行一次混沌迭代都会较大地增加算法的时间复杂性。研究表明：如果粒子群优化算法陷入早熟收敛或达到全局收敛，粒子群中的粒子将聚集在搜索空间的一个或几个特定的位置，群体适应度方差等于零。根据该定理所述，在收敛后期，如果当前粒子群搜索并没有停滞，最优粒子在不断变化，则认为不需要进行混沌化。相反，如果连续 k 次迭代，种群的最优个体的位置不再变化，则可以认为当前种群有陷入局部极小的可能，此时进行混沌化运算，一方面有助于促使种群跳出局部最优，向更广阔的范围寻找，另一方面也减少了算法运行时间。运算过程可以加入一个方差判断机制，公式如下：

$$\delta^2 = \overline{p_{i+k}^2} - (\overline{p_i})^2, \, k = 1, 2, 3, 4, 5 \quad (4\text{-}34)$$

若满足 $\delta^2 = 0$，即 $p_{i+k} = p_i$，说明当前粒子群有陷入局部极小的可能性，则使用混沌运算。混沌运算保留了适应度值较好的 i 个粒子，即该方法同时具有最优点记忆特性，能够保证找到的点始终是历史最优点。其中 k 可以根据迭代次数和模型等因素来选取。

（4）对于混沌变量 μ 的改进

由于 $\mu \in [0,4]$，已经证明当 $\mu = 4$ 时混沌化最大，所以一般情况下会选取 $\mu = 4$ 或者随机赋值。但对于粒子取值是离散的情况下，会发生如下现象：落在某一区域内的粒子将通过离散化收敛到某一个具体边界，如果此时大部分粒子在后期陷入局部极小（设为 $p_{b,m}$），根据式（4-31），在 μ 和 $MaxC$ 固定的情况下，通过混沌运算得到的混沌粒子种群经过离散化之后，其最优适应度值不如原种群，则不管进行几次混沌过程，仍然无法跳出局部极小点。所以针对离散情况下粒子群的这种特性，可以将 μ 设置成一个渐变的参量，已知混沌运算对初始参量的变化非常敏感，这里可以将 μ 范围设定在 $[3.9 \sim 3.95, 4]$，且随着迭代的进行，逐渐增大 μ 从而加大混沌化。公式描述如下：

$$\mu = \mu_{max} \frac{n}{T_{max}} + \mu_{min} \frac{T_{max} - n}{T_{max}}$$

$$= \mu_{min} + \frac{(\mu_{max} - \mu_{min})n}{T_{max}}$$

(4-35)

式中，$\mu_{max} = 4$；$\mu_{min} = 3.9 \sim 3.95$；$T_{max}$ 表示粒子群迭代次数。

4.2.6 改进4：全局与局部搜索的平衡

本小节提出一种改进的权值动态调整粒子群优化算法，实现全局搜索与局部搜索的平衡。

粒子群优化算法中有一个重要的参数，即惯性权重 ω。通常来说惯性权重取较大的值时能够增强算法的全局寻优能力，利于避免算法陷入局部最优；而惯性权重取较小的值时能够加速算法收敛，增强算法的局部搜索能力。研究发现，当 $\omega < 0.8$ 时，粒子群优化算法类似于局部搜索算法，具有很强的局部开发能力，算法能够以很快的收敛速度找到全局最优解；当 $\omega > 1.2$ 时，粒子群优化算法类似于全局搜索算法，具有很强的全局搜索能力，并且总能探索新的更广阔的搜索区域，但是它的收敛速度会减慢，失败的概率也较大；当 $0.8 < \omega < 1.2$ 时，粒子群算法的性能最佳，其找到全局最优解的概率比其他两种情况都高，并且收敛速度适中。为此，许多学者通过在算法进化过程中自适应地改变惯性权重，以适应算法进化的需要。对于一般的优化算法，总希望在迭代过程的前期，算法有较高的全局搜索能力，利于找到更多合适的粒子；在迭代过程的后期，希望算法有较高的局部开发能力来加快算法的收敛速度，迅速地收敛于全局最优。所以惯性权重的调整策略大部分都采用线性递减的方式，其中最为经典的惯性权重调整策略是随着迭代的进行，ω 线性减小。其进化公式如式（4-36）：

$$\omega = \omega_{max} - \frac{(\omega_{max} - \omega_{min}) \times t}{T_{max}}$$

(4-36)

其中，ω_{min}、ω_{max} 分别为最小、最大惯性权重；T_{max} 为优化过程的最大迭代次数。

在惯性权重的线性递减调整策略下进行优化，迭代初期全局搜索能力较强，若在初期搜索不到最好点，那么随着 ω 的减小，局部搜索能力加强，算法易出现早熟收敛。并且标准PSO算法中没有使用粒子个体动态的分布信息调整惯性权重。因此，如果算法在寻优早期就找到全局最优点，有可能因为惯性权重过大而跳出这个最优点；迭代后期，因惯性权重变小使得算法全局搜索能力变弱、多样性丧失，算法容易陷入局部极小。本书提出一种改进的粒子群优化算法，在优化过程中，算法通过反映粒子聚集程度的指标动态调整惯性权重，利用种群在进化过程中粒子分布信息动态改变惯性权重，加快了算法收敛的速度，并且使得算法全局和局部搜索能力得到了充分的平衡。

为了可以定量地描述粒子聚集程度的状态，下面引入粒子聚集程度的定义。如式（4-37）～式（4-39），即：

$$dist_i = \left(\sum_{n=j}^{N} (gb - x_{i,n})^2 \right)^{\frac{1}{2}} \qquad (4\text{-}37)$$

$$Meandist = \frac{\text{sum}(dist_i)}{M} \qquad (4\text{-}38)$$

$$DA = \frac{dist_i}{Meandist} \qquad (4\text{-}39)$$

式中　M ——粒子群的粒子数目；

　　　$dist_i$ ——种群中第 i 个粒子到本次迭代中的全局最优粒子的欧氏距离；

　$Meandist$ ——所有粒子到全局最优粒子的欧氏距离的平均值；

　　　DA ——反映粒子群的聚集程度。

图 4-12 所示为算法寻优过程初期粒子分布状况的简单示意图。在寻优过程的早期，粒子分散在各个不同区域，因此，距离全局极值较远，由式（4-39）可知，DA 值相应较大；随着迭代次数的增加，所有粒子将趋向于全局最优，粒子分布状态如图 4-13 所示，此阶段粒子群处于局部搜索阶段，根据式（4-39）计算可知 DA 值相应较小。

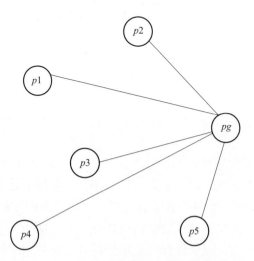

图 4-12　优化过程初期粒子分布状况的示意图

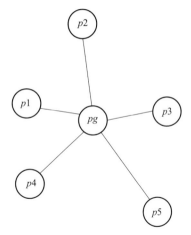

图 4-13　优化过程后期粒子分布状况的示意图

综上所述，DA 反映了粒子群的聚集程度。其值越小，粒子越趋向于全局最优粒子，群体越趋于收敛；反之，群体处于随机搜索的阶段。因此，本书提出一种基于粒子聚集程度动态改变惯性权重的方法，ω 可以随着粒子聚集程度值的变化而动态调整，以此来适应粒子动态搜索的性能。这种方法克服了标准粒子群优化算法惯性权重随着迭代次数的增加而单调减小的不足。ω 不仅与迭代次数有关还与寻优过程息息相关。调整策略如式（4-40）所示。

$$\omega = 1 - a \times e^{b \times DA} \tag{4-40}$$

式中，a、b 为参数因子，一般根据所求的具体问题取其经验值。

4.3
优化结果分析

4.3.1　树状管网优化案例 1

该案例中的管网模型与图 4-1 一致。管网中节点的需水量各不相同，要求在满足供水需求前提条件的同时水头在管道内的损失不超过 20m。供水管网工程造价问题转化为一个如式（4-41）所示的含有 2 个变量的优化问题，其中，H_1、H_2 分别表示管网中节点 1 和节点 2 的节点水头值，求取在满足节点压力限制条件下的最低工程造价 C。

$$C = 10791383(20 - H_1)^{-0.2725} + 6614317(H_1 - H_2)^{-0.2725}$$
$$+ 3202599(H_2)^{-0.2725} \tag{4-41}$$
$$\text{s.t. } 20 > H_1 > H_2 > 0$$

该模型结构简单，搜索复杂度不高，但使用传统方法需要耗费较大人力。粒子群优化算法在解决低维数据问题中求解快速，具有较大的优势。因此，此处选用本书所提的改进的混合型粒子群优化算法，对该供水管网进行优化设计，既保证求解速度，又保证计算精度。

该算法计算得到的最优造价及各个节点的水头值和造价如表 4-2 所示。为了与在供水管网优化设计中常用的其他方法做对比，本书同时列举了拉格朗日算法（LM）、随机搜索算法（RST）以及粒子群优化算法三种不同算法的求解结果，四种方法得到的最优造价以及节点水头一致。对比实验中，粒子群优化算法需要 33 次才能得到最优解，如图 4-14 所示；本书所提的改进的粒子群优化算法寻优能力更强，在第 6 次迭代时即可找到最优解，如图 4-15 所示。

表 4-2   最优水头值及造价的优化结果

算法	H_1/m	H_2/m	造价 / 元
IPSO	10.318	3.727	12007332
PSO	10.318	3.727	12007332
RST	10.318	3.727	12007332
LM	10.318	3.727	12007332

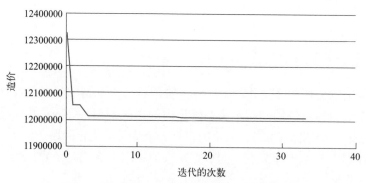

图 4-14   采用粒子群算法对管网造价的优化结果

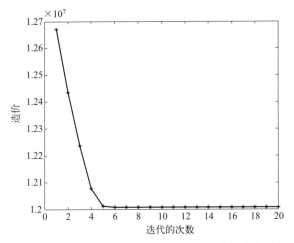

图 4-15 改进的粒子群优化算法对管网造价的优化结果

4.3.2 树状管网优化案例 2

另一种典型的树状管网模型如图 4-16 所示。管网中节点的需水量各不相同，要求满足管网中各个节点压力需求前提条件的同时，水头在不同管道内的损失分别不超过 12m、12m 和 15m。

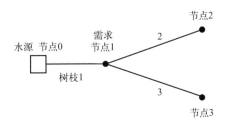

图 4-16 树状管网模型案例 2

供水管网工程造价问题转化为一个如式（4-42）所示的含有 3 个变量的优化问题。其中，D_1、D_2、D_3 分别为管网中对应管段的管径值，求取在满足沿程水头损失条件和管径限制条件下的最低工程造价 C。

$$C = 379.62D_1^{1.327} + 62.7D_2^{1.327} + 506.16D_3^{1.327}$$

$$94.668 \times 10^{11} D_1^{-4.87} \leqslant 12$$

$$94.668 \times 10^{11} D_1^{-4.87} + 17.011 \times 10^{11} D_2^{-4.87} \leqslant 12 \qquad （4\text{-}42）$$

$$94.668 \times 10^{11} D_1^{-4.87} + 6.428 \times 10^{11} D_3^{-4.87} \leqslant 15$$

$$300 \leqslant D_1 \leqslant 400$$

$$200 \leqslant D_2 \leqslant 300$$

$$100 \leqslant D_3 \leqslant 200$$

通过分析该模型结构，仍然选取本书所提的改进的混合型粒子群优化算法，对该供水管网进行优化设计。得到的最优造价及各个管径的值如表 4-3 所示。同时文献 [12] 中采用拉格朗日算法、随机搜索算法以及粒子群优化算法三种不同算法的求解结果与本书所提算法进行比较，发现本书所求的优化结果，在满足约束条件的前提下求得的造价更低，相比于对比实验中的粒子群优化算法的求解结果，造价降低 2.82%，并且文献 [12] 中采用的粒子群优化算法需要 238 次才能搜索到最终结果，改进的粒子群优化算法在第 50 次迭代时即可找到最优解，寻优能力更好，如图 4-17 所示。

表 4-3   最优管径值及造价的优化结果

算法	D_1/mm	D_2/mm	D_3/mm	造价 / 元
IPSO	301.46	244.07	178.22	1323706.87
PSO	330.07	218.60	166.16	1362151.02
RST	329.75	218.76	166.25	1361474.69
LM	330.12	218.60	166.16	1362318.14

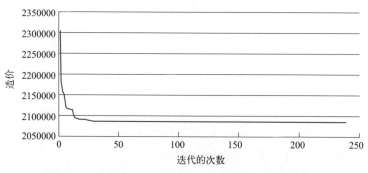

图 4-17   利用粒子群优化算法对管网造价的优化结果

仿真研究结果表明，改进的混合型粒子群优化算法有效地提高了粒子群优化算法的搜索性能和整体优化性能，对两个供水管网进行了优化设计，都较大幅度地减少了搜索的迭代次数，同时对于第二种供水管网，在满足约束条件的同时，工程造价降低了 2.82%。

参考文献

[1] Ruan Y, Zhang X, Chen J. Optimization of Pipe Network Simulation Algorithm for Tree-shaped Water Injection System in Large-scale Oilfield [J]. International Journal of Pattern Recognition and Artificial Intelligence, 2021, 35 (13): 2159045.

[2] Yin D, Xu T, Li K, et al. Comprehensive modelling and cost-benefit optimization for joint regulation of algae in urban water system [J]. Environmental Pollution, 2022, 296: 118743.

[3] Herrera-León S, Lucay F, Kraslawski A, et al. Optimization approach to designing water supply systems in non-coastal areas suffering from water scarcity [J]. Water Resources Management, 2018, 32 (7): 2457-2473.

[4] Ezzeldin R M, Djebedjian B. Optimal design of water distribution networks using whale optimization algorithm [J]. Urban Water Journal, 2020, 17 (1): 14-22.

[5] Chen W N, Jia Y H, Zhao F, et al. A cooperative co-evolutionary approach to large-scale multisource water distribution network optimization [J]. IEEE Transactions on Evolutionary Computation, 2019, 23 (5): 842-857.

[6] Shende S, Chau K W. Design of water distribution systems using an intelligent simple benchmarking algorithm with respect to cost optimization and computational efficiency [J]. Water Supply, 2019, 19 (7): 1892-1898.

[7] Chang Y, Choi G, Kim J, et al. Energy cost optimization for water distribution networks using demand pattern and storage facilities [J]. Sustainability, 2018, 10 (4): 1118.

[8] Surco D F, Vecchi T P, Ravagnani M A. Optimization of water distribution networks using a modified particle swarm optimization algorithm [J]. Water Science and Technology: Water Supply, 2018, 18 (2): 660-678.

[9] Kennedy J, Eberhart R. Particle Swarm Optimization [C]//Icnn 95-International Conference on Neural Networks. IEEE, 1995. DOI: 10.1109/ICNN.1995.488968.

[10] 郭远帆. 基于粒子群优化算法的最优潮流及其应用研究 [D]. 武汉: 华中科技大学, 2006.

[11] Montalvo I, Izquierdo J, Perez R, et al. Particle Swarm Optimization Applied to the Design of Water Supply Systems [J]. Computers & Mathematics with Applications, 2008, 56: 769-776.

[12] Bansal J C, Deep K. Optimal Design

of Water Distribution Networks via Particle Swarm Optimization [C] // 2009 IEEE International Advance Computing Conference. IEEE, 2009: 1314-1316.

[13] 孙明月，许文斌，邹彬，等．基于整数编码粒子群算法的树状供水管网优化 [J]．水资源与水工程学报，2012, 6: 168-171.

[14] Zhao Q, Li C. Two-stage multiswarm particle swarm optimizer for unconstrained and constrained global optimization [J]. IEEE Access, 2020, 8: 124905-124927.

[15] Li P, Liu X, Chen H, et al. Optimization of Three-Dimensional Magnetic Field in Vacuum Interrupter Using Particle Swarm Optimization Algorithm [J]. IEEE Transactions on Applied Superconductivity, 2021, 31 (8): 1-4.

[16] Rodrigues F, Molina Y, Araujo C. Simultaneous Tuning of AVR and PSS Using Particle Swarm Optimization with Two Stages [J]. IEEE Latin America Transactions, 2020, 18 (09): 1623-1630.

[17] Bouteldja M A, Batouche M. A study on differential evolution and cellular differential evolution for multilevel color image segmentation [C]. 2017 Intelligent Systems and Computer Vision (ISCV), 2017: 1-8.

[18] Hong Z, Chen Z G, Liu D, et al. A multi-angle hierarchical differential evolution approach for multimodal optimization problems [J]. IEEE Access, 2020, 8: 178322-178335.

[19] Zhan Z H, Wang Z J, Jin H, et al. Adaptive distributed differential evolution [J]. IEEE transactions on cybernetics, 2019, 50 (11): 4633-4647.

[20] Wang Z J, Zhan Z H, Lin Y, et al. Dual-strategy differential evolution with affinity propagation clustering for multimodal optimization problems [J]. IEEE Transactions on Evolutionary Computation, 2017, 22 (6): 894-908.

[21] Nguyen T T, Nguyen V H, Nguyen X H. Comparing the Results of Applying DE, PSO and Proposed Pro DE, Pro PSO Algorithms for Inverse Kinematics Problem of a 5-DOF Scara Robot [C]. 2020 International Conference on Advanced Mechatronic Systems (ICAMechS), 2020: 45-49.

[22] Wu J, Song C, Fan C, et al. DEN-PSO: a distance evolution nonlinear PSO algorithm for energy-efficient path planning in 3D UASNs [J]. IEEE access, 2019, 7: 105514-105530.

[23] Rekanos I T. Shape reconstruction of a perfectly conducting scatterer using differential evolution and particle swarm optimization [J].

IEEE Transactions on Geoscience and Remote Sensing, 2008, 46 (7): 1967-1974.

[24] Ding W, Lin C T, Cao Z. Deep neuro-cognitive co-evolution for fuzzy attribute reduction by quantum leaping PSO with nearest-neighbor memeplexes [J]. IEEE transactions on cybernetics, 2018, 49 (7): 2744-2757.

第 5 章

环状城市管网优化设计

5.1

双环状管网模型

5.1.1 模型介绍及特点

在管网图论中将含有一个及以上环的管网称为环状管网。对于一个环状管网，设节点数为 A，管段数为 B，连通分支数为 C，内环数为 D，则它们之间存在一个固定的关系，用欧拉公式表示为：

$$D + A = B + C$$

特别地，对于一个连通的管网图，可以用欧拉公式表示为：

$$B = D + A - 1$$

城市双环供水管网模型是 1977 年由 E. Alperovits 和 U. Shamir 在国际期刊 *Water Resources Research* 上提出的，国内外学者对该模型进行了较多的研究[1]。在环状管网中，各个管段的实际流量必须满足节点流量连续性方程和环能量方程所限制的约束条件，此外管段流量、压力损失、管段流速和节点压力无法通过测量的方法直接获取，需要通过求解水力计算方程才能得到。相比于树状管网来说，环状管网需要考虑管网环之间的耦合关系以及求解非线性能量方程组，因此环状管网的计算量大大增加。

环状供水管网的供水可靠性高，因为当任一管线损坏时，可关闭附近的阀门，从而将管线隔开，水还可以从其他管线供应给用户，断水的区域可以减小，同时，环状管网还可以减轻因水锤作用而产生的危害。而在树状管网中，往往因水锤作用而使管线损坏。但环状管网的缺点是系统复杂，投资和运行费用往往较高[2]。

总而言之，环状管网模型的特点是应用场景广泛，但结构相对复杂，需要使用计算能力更强的优化算法。

5.1.2 约束条件设计与分析

双环供水管网示意图如图 5-1 所示，其供水管网模型所使用的标准管径共有 13 种，如果采用枚举法来列举管径的最优组合方案，共有 13^8 种不同的方案。模型中每段管线的长度是 1000m，取海曾 - 威廉系数为 130，同时该供水管网模型中各个节点的需水量、节点的标高以及节点最低水压要求如表 5-1 所示，供水管网管径造价如表 5-2 所示。

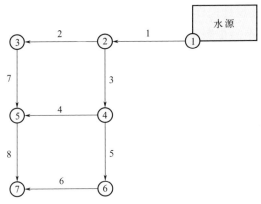

图 5-1　双环供水管网示意图

表 5-1　双环供水管网系统资料

节点编号	需水量 /(m³·h⁻¹)	节点高程 /m	最低水头 /m
1	−311.12	210.0	210.0
2	27.78	150.0	180.0
3	27.78	160.0	190.0
4	33.33	155.0	185.0
5	75.00	150.0	180.0
6	91.67	165.0	195.0
7	55.56	160.0	190.0

表 5-2　双环供水管网的管径造价

管段	造价	管段	造价
25	10	300	250
50	25	350	300
75	40	400	450
100	55	450	650
150	80	500	850
200	115	600	1250
250	160		

管网系统的优化设计同样需要满足各项水力约束条件，设定适应度函数由管网造价与节点压力不满足要求的最大值乘以惩罚因子后的和构成，如式（5-1）所示：

$$\min NC = C + PC \tag{5-1}$$

针对双环供水管网，需要对 8 个管径值进行优化，算法中待优化变量个数等于管网需要优化的管段数量。管网水力计算采用牛顿 - 拉夫森算法，管段沿程水头损失采用海曾 - 威廉公式。

5.1.3 优化方法

双环管网的优化是一类典型的 NP- 难问题（NP-hard problem），其特点是容易表述但是求解困难。许多实际问题都属于组合优化的 NP- 难问题，通常人们认为这些问题在对多项式的有限计算时间内无法求得问题的最优解。因此，在对大规模的优化问题进行求解时，不得不应用一种近似的方法，以便在有限的时间内获得问题的近似最优解。这种近似算法被称为启发式算法，蚁群算法就是一种特别成功的灵感来源于现实蚂蚁的启发式算法 [3]。通过分析，蚁群算法在解决离散性优化问题中效果显著 [4-8]。因此，本章选取蚁群算法，对环状管网单目标优化进行测试，并综合比较其性能。

5.2
蚁群算法

5.2.1 算法介绍

蚁群算法对解决优化问题和分布控制问题等问题有所启发。蚂蚁在觅食时的某些特殊行为已经成功启发研究学者构建了多种蚂蚁算法，1996 年意大利学者 M.Dorigo 等在对自然界中真实蚁群的集体行为的研究基础上提出了蚁群算法。蚁群算法是蚂蚁算法最成功的例子之一，算法主要针对的是离散优化问题。

蚂蚁在外出寻找食物时，通常都是通过一种媒介进行相互之间的信息传递，这种媒介被称为信息素。当蚂蚁在蚁穴与食物源之间来回行走时，会在所经过的路径上分泌信息素，使得这条路上包含信息素信息。当其他蚂蚁经过时，首先会对该路径上的信息素进行感知并判断该路径的信息素浓度，信息素浓度将会影响蚂蚁对于路径的选择。

蚂蚁在寻找食物的过程中，通常会利用周围环境的信息素间接进行蚂蚁之间的信息传递，进而改变它们自身的群体行为。目前有很多学者对蚂蚁通过信息素寻找食物的行为进行了分析和实验。其中最为成功的实验是双桥实验。实验中，蚂蚁在蚁穴和食物源之间建立了一个双桥，如图5-2所示。在实验中对双桥的两条路径测试了一组不同的长度比例 $r = l_l / l_s$ 值，其中 l_l 是两条路径中较长路径的长度值，l_s 则是较短路径的长度值，r 是两个路径分支的长度比例。

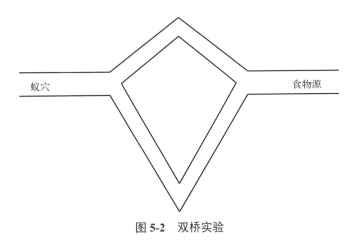

图 5-2　双桥实验

在实验的过程中，两条路径的长度比例设为2，即长路径的长度是短路径长度的2倍。在这种比例条件下，经过一段实验时间以后，几乎全部的蚂蚁都选择了较短路径。这个实验结果可以用以下方法进行解释。蚂蚁离开蚁穴进行觅食，不久后到达了一个选择点，一共有两条路径可以进行选择，蚂蚁需要在两条路径之间作出判断。实验开始时，蚂蚁选择两条路径的概率是相等的，这时蚂蚁会随机地在两条路径中选择。虽然有时候由于一些随机事件导致出现其中一条路径上蚂蚁数量相对较多的情况，但是根据平均情况来看，仍然可以认为两条路径上初始经过的蚂蚁数量是相等的。实验中，由于两条路径的长度不等，即长路径是短路径长度的2倍，因此通过短路径的蚂蚁会率先到达食物源，然后携带食物返回蚁穴。当该蚂蚁再次觅食，需要再次在短路径和长路径间进行抉择时，此时短路径上的蚂蚁之前分泌的信息素就会影响蚂蚁的决定，蚂蚁会优先选择短路径。因此，较短路径上的信息素浓度积累过程要更快，根据蚂蚁的自身催化过程，实验最后所有蚂蚁都会选择短路径来进行觅食，如图5-3所示。值得思考的是，根据观察，实验中仍然有极少数量的蚂蚁会通过长路径觅食，这种行为被解释为是一种路径探索。

如果在蚂蚁已经都集中在其中一条路径以后再给蚁群一条新的连接蚁穴和食物源的更短路线，在这种情况下，除了极少数的蚂蚁选择更短路径，几乎所有的蚂蚁都被困在较长路径上。如图 5-4 所示。事实上，蚂蚁之所以仍然聚集在较长路径是因为在该路径上已经积累了大量的信息素，因此即便给蚂蚁提供一条更短的路径，蚂蚁这种自身催化的行为仍会不断地强化蚂蚁选择之前选择的路径。对这种现象最好的解释就是原来路径上的信息素浓度过高，从而导致信息素蒸发速度要慢于信息素积累的速度，最终导致信息素不断积累。那么理所当然蚂蚁也就无法接受新的更短路径，更不会集中到新的最优路径上。

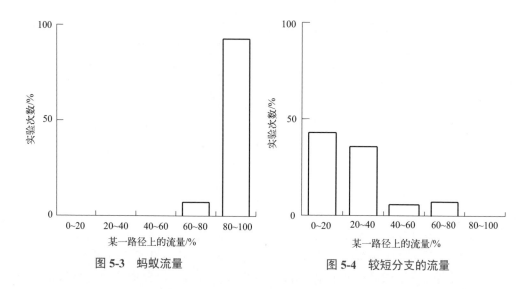

图 5-3　蚂蚁流量　　　　　　　　图 5-4　较短分支的流量

双桥实验说明蚂蚁种群具有一种自身的优化能力，通过使用局部信息素信息的概率规则从而可以找到两点之间的最短路径。同时蚁群还保持着对新路径的搜索，这对接下来解决供水管网优化设计这种大规模复杂问题至关重要。同时也看到传统蚁群算法仍然有许多的不足之处，因此在将蚁群算法应用到解决城市供水管网优化问题之前，对算法进行性能上的改进也是必要的。

5.2.2　标准蚁群算法

为了便于说明，本书用 TSP 问题来介绍基本蚁群算法的简单实现流程，TSP 问题就是对多个城市的遍历问题，问题要求在访问所有城市之后返回出发的城市并使得所走过的路径最短。TSP 问题是一个在许多实际应用中都会碰到的 NP- 难优化问题，该问题非常容易理解，求解用到的算法行为不会轻易被掩盖，且适合应用蚁群算法来进行解答。TSP 问题是当前许多新兴算法思想的一个标准测试平台，假如一个算法可以在 TSP 问题中表现出较好的优化能力，那么可以证明该算法有较好的优化能力。

首先，每一只蚂蚁都会使用逐步访问的方式来遍历所有的城市。当蚂蚁处于一个城市并且要访问下一个城市时，会对该条路径上的信息进行读取并判断，由于初始时所有路径上的信息相同，因此蚂蚁会以一种随机方式决定应该移到哪一个城市上。路径上的信息就是信息素 τ，当蚂蚁 k 在城市 i 时，会通过信息素 τ 来判断下一个访问城市为 j 的概率：

$$P_{ij}^k = \frac{[\tau_{ij}]^\alpha [\eta_{ij}]^\beta}{\sum\limits_{l \in N_i^k} [\tau_{il}]^\alpha [\eta_{il}]^\beta}, j \in N_i^k \qquad (5\text{-}2)$$

其中，η_{ij} 表示人为设定的启发式信息，通过启发式信息可以影响算法往期望的方向去寻找解；α 和 β 是算法中的两个影响参数，α 代表启发式信息的影响力，β 代表信息素对于算法的影响力。

在每一只蚂蚁都完成一次迭代后，将会对信息素进行更新。首先，为了避免出现所有蚂蚁过快地集中在某一条路径上，对原有信息素进行信息素蒸发操作，信息素会根据下式进行蒸发：

$$\tau_{ij} \leftarrow (1 - \rho)\tau_{ij}, \forall (i, j) \in A \qquad (5\text{-}3)$$

其中，$\rho \in (0,1]$ 是一个参数，需要预先设定。信息素蒸发操作完成后，蚂蚁开始在寻优时所选择的路径上对信息素进行更新：

$$\tau_{ij} \leftarrow \tau_{ij} + \sum_{k=1}^m \Delta\tau_{ij}^k, \forall (i, j) \in A \qquad (5\text{-}4)$$

其中，$\Delta\tau_{ij}^k$ 为第 k 只蚂蚁在经过的路径上释放的信息素量。$\Delta\tau_{ij}^k$ 定义为

$$\Delta\tau_{ij}^k = \begin{cases} \dfrac{Q}{C^k}, & \text{边在路径} T^k \text{上} \\ 0, & \text{其他} \end{cases} \qquad (5\text{-}5)$$

其中，C^k 为第 k 只蚂蚁搜索的路径 T^k 的总长度，即在 T^k 中所有经过路径的长度之和；Q 为信息素增加强度系数。

蚁群算法流程图如图 5-5 所示。

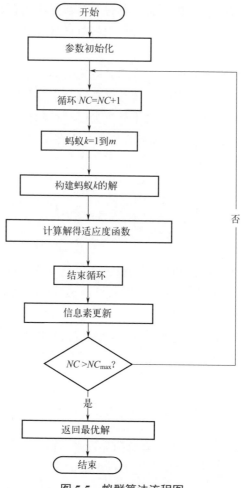

图 5-5　蚁群算法流程图

5.2.3　改进 1：提高信息素更新效率

本小节提出一种改进的最大最小蚁群算法，用于提高算法在迭代过程中的信息素更新效率。

蚁群算法是一种基于群体的元启发式算法，具有良好的并行处理能力和处理离散优化问题计算效率高的特点，在许多领域已经得到广泛的应用。但是，对于较复杂的系统，蚁群算法寻优时需要较长的搜索时间，且容易出现局部信息素堆积的现象，从而导致算法出现停滞，进而导致最终的优化结果可能不是全局最优[9-12]。

针对蚁群算法容易陷入局部最优值的问题，本小节提出一种改进的最大最小蚁群算法。最大最小蚁群算法相对标准蚁群算法主要有 4 个方面的不同。

首先，在信息素更新过程中，只有一只最优蚂蚁进行信息素更新。这只最优蚂蚁可以是当前迭代中找到最优解的蚂蚁，也可以是找到当前全局最优解的蚂蚁。然而在某些情况下，其中一些路径上的信息素增长相对过快，该策略可能会导致算法出现停滞现象，即所有蚂蚁对同一条路径进行搜索，尽管这条路径可能是比较好的解，但是通常不是全局最优的路径。

为了避免这种情况的出现，最大最小蚂蚁算法提出了第二个改进：将信息素的最大最小值限定在区间 $[\tau_{\min}, \tau_{\max}]$ 内。最大最小蚁群算法中，任何一条路径的信息素都被限制在这个大小内，从而避免算法过早地进入停滞状态。该规则将把蚂蚁选择下一个城市的概率 P_{ij} 限制在区间 $[P_{\min}, P_{\max}]$ 内，其中概率 P_{ij} 满足 $0 < P_{\min} \leqslant P_{ij} \leqslant P_{\max} \leqslant 1$。只有当蚂蚁即将到达最后一个需要访问的城市时，才会出现 $P_{\min} \leqslant P_{\max} = 1$。不难看出，当算法进行了足够多的迭代后，任意一条路径上的信息素大小上限如式（5-6）：

$$\tau_{\max} = 1/(\rho C^*) \tag{5-6}$$

其中，C^* 表示最优路径的长度；ρ 代表信息素蒸发系数。因此，最大最小蚁群系统采用了对式（5-6）的估计式 $1/(\rho C^*)$ 来定义 $\tau_{\max}$。每当算法发现新的当前全局最优解时，就会对 $\tau_{\max}$ 值更新。信息素大小的下限设定为式（5-7）：

$$\tau_{\min} = \tau_{\max}/a \tag{5-7}$$

其中，a 是信息素量上下界的比例系数。

另外，在算法开始时，信息素轨迹初始化为信息素上界的一个估计值。这种初始化方式使得不同路径上的信息素之间的差值只能十分缓慢地变大，进而增强了蚁群算法的全局搜索能力。最大最小蚁群算法信息素更新规则如式（5-8）：

$$\tau_{ij}(t+1) = \rho \tau_{ij}(t) + \Delta \tau_{ij}^{\text{best}} \tag{5-8}$$

其中，$\tau_{ij}^{\text{best}} = 1/f(s^{\text{best}})$，$f(s^{\text{best}})$ 表示迭代最优解或者全局最优解。

同时，应用一种信息素平滑机制：

$$\tau_{ij}^*(t) = \tau_{ij}(t) + \delta(\tau_{\max}(t) - \tau_{ij}(t)) \tag{5-9}$$

其中，$0 < \delta < 1$；$\tau_{ij}(t)$ 和 $\tau_{ij}^*(t)$ 分别代表进行平滑之前和之后的信息素值。该机制是在算法接近停滞的情况下调整信息素的总体分布，其中参数 δ 决定了对信息素保留量的多少。$\delta = 1$，相当于信息素的重新初始化；$\delta = 0$，相当于该机制被关闭。

5.2.4　改进 2：一种高效的搜索机制

本小节提出一种分工策略蚁群算法，提高了蚁群搜索机制的效率。

最大最小蚁群算法主要是围绕蚁群算法的信息素更新过程进行了改进，但是并没有对算法的机制进行研究。针对该问题，本小节提出一种蚁群分工机制，在蚁群算法出现一定程度的搜索停滞时将蚂蚁种群分为核心蚂蚁、邻近蚂蚁和边缘蚂蚁三个子种群。当全局最优解在若干代内没有改变后，启动蚁群分工机制。为了衡量算法的停滞程度，定义 stop 与 m 如下：每代循环结束后，找出本代最优解，stop 为当前迭代中选择本代最优解的蚂蚁的数量，m 为蚂蚁种群数量。

（1）核心蚂蚁

选取种群中 m − stop 个蚂蚁作为核心蚂蚁，当算法的停滞程度越大时，即 stop 越大时则核心蚂蚁的数量越少。核心蚂蚁是对原有种群的完全继承，对核心蚂蚁的信息素不作更改，核心蚂蚁将按照原来的信息素在当前全局最优解的核心位置附近继续探索新的最优解，保证最优解附近的充分搜索。

（2）邻近蚂蚁

选取种群中 stop / 2 个蚂蚁作为邻近蚂蚁，邻近蚂蚁负责在当前最优解附近进行探索。邻近蚂蚁的信息素如式（5-10）：

$$\tau_{ij} = \begin{cases} \dfrac{\omega(n-1)}{1-\omega}, & \text{当前最优解} \\ 1, & \text{其他} \end{cases} \tag{5-10}$$

其中，n 为可以选择的标准管径数量；$\omega(0 < \omega < 1)$ 为影响搜索范围的强度系数。ω 越大，则搜索范围越小；ω 越小，则搜索范围越大。

（3）边缘蚂蚁

选取种群中 stop / 2 个蚂蚁作为边缘蚂蚁，它们在算法执行过程中承担着开辟新搜索区域的任务。对边缘蚂蚁的信息素进行重新初始化，使其忘记之前的经验，从而对距离当前最优解较远的解空间进行搜索。

启动分工机制后，核心蚂蚁、邻近蚂蚁和边缘蚂蚁三个子种群将在当前最优解的核心位置、较远位置和边缘位置继续搜索新的解，从而增强算法的全局搜索能力。

5.2.5　改进3：信息素更新过程的优化

本小节提出一种信息素增量规则，实现对信息素更新过程的优化。

信息素是蚂蚁种群选择问题解的关键参数，因此信息素增量是否合适将会直接影响蚁群算法的全局搜索能力。改进蚁群算法信息素增量规则如式（5-11）：

$$\Delta \tau_{ij}^k = \begin{cases} \dfrac{C_{\min}}{\varphi C_k}, & \text{蚂蚁} k \text{在管段} i \text{选择了管径} j \\ 0, & \text{其他} \end{cases} \tag{5-11}$$

其中，$C_{\min}$ 代表当前找到的最优适应度值；φ 为信息素增量强度系数，用来控制信息素增量的整体大小，防止信息素增长过快导致算法陷入局部极小值；C_k 为当前迭代中蚂蚁 k 所找到的管径组合的适应度值。改进后的信息素增量可以更加合理地改变信息素，扩大较优的解对于信息素的影响，所找到解的适应度值越低，对信息素的影响越大。

在信息素更新过程中，在本次迭代中找到的解较优的 φ 只蚂蚁能够释放信息素，这不同于原来算法中只有最优蚂蚁才能释放信息素。其中 φ 的设定要根据蚂蚁的种群数量来确定。这样可以更有效地从本次迭代中筛选出有用的信息，从而过滤掉那些错误的信息。

5.2.6 综合改进算法的流程

最大最小蚁群算法对信息素进行了限定，防止信息素过快地集中在局部最优解上，增强了算法的全局搜索能力；具有分工机制的蚁群算法可以保证算法在搜索后期不易陷入局部最优，可以较好地探索新的解空间，保证种群的多样性；对信息素增量进行优化可以有效地筛选出每次迭代结果中的信息，保留有用的信息同时过滤掉错误的信息，加快了算法向全局最优收敛的速度。本书提出的改进算法在算法搜索速度、全局搜索能力和算法机制上具有一定的改进，使得算法具有更好的优化设计能力。

针对前述的改进策略，本小节提出综合的改进蚁群算法，具体实现流程如下所述。

步骤1：参数初始化，设定最大迭代次数 $NC_{\max}$，每条路径上的信息素为 C（C 为常数），即蚂蚁在每个城市上选择下一个城市的初始信息量相等，随机放置 m 只蚂蚁到城市中。

步骤2：将 m 只蚂蚁现在所在的城市编号放置到 $tabuk(s)$ 中，每只蚂蚁 $k(k=1,2,\cdots,m)$ 按照概率 $P_{ij}^k(t)$ 选择下一个城市 j，将城市 j 置于 $tabuk(s)$ 中，其中 $P_{ij}^k(t)$ 表示第 k 只蚂蚁在第 i 个城市时选择下一个城市 j 的概率。

步骤3：循环执行步骤2，使蚂蚁不断进行下一个城市的选择直到所有的蚂蚁走完每一个城市，完成一次循环。

步骤4：计算每一只蚂蚁所找到的路径的长度。

步骤5：选取本次迭代中路径最短的 φ 只蚂蚁，计算本次迭代中每条路径上的信息素增量。

步骤6: 执行信息素蒸发，计算蒸发后的信息素强度。

步骤7: 将每一条路径上的信息素增量置0，迭代次数 $nc = nc + 1$。

步骤8: 判断算法是否出现停滞现象，若出现，则启动蚁群分工机制对蚂蚁进行分工，若未出现停滞则继续执行。

步骤9: 若循环次数 $nc \leqslant NC_{\max}$，清空每只蚂蚁走过的路径 $tabuk(s)$，转至步骤2。

步骤10: 若循环次数 $nc \geqslant NC_{\max}$，则循环结束，终止整个程序并输出最优解。

5.2.7 改进算法的性能测试

对本书提出的改进蚁群算法的全局搜索能力进行验证。从国际公认的旅行商问题库 TSPLIB 中选取实例 Ch130 作为检验算法的对象，130 个城市分布如图 5-6 所示。

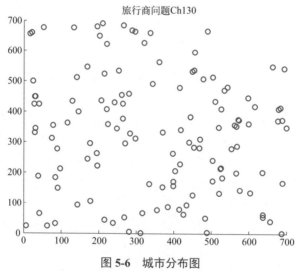

图 5-6 城市分布图

实验参数设置如下：蚂蚁种群数量为 1000，释放信息素的蚂蚁数量为 20，信息素强度系数设为 1，启发式因子强度系数设为 5，信息素蒸发系数为 0.1，信息素增量强度系数为 15，最大迭代次数为 200，启发式因子设为两个城市间距离的倒数。对算法测试 10 次并求平均值，将本书提出的算法记为 IACO，所得结果见表 5-3。

表 5-3 算法性能比较

算法	ACS	MMAS	AMMAS	IACO	已知最优
平均	6273.7	6308.6	6249.9	6173.4	—
最优	—	—	6159	6160.2	6110

表 5-3 中，ACS 为蚁群系统，MMAS 为最大最小蚁群系统，AMMAS 为一种自适应最大最小蚁群算法[13]。从结果中我们可以看出，IACO 搜索结果的平均值较其他三种方法较优，且 IACO 发现的最好解与 TSPLIB 公布的 Ch130 已知最优解具有很好的一致性，两个解之间的误差仅为 0.82%。IACO 发现的最优路径图如图 5-7，TSPLIB 公布的最优路径图如图 5-8。实验结果表明本书提出的改进蚁群算法具有较好的全局搜索能力与搜索稳定性。

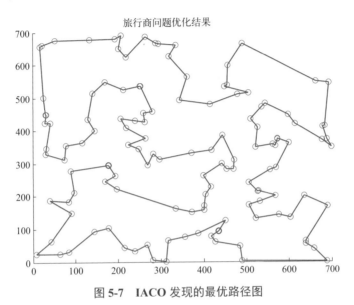

图 5-7　IACO 发现的最优路径图

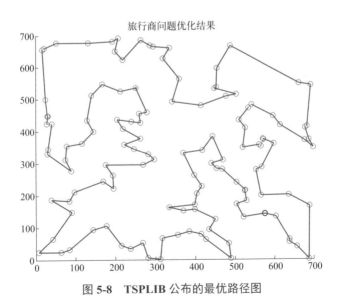

图 5-8　TSPLIB 公布的最优路径图

5.3
优化结果分析

实验1：蚂蚁种群数量为 200，信息素强度系数设为 1，启发式因子强度系数设为 0.25，信息素蒸发系数设为 0.1，信息素增量强度系数为 250，最大迭代次数为 50，启发式因子设为管径单位造价的倒数。哈代 - 克罗斯算法中节点流量闭合差的最大允许值设为 0.00001m/s。

实验2：蚂蚁种群数量为 150，信息素强度系数设为 1，启发式因子强度系数设为 0.2，信息素蒸发系数设为 0.15，信息素增量强度系数为 200，最大迭代次数为 50，启发式因子设为管径单位造价的倒数。哈代 - 克罗斯算法中节点流量闭合差的最大允许值设为 0.00001m/s。

分别采用实验 1 与实验 2 中的参数，应用本书提出的改进蚁群算法针对实例中的双环供水管网进行优化，实验 1 迭代结果如图 5-9，实验 2 迭代结果如图 5-10。

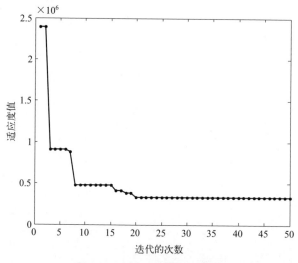

图 5-9　实验 1 蚁群优化曲线

由图 5-9 可以看出，蚁群算法在实验 1 的参数设置下迭代到第 20 次的时候找到了最优值。由图 5-10 可以看出，蚁群算法在实验 2 的参数设置下迭代到第 35 次的时候找到了最优值。由此看出，合适的参数可以使算法更加快速地找到最优值。两组不同参数下算法所选择的管径值是相同的，说明蚁群算法解决供水管网问题具有很好的适应性。

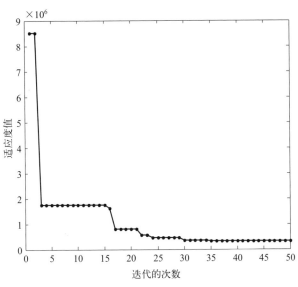

图 5-10　实验 2 蚁群优化曲线

　　本书应用改进的蚁群算法进行优化设计得到的供水管网最低造价为 220 万元，各个节点的详细压力值如表 5-4 所示，供水管网中所有节点均满足最低服务水压 294kPa，满足前面提到的水力约束条件并且管径值都是实际的标准离散管径值。本书的优化结果相对于对比模型的总造价 221.5 万元造价更低，结果对比见表 5-5。

表 5-4　优化结果分析

管段（节点）	管径 /mm	水压标高 /m	自由水压 /kPa
1	450	210	—
2	350	202.7056	516.51
3	350	195.809	350.93
4	25	197.9532	420.94
5	350	191.014	401.94
6	75	195.25	296.45
7	350	190.0709	294.69
8	350	—	—
工程总造价	220 万元	—	—

表 5-5　对比优化结果

管段（节点）	管径 /mm	水压标高 /m	自由水压 /kPa
1	450	210	—
2	350	202.71	516.558
3	350	195.87	351.526
4	50	197.90	420.42
5	350	191.12	402.976
6	75	195.20	295.96
7	350	190.18	295.764
8	350	—	—
工程总造价	221.5 万元	—	—

　　为了验证算法的稳定性，针对双环供水管网，应用实验 1 中的算法参数运行蚁群优化算法程序共 20 次，优化结果如图 5-11 所示，其中共有 17 次搜索到了全局最优值。实验结果表明，蚁群算法应用于双环供水管网优化问题时具有较好的稳定性，能够有效地搜索到管网优化设计的最优值。

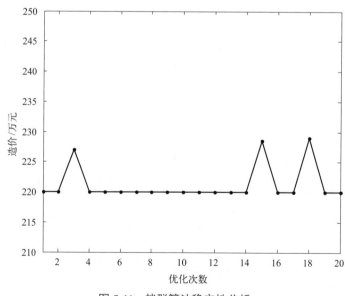

图 5-11　蚁群算法稳定性分析

5.4

多环状管网模型

5.4.1　汉诺塔模型介绍及特点

汉诺塔（Hanoi）供水管网模型是 O. Fujiwara 等在 1990 年提出的[14]，如图 5-12 所示。管网中包含 1 个水源节点、34 个管段和 31 个供水节点，所有节点的地面标高为 0。管网中各节点需水量及各管段长度见表 5-6，水源节点标高100m，各个节点要求最低水头为 30m。管径尺寸及单位造价见表 5-7。海曾 - 威廉粗糙系数是圆管满流情况下的管道阻力系数，根据管道材质与使用年限的不同，取值也不同。在这里，海曾 - 威廉粗糙系数取值为 $C = 130$。

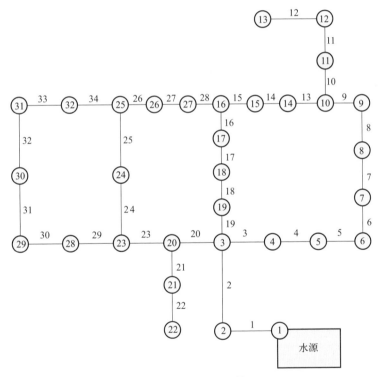

图 5-12　汉诺塔供水管网

汉诺塔供水管网一共包括 34 个管段，即有 34 个决策变量需要优化，求解空间非常大，有 13^{34} 种排列组合方法，求解起来非常复杂。

表 5-6 汉诺塔管网节点详细资料

节点	需水量 /（m³/h）	管段	长度 /m
2	890	1	100
3	850	2	1350
4	130	3	900
5	725	4	1150
6	1005	5	1450
7	1350	6	450
8	550	7	850
9	525	8	850
10	525	9	800
11	500	10	950
12	560	11	1200
13	940	12	3500
14	615	13	800
15	280	14	500
16	310	15	550
17	865	16	2730
18	1345	17	1750
19	60	18	800
20	1275	19	400
21	930	20	2200
22	485	21	1500
23	1045	22	500
24	820	23	2650
25	170	24	1230
26	900	25	1300
27	370	26	850
28	290	27	300

节点	需水量 /（m³/h）	管段	长度 /m
29	360	28	750
30	360	29	1500
31	105	30	2000
32	805	31	1600
—	—	32	150
—	—	33	860
—	—	34	950

表 5-7　汉诺塔供水管网造价资料

管径 /mm	造价 / 元
304.80	45.726
406.40	70.400
508.00	98.378
609.60	129.333
762.00	180.748
1016.00	278.28

5.4.2　可靠性分析

本小节采用节点富余水头总和与节点富余水头方差作为管网可靠性的目标函数，下面通过分析与实验说明节点富余水头方差对管网可靠性的影响。

已知，故障的概率与管网中的水压之间呈正相关关系。也就是说，管网中水压过高容易造成管道的爆管、漏损等事故的发生，而且过高的水压还会造成资源的浪费。但是，节点水压必须高于节点最小自由水压，否则不能为用户正常提供水压，会严重影响城市居民用水和工业用水，为生产生活带来不便[15-16]。对于管网水压，我们可以用节点富余水头来衡量，节点富余水头与管网水压之间具有线性关系。在满足管网约束的情况下，节点富余水头越小，管网中水压就越低，管网发生爆管、漏损等事故的概率就越低，管网系统的可靠性就越高。因此，针对整个管网系统，我们用节点富余水头总和来衡量其可靠性，保证每个节点水头既高于节点所要求的最小自由水头，又不至于太高，以保证管网的可靠性。

另一方面，在管网中节点富余水头总和相同的情况下，管网中水压的分布也会存在多种可能性。如果管网中水压分布不均，则会使管网中存在高低压，造成供水不稳定，同样影响管网的可靠性。而节点富余水头方差反映了管网中各节点富余水头的分布情况，节点富余水头方差越大，管网中高低压现象越严重，越容易产生爆管。因此，节点富余水头方差越小，管网系统的可靠性就越高。

以汉诺塔管网为例，本小节通过实验分析节点富余水头方差对管网可靠性的影响。文献 [17] 中，管网模型仅选用管网造价和节点富余水头总和两个函数作为目标，优化结果如图 5-13 所示。图中每一个点代表一种解决方案。该实验从优化结果中选取 5 个比较分散的点，标记为 A、B、C、D、E，分别计算各个方案下管网中每个供水节点对应的富余水头，如表 5-8 所示。

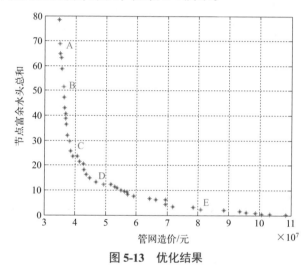

图 5-13　优化结果

表 5-8　管网中各节点富余水头

方案	节点 1	节点 2	节点 3	节点 4	节点 5	节点 6
A	23.24	7.93	12.87	14.39	0.23	0.31
B	23.24	2.46	12.65	10.70	1.33	−0.16
C	15.35	8.23	6.06	1.11	0.21	0.02
D	18.02	−3.20	3.26	1.28	−0.96	−9.67
E	18.02	−3.71	2.56	1.12	−9.13	−7.56

从多目标优化问题的角度分析，图 5-13 中选出的 5 个点都是非支配解，这 5 个点对应的 5 种方案都是最优解，然而经过深入分析我们发现，这些方案中还存

在一定的问题，会对管网的可靠性造成影响。一方面，方案 A 和方案 C 的各节点富余水头均大于零，但是方案 A 的节点富余水头分布跨度更大。对于节点 1 来说，方案 A 比方案 C 更容易发生爆管，管网的可靠性更低。另一方面，方案 B、D、E 都存在节点富余水头为负的情况，这表示该节点水压并不能满足用户的需求。尤其对于方案 D 和方案 E，虽然节点富余水头总和更小，但是有些节点的水压远远不能达到用户的需求，管网可靠性反而更低。因此，仅使用节点富余水头总和作为管网可靠性的目标函数并不合理，供水管网中节点富余水头的分布对管网可靠性的影响同样重要。如果节点富余水头过高，即管网中节点水压过高，容易导致管网爆管、漏损等事故的发生，造成水资源的浪费和经济上的损失；如果节点富余水头为负，即该节点水压不能满足用户所需求的最小水压，可能造成停水事故的发生，影响城市居民和工业用水，同样带来巨大的经济损失。为此，为了正确反映供水管网的可靠性，本书引入节点富余水头方差作为供水管网可靠性的目标函数之一，以体现管网中节点富余水头的分布情况。

引入节点富余水头方差后，管网多目标优化模型的各目标函数值如表 5-9 所示。仅考虑管网造价和节点富余水头总和时，A、B、C、D、E 五种方案之间并没有优劣之分，而引入节点富余水头方差之后，方案 C 的节点富余水头方差在五种方案中最小。仅从管网可靠性方面来考虑：引入前，从方案 A 至方案 E，管网可靠性逐渐升高；而引入节点富余水头方差之后，方案 C 的可靠性依然优于方案 A 和方案 B，但是方案 D 和方案 E 的可靠性不再占优。若是管网设计的决策者从五种方案中选取一种方案实施，则决策者可以更科学合理地选择方案 C 作为最后的施工方案。节点富余水头方差的引入，使得对管网可靠性的评价更加合理，也更有利于决策者进行全面的综合的分析，最后作出合理的决策。

表 5-9　目标函数值

方案	管网造价 / 元	节点富余水头总和	节点富余水头方差
A	3.4635E+7	58.97	79.25
B	3.5973E+7	50.22	80.42
C	3.8090E+7	30.98	36.28
D	4.9121E+7	8.73	85.79
E	8.0702E+7	1.30	97.30

城市供水管网的高可靠性是保障城市工业生产和居民日常生活用水的基础。供水系统发生故障时，不仅会对整个城市的正常生产生活造成严重的影响，还必

然会造成管网维修费用的增加，产生额外的经济损失，轻则影响附近的工厂和居民的正常生产生活，重则导致整个城市停止运转，设施瘫痪。因此，必须建立科学合理的供水管网可靠性目标函数，才能通过下一步的优化计算，设计出经济可靠的管网建设方案。而本书通过引入节点富余水头方差来反映各节点富余水头在管网中的分布，结合节点富余水头总和作为管网可靠性目标函数，更符合实际需求，更具有科学性、合理性，也更有利于决策者作出合理的决策[18-20]。

5.4.3　基于经济性与可靠性的供水管网模型

对于供水管网来说，建设管理者都希望供水管网在能满足用户正常用水需求的前提下，尽量减少建造费用和运行管理费用。传统的单目标管网优化模型已不能满足设计的要求，因此本章建立了以经济性和可靠性为目标的供水管网多目标优化模型。

经过前面的分析和公式推导，建立了以管网经济性和可靠性为目标的供水管网多目标优化模型，如式（5-12）所示：

$$\begin{cases} \min W = \left(\dfrac{p}{100} + E \right) \sum_{i=1}^{P} \left(a + bD_i^{\lambda} \right) l_i + K \left(H_0 + \sum_{i \in LM} h_i \right) Q_P \\ \min I_s = \sum_{i=1}^{I} (H_i - H_{i\min}) \\ \min s = \sum_{i=1}^{I} (I_{si} - \overline{I_s})^2 \end{cases} \qquad (5\text{-}12)$$

式中　W——管网总费用年折算值；

I_s——管网节点富余水头总和；

s——管网节点富余水头方差；

p——管网每年大修和折旧的费用占管网建造费用的百分比；

E——基建投资效果系数；

T——管网建设投资偿还期，年；

D_i, l_i——管段 i 的直径和长度，m；

$a + bD_i^{\lambda}$——管网建造费用；

H_0——水泵静扬程，m；

K——与抽水费用相关的经济指标；

LM——从泵站到控制点 m 的任一条管线上的管段集合；

h_i——管段 i 的水头损失，m；

P——管网的管段数；

Q_P——进入管网的总流量或泵站流量，m³/s；

H_i——管网节点 i 的自由水头，m；

H_{imin}——管网节点 i 所要求的最小自由水头，m；

I_{si}——管网节点 i 的富余水头，m；

$\overline{I_s}$——管网节点富余水头均值；

I——管网中节点总数。

5.4.4 约束条件设计与分析

（1）节点流量连续性约束

$$\sum (\pm q_{ij}) + Q_i = 0 \tag{5-13}$$

式中，q_{ij} 是与节点 i 相连接的各管段的流量；i 和 j 是管段的起、止节点编号；Q_i 为节点 i 的流量。对于管网中的每个节点，必须满足节点流量平衡的约束，即流向该节点的流量必须等于从该节点流出的流量。

（2）能量平衡约束

$$\sum_{j=1}^{n_i} h_{ij} = 0 \tag{5-14}$$

式中，h_{ij} 表示基环管段的水头损失。管网中任意闭合回路的水头损失代数和为零，表示闭合回路能量的平衡，该方程称为环能量方程，也叫回路方程。

（3）节点水压约束

$$H_{imin} \leqslant H_i \leqslant H_{imax} \tag{5-15}$$

管网中的每个节点都应在最小自由水压和最大自由水压之间。

（4）管段流速约束

$$v_{imin} \leqslant v_i \leqslant v_{imax} \tag{5-16}$$

管网中的每个管段流速都有最小流速和最大流速的限制，流速太大可能发生爆管等事故。

（5）标准管径约束

$$D_j \in \{D_1, D_2, \cdots, D_m\} \tag{5-17}$$

管网中的管径应从市场中可购买的离散管径组合中选取。

5.4.5 优化方法

遗传算法是一种对自然进化搜索最优解的过程模拟而衍生的方法，是对遗传学机理中的进化过程与达尔文生物进化论的选择过程进行模拟的智能计算模型，它最早是由美国 J. Holland 教授于 20 世纪 70 年代提出来的[21]。遗传算法是从任意初始的群体开始搜索，然后通过随机选择、交叉和变异等操作，群体在进化过程中逐渐向搜索空间中越来越好的可行解域靠近。

遗传算法的主要特点是不存在函数连续性和高阶求导的限定，能够对结构对象进行直接操作，算法优化利用概率的方法来自动地获取、指导优化的搜索空间，并且能够自适应地改变搜索进化的方向，不需要确定的进化规则，具有更好的全局寻优能力。遗传算法的这些优点，已经被学者们成功并广泛地应用于信号处理、组合优化、自适应控制、机器学习和供水管网优化等领域[22-27]。

5.5
遗传算法

5.5.1 算法简介

遗传算法是一类借鉴生物界的进化规律（适者生存，优胜劣汰）演化而来的随机化搜索方法。它的基本思想是生物进化论的自然选择和遗传机理。之后，国内外学者不断对其进行研究和改进，不断扩宽其应用领域。在遗传算法中，通过编码组成初始群体后，遗传操作的任务就是对群体的个体按照它们对环境的适应度（适应度评估）施加一定的操作，从而实现优胜劣汰的进化过程。从优化搜索的角度讲，遗传操作可以使问题的解逐代进行优化，最终逼近最优解。

遗传算法在解决管网问题上的优点在于：

① 简单易用，直接将管径作为决策变量。

② 遗传算法从问题解的串集开始搜索，而不是从单个解开始。这是遗传算法与传统优化算法的极大区别。传统优化算法是从单个初始值开始迭代求最优解的，容易误入局部最优解。遗传算法从初始种群开始搜索，覆盖面大，利于全局择优。

③ 每迭代一次，都可以遍历到所有的解，有更大的概率搜索到全局最优解。

随着社会的发展，传统的单目标优化已经不能满足日益增长的工程需求，因此在基本遗传算法的基础上衍生出了许多多目标进化算法。其中，在 *Evolutionary Computation* 期刊上，学者们提出了非劣排序遗传算法（NSGA），它基于对多目标种群进行逐层分类，对每个个体解按照非劣关系来进行排序，并引入基于决策向量空间的共享函数法进行种群多样性的保持。NSGA 的优点是对优化目标的个数没有限制，允许存在多个不同的等效解，缺点是与多目标遗传算法（MOGA）相比计算效率相对较低，求得的最优解质量也较差。针对这一不足，非劣排序遗传算法 2（NSGA2）得到广泛的研究，该算法引入了拥挤比较算子，根据产生的非劣前端采用更好的记账策略，减少算法的运行时间，提高了算法的整体运行效率。NSGA2 算法采用了快速非支配排序、新的多样性保持策略，计算复杂度与 NSGA 比有所降低。

5.5.2 NSGA2 算法

N. Srinivas 和 K. Deb 于 2002 年提出了 NSGA2 算法，它是针对原 NSGA 算法存在的不足进行的改进，因此它比 NSGA 更加优越。自从 NSGA2 被提出来之后就引起了学者们的广泛关注与研究，现在已经成功地应用于各个工程领域，NSGA2 算法已经成为解决多目标优化问题，尤其是双目标函数优化问题的经典、优秀、流行的算法之一[28-31]。NSGA2 算法的思路如图 5-14 所示。

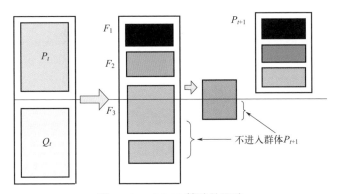

图 5-14　NSGA2 算法的思路

父代种群 P_t 通过锦标赛机制生成临时较优的种群，然后对较优的种群进行交叉和变异操作，生成子代种群 R_t，将父代种群 P_t 与子代种群 R_t 重组成一个种群规模为 $2N$ 的群体，这 $2N$ 个种群个体通过快速非支配排序被划分成 i 个非劣前沿，最后通过拥挤距离的计算来保持种群的多样性。

（1）快速非支配排序策略

假设 NSGA2 算法的初始种群数为 N，为了对这 N 个种群进行非支配排序，种群中的每一个解都必须与其他各个解一一进行比较，从而得出当前解是否被其他解支配。对种群中的每个个体 i 都设置两个参数 n_i 和 S_i，n_i 代表种群中支配 i 的解个体的数量，S_i 代表被 i 支配的解个体的集合。第一，需要找到种群中满足 $n_i = 0$ 的个体并存入集合 F_i；第二，对于 F_i 中的所有个体 j，考察其支配的个体集 S_j，并将其支配个体 k 的解的个体数减 1，若 $n_k - 1 = 0$ 那么将 k 存入集合 H 中；第三，F_i 当作第一级非支配个体的集合，并将集合内的所有个体赋予一个相同的非支配序，然后对 H 进行分级且赋予非支配序，直至所有个体均被分级。算法计算复杂度为 $O(mN^2)$，其中 N 是种群大小，m 是目标函数的个体数目。经过快速非支配排序得到如下所示的分层结果如图 5-15 所示。

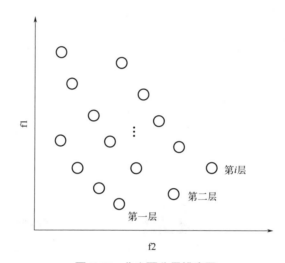

图 5-15　非支配分层排序图

（2）多样性保持策略

对于一个多目标进化算法，不仅希望它能使非支配解快速收敛于真实的 Pareto 前沿，还希望它求得的非支配解集保持良好的分布性。NSGA2 算法通过比较个体的拥挤距离（Crowding Distance）来保持群体多样性，在计算拥挤距离之前需要根据各个目标函数值将种群快速非支配排序，将所有的种群分成 n 层，然后给每个目标函数边界上的两个解各分配一个无穷大的拥挤距离 $d = \infty$，这样做的目的是确保边界上的两个解每次都能入选为下一代。中间个体的拥挤距离是通过计算与其相邻的两个个体在每个子目标函数上的距离差之和求得。如图 5-16 所示为两个目标函数情况下，个体 i 的拥挤距离，即为个体 $i+1$ 在两目标函数值之差与个体 $i-1$ 在两目标函数之差的和，定义为 D_i。个体 i 的拥挤距离即图 5-16 所示的矩形的长与宽之和。

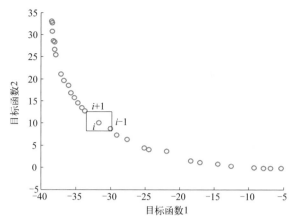

图 5-16　拥挤距离的计算

当同一非劣层的所有个体都分配好拥挤距离后，就可以比较当前个体与其他个体的靠近程度。从某种意义上说，一个个体的拥挤距离越小，说明它与周围个体的距离越接近，也就代表了它与周围的个体分布得比较密集。NSGA2 算法就是通过拥挤距离比较策略来引导解个体均匀分布于理想的 Pareto 前沿。假设种群中的每个个体 i 都有两个属性：非支配排序（i_{rank}）和拥挤距离（$i_{distance}$）。给出偏序 $\prec_n$ 的定义：如果个体 i 的非支配排序小于个体 j 的非支配排序（$i_{rank} < j_{rank}$）或者 i 和 j 的非支配排序相等（$i_{rank} = j_{rank}$）但 i 的拥挤距离大于 j 的拥挤距离（$i_{distance} > j_{distance}$），也就是说 $i \prec_n j$。

（3）选择交叉变异操作

NSGA2 算法采用锦标赛选择策略，基本步骤为：

步骤 1：计算出每个个体的适应度值；

步骤 2：从种群中随机选择两个个体进行适应度值的比较，选择适应度值大的个体进入到下一代；

步骤 3：重复步骤 2，直至达到最大种群规模 N。

NSGA2 采用 SBX（模拟二进制交叉）来进行基因的重组，两个父代个体通过模拟二进制交叉得到两个子代个体，子代个体保留了父代个体中的模式信息。假设 t 为当前进化代数，x_1^t、x_2^t 为从种群中任意选取的两个个体，$x_1^t(j)$、$x_2^t(j)$ 分别是两个个体的第 j 个基因位，$y_1^t(j)$、$y_2^t(j)$ 是 $x_1^t(j)$、$x_2^t(j)$ 通过模拟二进制交叉而生成的两个子代个体。$y_1^t(j)$、$y_2^t(j)$ 的产生过程如式（5-18）所示：

$$y_1^t(j) = 0.5\left[(1-\beta_q(j))x_1^t(j) + (1+\beta_q(j))x_2^t(j)\right]$$
$$y_2^t(j) = 0.5\left[(1+\beta_q(j))x_1^t(j) + (1-\beta_q(j))x_2^t(j)\right]$$
（5-18）

$\beta_q(j)$ 由式（5-19）给出，其中 $\mu(j) \in [0,1]$：

$$\beta_q(j) = \begin{cases} (2\mu(j))^{\frac{1}{\eta_c+1}}, & \mu(j) < 0.5 \\ \left(\dfrac{1}{2(1-\mu(j))}\right)^{\frac{1}{\eta_c+1}}, & \text{其他} \end{cases} \tag{5-19}$$

$\beta_q(j)$ 的概率密度函数为：

$$P(\beta(j)) = \frac{1}{2}(\eta_c+1)\beta^{\eta_c}, \quad 0 \leqslant \beta \leqslant 1$$

$$P(\beta(j)) = \frac{1}{2}(\eta_c+1)\frac{1}{\beta^{\eta_c+2}}, \quad \beta > 1 \tag{5-20}$$

多项式变异算子（Polynomial Mutation）通过基因的变异，从而防止种群陷入局部最优，假设 $x_i^t(j)$ 为第 t 代第 i 个个体的第 j 个基因，$x_i^u(j)$、$x_i^l(j)$ 分别为 $x_i^t(j)$ 的上下界，个体 $x_i^t(j)$ 变异生成子代个体 $y_i^t(j)$，变异操作过程如式（5-21）所示：

$$y_i^t(j) = x_i^t(j) + (x_i^u(j) - x_i^t(j))\overline{\beta_q}(j) \tag{5-21}$$

取 $\overline{\mu}(j) \in [0,1]$，$\overline{\beta_q}(j)$ 是由概率密度函数 $P(\overline{\beta}(j)) = 0.5(\eta_m+1)/\left(1 - \left|\overline{\beta}(j)\right|\right)^{\eta_m}$ 计算得来的。

$$\overline{\beta_q}(j) = \begin{cases} (2\overline{\mu}(j))^{\frac{1}{\eta_m+1}-1}, & \overline{\mu}(j) < 0.5 \\ 1 - [2(1-\overline{\mu}(j))]^{\frac{1}{\eta_m+1}}, & \text{其他} \end{cases} \tag{5-22}$$

利用 NSGA2 算法对多目标问题进行求解时，首先设定初始种群的个数为 N，当前进化代数为 t，最大进化代数为 T，算法的具体步骤如下：

步骤 1：初始化种群 P_0，$t = 0$；

步骤 2：根据锦标赛选择的机制，从 P_t 中选择 N 个个体进入杂交池，然后对这 N 个个体进行模拟二进制交叉和多项式变异操作，产生新的群体 Q_t，将 P_t 和 Q_t 进行合并，形成种群 R_t；

步骤 3：对 R_t 进行环境选择，生成种群 P_{t+1}，并且始终维持种群规模为 N；

步骤 4：如果当前进化代数 t 小于最大进化代数 T，则 $t = t+1$，执行步骤 2，否则输出种群 P_{t+1} 中的非支配个体。

算法流程图如图 5-17 所示。

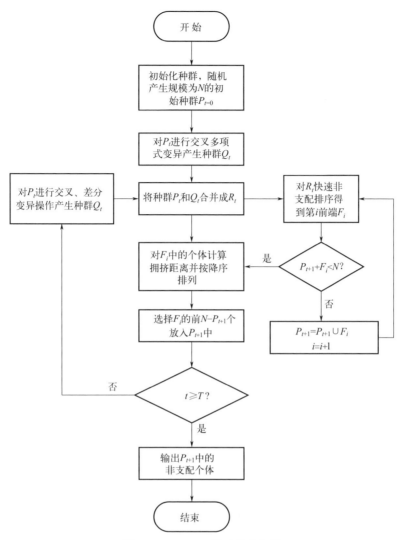

图 5-17　NSGA2 算法的流程图

5.5.3　两种改进型 NSGA2 算法

　　大量研究发现，NSGA2 算法基于拥挤距离机制保持种群的多样性也存在不足，因为单纯地从拥挤距离大小判断个体的分布性能是有局限性的。在产生新群体时，通常那些层级靠前并且拥挤距离较大的个体将保留并参与下一代的繁殖。但是这里存在一个问题：个体的拥挤距离与其密度度量之间并不是一致的，也就是说，拥挤距离大的个体其解密度不一定小。这样就会导致一些拥挤距离大同时解密度也很大的某些个体被保留了下来，造成求得的解分布不均匀，容易陷入局部最优。为此，提出如下的改进措施。

（1）改进 1：差分变异策略引入

在一个进化算法中，对变异算子的设置将影响整个算法的收敛性和运行速度。在对多目标进化算法的研究中，人们的注意力主要集中在构造非支配集、适应度赋值等问题上，对多目标进化算法的基本进化操作算子研究不多，尤其是变异算子。变异算子的设计影响着算法的局部搜索能力以及种群的多样性保持，所以最终所求解的收敛性、分布性很大程度上取决于变异算子的设计。在种群算法运行初期，往往期望的是提高算法的寻优速度，而在算法搜索的后期，期望的是尽量提高算法的局部搜索能力，避免算法陷入局部最优。

针对以上提出的 NSGA2 算法种群多样性保持策略存在的不足，引入差分进化算法中的差分变异算子取代 NSGA2 算法中的多项式变异，下面具体介绍差分变异算子特有的优势。

差分进化算法与其他进化算法有许多异曲同工之处，它们都是基于种群的随机搜索方法。差分进化算法是一种实数编码的基于种群的全局优化算法，其实质上是具有保优思想的贪婪遗传算法，也包含选择、交叉、变异这三步遗传操作。差分进化算法自提出至今在处理许多问题上都表现出了很强的优势，其采用差分变异算子对个体的进化方向进行扰动。对于种群 P，有父代个体 P_1，临时子代个体 P_2 由差分变异算子产生。差分变异策略可表示为：

$$V_i^{t+1} = X_i^t + F_1(X_{\text{best}}^t - X_i^t) + F_2(X_{r1}^t - X_{r2}^t) \tag{5-23}$$

式中，V_i^{t+1} 是差分变异个体；X_i^t 是父代个体；X_{best}^t 是选出的当前种群最优个体；X_{r1}^t 和 X_{r2}^t 是从种群中任意选取的两个父代个体，用来增加种群的多样性。

在使用差分变异策略时应找到当前种群中的最优个体 X_{best}^t。在 MOPs 中多个目标函数对应多个 X_{best}^t，使用哪一个 X_{best}^t 是需要考虑的。因此提出了引入支配关系计算的差分变异策略，支配关系公式如式（5-24）所示：

$$V_i^{t+1} = \begin{cases} V_{1i}^{t+1}, & V_{1i}^{t+1} > V_{2i}^{t+1} \\ V_{2i}^{t+1}, & \text{否则} \end{cases}$$
$$V_i^{t+1} = \left(v_{1i}^{t+1}, v_{2i}^{t+1}, \cdots, v_{ji}^{t+1}\right), j = 1, 2, \cdots, m \tag{5-24}$$

以包含两个目标函数极小化优化为例子，给出了基于支配关系确定当前最优个体的步骤，如下所述：

步骤 1：首先分别找出两个目标函数对应的最优个体 $X_{1\text{best}}^t$、$X_{2\text{best}}^t$，分别作为差分变异策略中的最优个体 X_{best}^t；

步骤 2：基于差分变异策略进行两次差分变异操作，分别得到两个变异个体

V_{1i}^{t+1} 和 V_{2i}^{t+1}；

步骤3：对 V_{1i}^{t+1} 和 V_{2i}^{t+1} 进行支配关系计算，将非支配的个体作为最终的差分变异个体 V_i^{t+1}。

差分进化利用种群中个体之间的差异信息实现向最优解区域的搜索，在搜索的初期要先找出当前种群的非支配解集，确定需要进行局部搜索的相邻个体作为父代，利用差分公式求出新的子代个体。比较子代个体与父代个体的非支配关系，如果是相互非支配的，则将子代加入到当前非支配解集中，否则将其舍弃。这一步完成之后，再依据拥挤距离比较机制保留非支配解中的优秀个体。

（2）改进2：变缩放因子的设置

从差分变异策略公式中可以看出，F_1、F_2 分别是两个不确定的因子，多数情况下是由人为设定的。在多目标进化算法的算法初期 F_1 大一点以期提高收敛速度，后期算法容易陷入局部最优，这时应该将缩放因子 F_2 增大以提高该项的权重，更好地保证种群的多样性，使算法跳出局部最优。为此提出了根据进化代数来线性实时调整的缩放因子 F_1 和 F_2，定义如下：

$$F_1 = F_{\max} - (F_{\max} - F_{\min})t / T$$
$$F_2 = F_{\max} + (F_{\max} - F_{\min})t / T$$

（5-25）

式中，$F_{\min}$、$F_{\max}$ 分别是最小和最大缩放因子，在 $0 \sim 1$ 之间取值；T 是最大进化代数；t 为当前进化代数。从式（5-25）可以推出，随着当前种群进化代数的增加，F_1 的取值是不断减小的，而 F_1 的取值又直接影响着整个算法的寻优速度，也就是说随着当前进化代数的逐渐增大，算法的寻优速度是由快一步一步变慢的。与之相反的，随着当前进化代数的增加，F_2 的值是逐步增加的，而 F_2 的值的增加又直接影响了算法运行后期的局部寻优能力。F_1 和 F_2 这两个时刻变化的缩放因子，很好地兼顾了算法的寻优速度和种群的多样性保持。

在前文的基础上给出 DNSGA2 算法的流程如下：

步骤1：初始化算法，产生规模大小为 P_0 的初始种群，设置算法的执行参数；

步骤2：使用二元锦标赛机制选择种群规模为 N 的 P_t 个体进入杂交池；

步骤3：对杂交池中的个体执行模拟二进制交叉和差分变异操作，产生新的个体 Q_t；

步骤4：合并父代种群 P_t 与子代种群 Q_t，对该种群进行快速非支配排序，确定其非劣前沿 F_1、F_2、F_3、$\cdots$、F_i；

步骤5：对所有的 F_i 按照拥挤距离进行排序，选择其中最好的个体形成新的种群 P_{t+1}；

步骤6：判断是否达到终止条件或者进化代数达到最大，若是，进化结束，否则返回步骤 2 继续执行。

与此同时，这里提出的改进型 DNSGA2 算法引入了差分进化算法中的差分变异策略替代原来的变异操作，总的时间复杂性为 $O(mN^2)$，m 表示目标函数的个数，N 表示种群的规模，与原 NSGA2 算法时间复杂性相当。

5.5.4 函数测试及评价指标

为了测试提出的改进型 NSGA2 算法的性能，选取了在多目标优化领域中最常用的四个经典的 ZDT 系列测试函数[32]，用 MATLAB 编程，程序运行的 CPU 环境为 4GB 内存，2.4GHz 主频。算法的执行参数设置为种群规模 $Population = 200$，$Genertion = 500$，$P_c = 0.9$，$P_m = 0.1$。测试函数的描述如表 5-10 所示。

表 5-10　测试函数描述

测试问题	测试函数	约束条件
ZDT1	$f_1(x_1) = x_1$ $f_2(x_2) = g\left(1 - \sqrt{\dfrac{f_1}{g}}\right)$ $g(x) = 1 + 9\sum\limits_{i=2}^{m} \dfrac{x_i}{m-1}$	$m=30$； $0 \leqslant x_i \leqslant 1$
ZDT2	$f_1(x_1) = x_1$ $f_2(x) = g\left[1 - \left(\dfrac{f_1}{g}\right)^2\right]$ $g(x) = 1 + 9\sum\limits_{i=2}^{m} \dfrac{x_i}{m-1}$	$m=30$； $0 \leqslant x_i \leqslant 1$
ZDT3	$f_1(x_1) = x_1$ $f_2(x) = g\left(1 - \sqrt{\dfrac{f_1}{g}}\right) - \left(\dfrac{f_1}{g}\right)\sin(10\pi f_1)$ $g(x) = 1 + 9\sum\limits_{i=2}^{m} \dfrac{x_i}{m-1}$	$m=30$； $0 \leqslant x_i \leqslant 1$
ZDT4	$f_1(x_1) = x_1$ $f_2(x_2) = g\left(1 - \sqrt{\dfrac{f_1}{g}}\right)$ $g(x) = 1 + 10(m-1) + \sum\limits_{i=2}^{m}[x_i^2 - 10\cos(4\pi x_i)]$	$m=10$； $-5 \leqslant x_i \leqslant 5$

5.5.5　改进型 NSGA2 性能测试

　　分别用 NSGA2 算法与本书改进的 DNSGA2 算法在前面叙述的环境条件下对测试函数求解，求得的 Pareto 最优前沿如图 5-18～图 5-21 所示。从仿真结构可以直观地看出，针对这四个测试函数，NSGA2 算法求出的最优解前沿的分布有些地方比较集中，有些地方又比较稀疏，本节提出的改进型 DNSGA2 算法求得的 Pareto 最优解的分布均匀性要好于原 NSGA2 算法。尤其在 ZDT1、ZDT2 和 ZDT4 问题上表现得尤为突出，这说明对原始的 NSGA2 算法所做的改进是有效的。

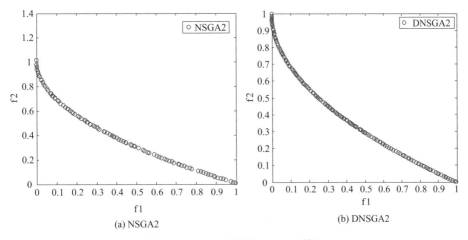

(a) NSGA2　　　　　　　　　　　　　(b) DNSGA2

图 5-18　ZDT1 问题的 Pareto 前沿

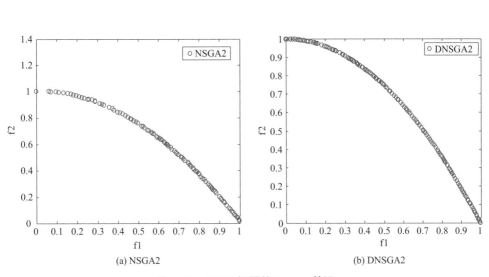

(a) NSGA2　　　　　　　　　　　　　(b) DNSGA2

图 5-19　ZDT2 问题的 Pareto 前沿

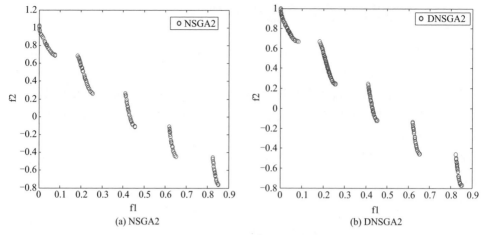

(a) NSGA2

(b) DNSGA2

图 5-20　ZDT3 问题的 Pareto 前沿

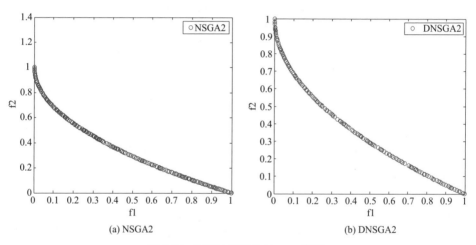

(a) NSGA2

(b) DNSGA2

图 5-21　ZDT4 问题的 Pareto 前沿

　　基于本书第 6 章对 SP 和 IGD 这两个评价指标函数的定义，这里分别用原始的 NSGA2 算法、本章提出的 DNSGA2 算法、针对改善群体的多样性问题提出的改进型 W-LRCD-NSGA2 算法和 NSLS 算法，在同样的测试环境下，对所选的四组测试函数分别独立运行 30 次，求得的 SP、IGD 的平均值分别如表 5-11 和表 5-12 所示。

表 5-11　各算法的空间评价指标 SP 的平均值

测试函数	NSGA2	DNSGA2	W-LRCD-NSGA2	NSLS
ZDT1	0.46329	0.23341	0.38674	0.24016

测试函数	NSGA2	DNSGA2	W-LRCD-NSGA2	NSLS
ZDT2	0.43511	0.41801	0.42093	0.42039
ZDT3	0.57560	0.53282	0.55476	0.51095
ZDT4	0.47947	0.43602	0.46180	0.45721

表 5-12　各算法的反向世代距离 IGD 的平均值

算法	ZDT1	ZDT2	ZDT3	ZDT4
DNSGA2	0.021082	0.038412	0.037261	0.362817
NSGA2	0.033482	0.072391	0.114500	0.513053
W-LRCD-NSGA2	0.046182	0.067342	0.092534	0.273849
NSLS	0.047263	0.049582	0.104832	0.463728

从表 5-11 中求得的 SP 平均值可以看出，本章改进的 DNSGA2 算法在 ZDT 系列四个测试函数中求得的 SP 平均值比其他三个算法求得的值都要小，这说明 DNSGA2 算法能有效地改善解的分布性。

表 5-12 给出的是运行 30 次求得的 IGD 的平均值，从表中数据可以看出，对于 ZDT1 ～ ZDT4 这四个标准的测试函数，本章改进的 DNSGA2 算法求得的值是最小的，从而表明了该改进算法求得的 Pareto 最优解的收敛度更高。

经前述分析得知，DNSGA2 算法与原始的 NSGA2 算法的时间复杂度是相当的，为了更直观地展现，我们在同样的运行环境、同样的参数设置下，针对 ZDT 系列测试函数，比较了各算法所用的时间，结果如表 5-13 所示。

表 5-13　各算法所用时间对比

算法	ZDT1	ZDT2	ZDT3	ZDT4
DNSGA2	11.880901	5.481366	7.456753	15.834301
NSGA2	12.142053	6.103762	8.946307	14.713040
W-LRCD-NSGA2	13.56372	8.29641	8.92071	16.374893
NSLS	14.26378	9.35213	8.45289	15.920376

比较表 5-13 可以看出，DNSGA2 与其他三个算法相比，在对四个测试函数做实验时所用的时间并没有明显变化，这说明在对算法做了改进之后并没有改变算

法的时间复杂性，也没有降低算法的求解效率。

5.6
优化结果分析

汉诺塔供水管网求解空间非常大，求解起来非常复杂。为了节省计算时间，在编程求解时初始种群为 300，最大迭代次数为 100，NSGA2 和 DNSGA2 求解结果分别如图 5-22 和图 5-23 所示。

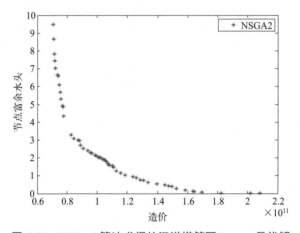

图 5-22　NSGA2 算法求得的汉诺塔管网 Pareto 最优解

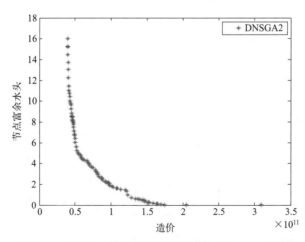

图 5-23　DNSGA2 算法求得的汉诺塔管网 Pareto 最优解

对于汉诺塔管网，最终用 NSGA2 和 DNSGA2 分别求得了一系列的 Pareto

最优解。为了便于比较这两种算法所求的解，表 5-14 列出了五种典型的方案，通过对比可以发现，在所求节点富余水头方差的值都相同的前提下，改进后的 DNSGA2 算法能够求得造价更低的解。

表 5-14　两种算法所求结果对比

结果	NSGA2					DNSGA2				
节点富余水头方差	4	3	2	1	0.7	4	3	2	1	0.7
对应的造价 / 元（×10^{11}）	0.8	0.82	1	1.2	1.4	0.6	0.8	0.9	1.1	1.3

利用两种算法求解汉诺塔管网时，分别运行程序 30 次，求出 NSGA2 算法与改进的 DNSGA2 算法所求管网最优解的平均值，如表 5-15 所示。从表中数据可知，改进后的 DNSGA2 算法求得的 SP 平均值要小于原来的 NSGA2 算法，证明了 DNSGA2 算法求得的解的分布性优于原 NSGA2 算法。

表 5-15　SP 的平均值

算法	NSGA2	DNSGA2
SP 平均值	0.46539	0.38674

参考文献

[1] Alperovits E，Shamir U. Design of optimal water distribution systems [J]. Water resources research, 1977, 13（6）: 885-900.

[2] 白丹，杨培君，宋立勋. 环状给水管网优化设计的一种综合方法 [J]. 系统工程理论与实践, 2007（07）: 137-143.

[3] Dorigo M, Birattari M, Stutzle T. Ant colony optimization [J]. IEEE computational intelligence magazine, 2006, 1（4）: 28-39.

[4] Zhang D, You X, Liu S, et al. Multi-colony ant colony optimization based on generalized jaccard similarity recommendation strategy [J]. IEEE Access, 2019, 7: 157303-157317.

[5] Xu M, You X, Liu S. A novel heuristic communication heterogeneous dual population ant colony optimization algorithm [J]. IEEE Access, 2017, 5: 18506-18515.

[6] Yang H, Qi J, Miao Y, et al. A new robot navigation algorithm based on a double-layer ant algorithm and trajectory optimization [J]. IEEE Transactions on Industrial Electronics, 2018 , 66（11）: 8557-8566.

[7] Zhu D Z, Werner P L, Werner D H. Design and optimization of 3-D frequency-selective surfaces based on a multiobjective lazy ant colony optimization algorithm [J]. IEEE Transactions on

Antennas and Propagation, 2017, 65 (12): 7137-7149.

[8] Tang J, Liu G, Pan Q. A review on representative swarm intelligence algorithms for solving optimization problems: Applications and trends [J]. IEEE/CAA Journal of Automatica Sinica, 2021, 8 (10): 1627-1643.

[9] Wang L, Li Y, Xie H, et al. Autonomous Path Planning Method of UUV in Complex Environment Based on Improved Ant Colony Optimization Algorithm [C] // 2021 China Automation Congress (CAC). IEEE, 2021: 3486-3490.

[10] Zhu W, Hou P Z, Chang L, et al. Disjunctive Belief Rule Base Optimization by Ant Colony Optimization for Railway Transportation Safety Assessment [C] // 2019 Chinese Control And Decision Conference (CCDC). IEEE, 2019: 6120-6124.

[11] Li M, Yu L, Song Q, et al. Research on Generalized Traveling Salesman Problem based on Modified Ant Colony Optimization [C] // 2019 Chinese Control And Decision Conference (CCDC). IEEE, 2019: 4570-4574.

[12] Sun J, Yu Y, Xin L. Research on Path Planning of AGV Based on Improved Ant Colony Optimization Algorithm [C] // 2021 33rd Chinese Control and Decision Conference (CCDC). IEEE, 2021: 7567-7572.

[13] Kennedy J, Eberhart R. Particle Swarm Optimization [C]// IEEE International Conference on Neural Networks. Perth Australia: IEEE, 1995: 1942-1948.

[14] Fujiwara O, Khang D B. A two-phase decomposition method for optimal design of looped water distribution networks [J]. Water Resources Research, 1990, 26 (4): 539-549.

[15] Zhang K, Yan H, Zeng H, et al. A practical multi-objective optimization sectorization method for water distribution network [J]. Science of The Total Environment, 2019, 656: 1401-1412.

[16] Monsef H, Naghashzadegan M, Jamali A, et al. Comparison of evolutionary multi objective optimization algorithms in optimum design of water distribution network [J]. Ain Shams Engineering Journal, 2019, 10 (1): 103-111.

[17] Montalvo I, Izquierdo J, Schwarze S, et al. Multi-objective particle swarm optimization applied to water distribution systems design: an approach with human interaction [J]. Mathematical and Computer Modelling, 2010, 52(7): 1219-1227.

[18] Bakhshipour A E, Hespen J, Haghighi A, et al. Integrating structural resilience in the design of urban drainage networks in flat areas using a simplified multi-objective optimization framework [J]. Water, 2021, 13 (3): 269.

[19] Bakhshipour A E, Dittmer U, Haghighi A, et al. Toward sustainable urban drainage infrastructure planning: a combined multiobjective optimization and multicriteria decision-making platform [J]. Journal of Water Resources Planning and Management, 2021, 147

(8): 04021049.

[20] Ngamalieu-Nengoue U A, Martínez-Solano F J, Iglesias-Rey P L, et al. Multi-objective optimization for urban drainage or sewer networks rehabilitation through pipes substitution and storage tanks installation [J]. Water, 2019,11 (5): 935.

[21] Holland J H. Adaptation in Natural and Artificial Systems [M]. Cambridge: MIT Press, 1975.

[22] Peng C, Wu X, Yuan W, et al. MGRFE: multilayer recursive feature elimination based on an embedded genetic algorithm for cancer classification [J]. IEEE/ACM transactions on computational biology and bioinformatics, 2019, 18 (2): 621-632.

[23] Souza M G, Vallejo E E, Estrada K. Detecting clustered independent rare variant associations using genetic algorithms [J]. IEEE/ACM Transactions on Computational Biology and Bioinformatics, 2019, 18 (3): 932-939.

[24] Vieira R, Argento E, Revoredo T. Trajectory Planning for Car-like Robots Through Curve Parametrization and Genetic Algorithm Optimization with Applications to Autonomous Parking [J]. IEEE Latin America Transactions, 2021, 20 (2): 309-316.

[25] Li J, Li L. A Hybrid Genetic Algorithm Based on Information Entropy and Game Theory [J]. IEEE Access,

2020, 8: 36602-36611.

[26] Tao C, Wang X, Gao F, et al. Fault diagnosis of photovoltaic array based on deep belief network optimized by genetic algorithm [J]. Chinese journal of electrical engineering, 2020, 6 (3): 106-114.

[27] 葛继科, 邱玉辉, 吴春明, 等. 遗传算法研究综述 [J]. 计算机应用研究, 2008, 25 (10): 2911-2916.

[28] Moshref M, Al-Sayyed R, Al-Sharaeh S. An Enhanced Multi-Objective Non-Dominated Sorting Genetic Routing Algorithm for Improving the QoS in Wireless Sensor Networks [J]. IEEE Access, 2021, 9: 149176-149195.

[29] Li J, Li Y, Wang Y. Fuzzy inference NSGA-III algorithm-based multi-objective optimization for switched reluctance generator [J]. IEEE Transactions on Energy Conversion, 2021, 36 (4): 3578-3581.

[30] Cheng C Y, Lin S W, Pourhejazy P, et al. Greedy-based non-dominated sorting genetic algorithm III for optimizing single-machine scheduling problem with interfering jobs [J]. IEEE Access, 2020, 8: 142543-142556.

[31] Premkumar M, Jangir P, Sowmya R, et al. MOSMA: Multi-objective slime mould algorithm based on elitist non-dominated sorting [J]. IEEE Access, 2020, 9: 3229-3248.

[32] 龚艳冰, 陈森发. 基于微粒群算法的污水管网优化设计 [J]. 中国给水排水, 2006, 22 (24): 48-50.

Cutting-Edge Technologies in
**Smart
Environmental
Protection**

第6章

典型城市管网优化设计

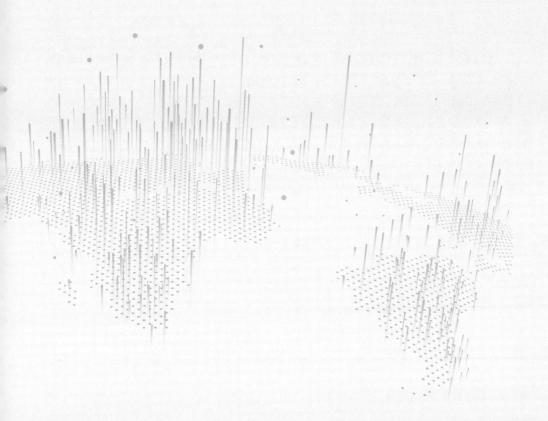

6.1
典型城市管网

6.1.1　城市管网概述

城市供水管网是一类大规模且复杂多变的管道网络系统，为便于规划、设计和运行管理，应将其简化抽象为便于图形、数据表达和分析的供水管网模型。该模型主要表达管网系统中各组成成分的拓扑关系和水力特性，将管网简化和抽象为管段和节点两类元素，并赋予其工程属性，以便用水力学和数学分析理论进行分析计算和表达。

供水管网水力分析计算是供水管网优化设计的依据，是进行管网系统模拟和各种动态工况分析的基础，也是加强供水管网系统施行优化运行的基础。计算机技术的飞速发展，使过去手工计算无法实现的问题得到解决，如大型复杂管网的计算与分析、多水源管网的优化和调度等。应用计算机进行管网分析，其水力学基本原理与手工分析计算是相同的，无论是节点方程组、环方程组还是管段方程组，实际上都是解一系列用以模拟供水管网系统性能的稳态方程组。

6.1.2　纽约城市管网

纽约城市管网由 J.C. Schaake 和 D. Lai 于 1969 年提出，为改扩建管网模型，包含 1 个水源、20 个节点和 21 个管段，其布局如图 6-1 所示。纽约城市管网为现存管网，由于年久失修，节点 16 ～ 20 已经不能满足节点最小压力的需求，因此需要对该管网进行改扩建[1-3]。现存的管网节点信息见表 6-1，管段信息见表 6-2，海曾 - 威廉系数 C 为 100。图表中，ft 是英尺的单位符号，英尺（ft）与米（m）的换算关系为 1ft=0.3048m。可供选择的标准管段有 16 种，相应的管径和单位长度造价如表 6-3 所示，因此管网共有 $16^{21} \approx 1.93 \times 10^{25}$ 种供选方案。

表 6-1　纽约城市管网节点信息

节点	需水量 /（ft³/s）	最小水头 /ft
1	−2017.5	300.0
2	92.4	255.0
3	92.4	255.0
4	88.2	255.0

节点	需水量 / (ft³/s)	最小水头 /ft
5	88.2	255.0
6	88.2	255.0
7	88.2	255.0
8	88.2	255.0
9	170.0	255.0
10	1.0	255.0
11	170.0	255.0
12	117.1	255.0
13	117.1	255.0
14	92.4	255.0
15	92.4	255.0
16	170.0	260.0
17	57.5	272.8
18	117.1	255.0
19	117.1	255.0
20	170.0	255.0

表 6-2 纽约城市管网管段信息

管段	长度 /ft	现存管径 /ft
1	11600	180
2	19800	180
3	7300	180
4	8300	180
5	8600	180
6	19100	180
7	9600	132
8	12500	132
9	9600	180

管段	长度 /ft	现存管径 /ft
10	11200	204
11	14500	204
12	12200	204
13	24100	204
14	21100	204
15	15500	204
16	26400	72
17	31200	72
18	24000	60
19	14400	60
20	38400	60
21	36400	72

表 6-3　纽约管网管径及相应造价

可选管段	管径 /in[①]	造价 /($/ft)
1	0	0
2	36	93.5
3	48	134
4	60	176
5	72	221
6	84	267
7	96	316
8	108	365
9	120	417
10	132	469
11	144	522
12	156	577
13	168	632

可选管段	管径 /in [1]	造价 /($/ft)
14	180	689
15	192	746
16	204	804

[1] 1in=25.4mm。

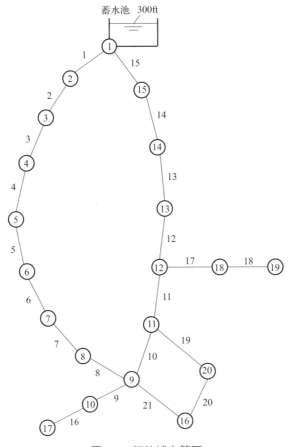

图 6-1　纽约城市管网

6.1.3　约束条件设计与分析

　　多目标优化问题（Multi-objective Optimization Problem，MOP）起源于实际复杂系统的建模、规划和设计问题，是一类很普遍的问题。在多目标优化领域中，被普遍接受并广泛采用的多目标优化问题的数学定义如下[4]。

定义 6-1: 多目标优化问题。假设一个多目标优化问题由 m 个目标函数、n 个决策变量和多个约束条件组成。目标函数和约束条件都是决策变量的函数，可表示为：

$$\max/\min \boldsymbol{F}(\boldsymbol{x}) = (f_1(\boldsymbol{x}), f_2(\boldsymbol{x}), \cdots, f_m(\boldsymbol{x}))^{\mathrm{T}} \boldsymbol{x} = [x_1, x_2, \cdots, x_n]$$
$$\text{subject to } g_j(\boldsymbol{x}) \leqslant 0, j = 1, \cdots, J \tag{6-1}$$
$$h_k(\boldsymbol{x}) = 0, k = 1, \cdots, K$$

其中，$\boldsymbol{F}(\boldsymbol{x})$ 是目标函数，$g_j(\boldsymbol{x})$ 和 $h_k(\boldsymbol{x})$ 分别表示不等式约束和等式约束。最大化问题 $\max(\bullet)$ 往往可以转换为求最小化问题 $\min(\bullet)$，所以多目标优化问题常指最小化多目标优化问题，本章讨论的问题也是最小化多目标优化问题。

定义 6-2: 可行解集。可行解集 X_f 定义为满足式（6-1）的约束条件的所有决策变量 $\boldsymbol{x}$ 的集合，即

$$X_f = \left\{ \boldsymbol{x} \in X \middle| g_j(\boldsymbol{x}) \leqslant 0, j = 1, \cdots, J, \text{且} h_k(\boldsymbol{x}) = 0, k = 1, \cdots, K \right\} \tag{6-2}$$

X_f 的可行域所对应的目标空间表达为：

$$Y_f = \boldsymbol{F}(X_f) = \cup_{\boldsymbol{x} \in X_f} \left\{ \boldsymbol{F}(\boldsymbol{x}) \right\} \tag{6-3}$$

式（6-3）中，可行解集 X_f 中的所有 $\boldsymbol{x}$，经过优化函数映射形成目标空间中子空间。

多目标优化问题的特点在于，在大多数情况下，各子目标之间是相互矛盾的，一个子目标性能的提高往往会引起另一个子目标性能的降低。换句话说就是，不可能同时使多个子目标都达到最优值，而只能通过协调权衡和折中处理，使各子目标函数尽可能达到最优。为此，F.Y. Edgeworth 提出了最优解的概念，其后经 V. Pareto 推广，形成了现在常用的 Pareto 最优的概念[5]。

定义 6-3: Pareto 支配。设 $X \subseteq \mathbb{R}^n$ 是多目标优化问题的约束集，$\boldsymbol{x}_1 \in X$，$\boldsymbol{x}_2 \in X$，若

$$\forall i = 1, 2, \cdots, m, f_i(\boldsymbol{x}_1) \leqslant f_i(\boldsymbol{x}_2)$$

且

$$\exists i = 1, 2, \cdots, m, f_i(\boldsymbol{x}_1) < f_i(\boldsymbol{x}_2)$$

则称解 $\boldsymbol{x}_1$ Pareto 支配 $\boldsymbol{x}_2$，记作 $\boldsymbol{x}_1 \succ \boldsymbol{x}_2$。

定义 6-4: Pareto 最优解。设 $\boldsymbol{x}^* \in X_f$，若 X_f 中不存在支配 $\boldsymbol{x}^*$ 的解，则称 $\boldsymbol{x}^*$ 是多目标问题的 Pareto 最优解。

定义 6-5: Pareto 最优解集。所有 Pareto 最优解 $\boldsymbol{x}^*$ 的集合称为是多目标优化问题的 Pareto 最优解集（Pareto Set，PS）。相应地，在目标函数空间，Pareto 最优

解集所对应的目标函数值 $F(x^*)$ 的集合称为 Pareto 前沿（Pareto Front，PF）。

在多目标优化问题中，类似于单目标优化问题的最优解是几乎不存在的，只存在 Pareto 最优解[6-7]。在大多数问题中，Pareto 最优解集中往往不止一个解，在实际问题中，决策者必须从众多最优解中挑选出一个或一些解。因此，求出尽可能多的 Pareto 最优解成为解决多目标优化问题的关键。

6.1.4　优化方法

多目标优化问题的求解方法通常分为传统优化方法和智能优化算法两大类。传统优化方法在搜索前衡量各个目标之间的重要性，将多个目标合成为一个单独的、带有参数的目标函数。通过不同的参数设置，经过多次运行后，可获得 Pareto 最优解集。而智能优化算法只需通过一次运行就可以得到 Pareto 最优解集，例如，E. Zitzler[8] 提出的强度 Pareto 进化算法（SPEA）就是一种智能优化算法。

6.2
强度 Pareto 进化算法

6.2.1　强度 Pareto 进化算法简介

强度 Pareto 进化算法是指，在进化过程中同时保留两个种群：当前进化种群和用于存储进化过程中得到的非支配解的外部归档集。该算法增强了小生境内个体的适应度，不需要设置距离参数，但是种群个体优劣性完全取决于外部归档集，被相同非支配解所支配的个体具有相同的适应度值，降低了算法的稳定性，算法没有考虑个体聚集分布情况的影响，以及使用聚类方法删减个体时容易将 Pareto 边界上的个体删除。针对 SPEA 算法的不足，学者们提出了改进后的 SPEA2 算法，改善了个体适应度的计算机制，通过计算种群个体之间的密度，提高了种群的分布性，从而提高了算法的性能[9-12]。

先简要描述 SPEA 算法的流程，有助于全面了解 SPEA2 算法。

SPEA 算法首先初始化一个大小为 N 的种群 P_0 和一个大小为 M 的外部归档集 Q_0。在第 t 代中，将种群 P_t 中的非支配解复制到外部归档集 Q_t 中，并删除更新后 Q_t 中的支配解。为了限制外部归档集过度增长，通过聚类方法（Clustering Procedure）将其大小限制在 M 以内。然后计算种群 P_t 和外部归档集 Q_t 中个体的适应度，通过锦标赛选择机制从中选出个体进行交叉和变异操作，形成下一代种群 P_{t+1}。

SPEA 算法中个体适应度又称为强度，Q_t 中个体的适应度定义如下：

$$fitness(i) = \frac{n_i}{N+1} \tag{6-4}$$

式中，N 为种群大小，n_i 为个体 i 在种群中所支配的个体数：

$$n_i = \left| \left\{ j \in P_t \,\middle|\, i > j, i \in Q_t \right\} \right| \tag{6-5}$$

则种群 P_t 中个体的适应度为：

$$fitness(j) = 1 + \sum_{i \in Q_t:\ i > j} fitness(i) \tag{6-6}$$

针对 SPEA 算法的不足，SPEA2 算法在适应度计算和环境选择两个方面做了很大的改进。

（1）适应度计算

SPEA2 算法中计算个体适应度的方法为：

$$F(i) = R(i) + D(i) \tag{6-7}$$

上式中各组成部分计算公式如下所示：

$$R(i) = \sum_{j \in P+Q, j > i} S(j) \tag{6-8}$$

$$S(i) = \left| \left\{ j \,\middle|\, j \in P + Q \wedge i > j \right\} \right| \tag{6-9}$$

$$D(i) = \frac{1}{\sigma_i^k + 2} \tag{6-10}$$

$$k = \sqrt{|P| + |Q|} \tag{6-11}$$

式中，σ_i^k 为个体 i 到与其第 k 个相邻个体间的欧氏距离。为此，需要计算个体 i 到进化种群 P 和外部归档集 Q 中其他所有个体之间的欧氏距离，并按照增序排列。

SPEA2 算法的适应度函数引入了 Pareto 支配的概念，同时考虑了支配个体和非支配个体之间的信息，增加了 K 近邻算法以更科学地评价个体优劣，具有更强的科学性。

如图 6-2 所示为两个目标函数求最大值的个体分布及其适应度的计算示例，其中图 6-2（a）为 SPEA 算法计算个体适应度的示例，图 6-2（b）为 SPEA2 算法计算个体适应度的示例。通过对比可以明显地看出，SPEA 中 e、f 和 g 三个个体的适应度相同，而在 SPEA2 中 e、f 和 g 三个个体的适应度则完全不同。从图 6-2（a）中并不能看出 e、f 和 g 之间的支配关系，而从图 6-2（b）中则可以看出"e 支配 f、f 支配 g"的支配关系。

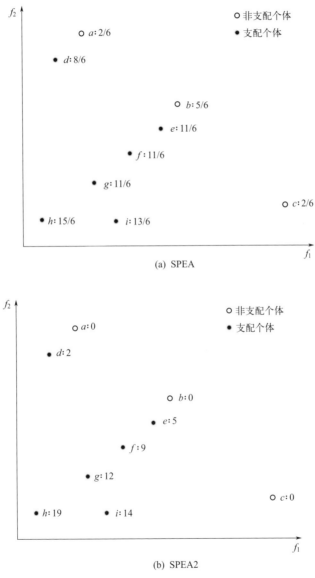

图 6-2　SPEA 和 SPEA2 个体适应度比较

（2）环境选择

在 SPEA2 算法中，在生成下一代种群时，先进行环境选择，再进行交叉和变异操作。在进行环境选择时，优先选择适应度值小于 1 的个体存入外部归档集 Q 中，即

$$Q_{t+1} = \left\{ i \mid i \in P_t + Q_t \wedge F(i) < 1 \right\} \tag{6-12}$$

若 Q_{t+1} 中个体的数量小于 M，即 $|Q_{t+1}| < M$，则从上一代 P_t 和 Q_t 中选出 $\left(M - |Q_{t+1}| \right)$ 个适应度值小的优秀个体放入 Q_{t+1} 中。

若 $|Q_{t+1}| > M$，则通过修剪过程逐步选择个体 i 从 Q_{t+1} 中删除：

$$
\begin{aligned}
i \leqslant_d j \Leftrightarrow & \forall 0 < k < |Q_{t+1}| : \sigma_i^k = \sigma_j^k \vee \\
& \exists 0 < k < |Q_{t+1}| : \left[\left(\forall 0 < l < k : \sigma_i^l = \sigma_j^l \right) \wedge \sigma_i^k < \sigma_j^k \right]
\end{aligned} \tag{6-13}
$$

直至 $|Q_{t+1}| = M$。式中，σ_i^k 表示个体 i 与归档集 Q_{t+1} 中第 k 个个体之间的欧氏距离。该修剪过程表示依次删除归档集 Q_{t+1} 中与其他个体距离最近的个体。当有多个个体与其前 $l\left(0 < l < k, 0 < k < |Q_{t+1}| \right)$ 个邻近个体具有相同的最小距离时，找出与其具有不同的距离的第 k 个邻近个体，然后删除与第 k 个邻近个体具有最小距离的个体，直至 $|Q_{t+1}| = M$。如图 6-3 所示，举例说明了两个目标函数求最大值时外部归档集的修剪过程，假设外部归档集的大小 M 为 5，图中共有 8 个个体，因此需要删除 3 个个体，并在图中标明了需要删除个体的次序。

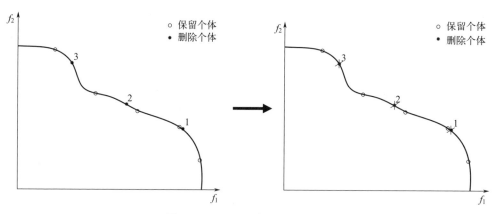

图 6-3　SPEA2 外部归档集修剪

SPEA2 算法的流程与 SPEA 算法有较大差异，设 N 为进化种群 P 的规模，M 为外部归档集 Q 的大小，T 为最大进化代数。其具体步骤如下：

步骤1：初始化种群 P_0，同时使外部归档集 Q_0 为空，$t=0$。

步骤2：计算 P_t 和 Q_t 中所有个体的适应度。

步骤3：找出 P_t 和 Q_t 中所有非支配个体，并保存到 Q_{t+1} 中。若 $|Q_{t+1}|>M$，则通过修剪过程逐步删减个体，直至 $|Q_{t+1}|=M$；若 $|Q_{t+1}|<M$，则从 P_t 和 Q_t 中随机选取支配个体保存到 Q_{t+1} 中，直至填满 Q_{t+1}。

步骤4：判断是否满足结束条件，若 $t \geqslant T$，或者满足其他算法终止条件，则输出 Q_{t+1} 中的所有非支配个体。

步骤5：对 Q_{t+1} 进行锦标赛选择。

步骤6：对 Q_{t+1} 中的所有个体执行交叉和变异操作，并将结果保存到 P_{t+1} 中，令 $t=t+1$，转至步骤2。

SPEA2 算法的流程图如图 6-4 所示。

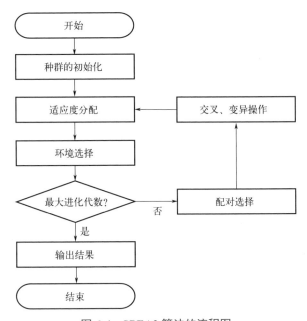

图 6-4　SPEA2 算法的流程图

与 SPEA 算法相比较，SPEA2 算法在计算个体适应度时，同时考虑了进化种群和外部归档集的支配信息以及个体到其第 k 个邻近个体的欧氏距离的信息，使个体的适应度评价机制更加合理，提升了算法的搜索能力。另外在外部归档集的更新过程中，SPEA2 算法在出现相同的最小距离个体时，采用删除与其第 k 个最近个体的方法对归档集进行修剪操作，提高了算法所得 Pareto 最优解的分布性。当目标函数较多时，仍能使解向着 Pareto 最优前沿收敛，能保证算法较好的种群多样性[13-16]。

但是，SPEA2 算法也存在一些不足：外部归档集的设置不够合理，其设置的目的是保存进化过程中所得到的非支配个体，但当非支配个体数目小于外部归档集的大小时，还需要从进化种群中随机选取一些被支配的个体加入外部归档集中，这会削弱外部归档集的精英性，同时降低种群的多样性；另外，与其他进化类算法相同，SPEA2 算法在交叉变异的过程中，算法不能保证搜索在交叉变异个体的邻近区域进行，使得算法的局部搜索能力不足。

6.2.2　基于参考向量的强度 Pareto 进化算法

改进 1：参考向量。

为了探索和开发整个搜索空间，向 SPEA2 算法中引入一组参考向量，以提高算法种群的分布性和收敛性。参考向量是由一群在目标空间中均匀分布的参考点生成。为了提高算法解的分布性，设置的参考向量的个数与种群大小相差不大。

（1）目标空间归一化

为了生成参考向量，需要对目标空间进行归一化处理，同时目标空间归一化可以解决目标函数范围不同的问题。具体的归一化过程如下所示：

$$f'_{i,j}(\boldsymbol{x}) = \frac{f_{i,j}(\boldsymbol{x}) - f_{i,j}^{\min}}{f_{i,j}^{\max} - f_{i,j}^{\min}}, i = 1, 2, \cdots, m; j = 1, 2, \cdots, T \tag{6-14}$$

式中，$f_{i,j}(\boldsymbol{x})$ 为第 j 代进化过程中第 i 个目标函数；$f_{i,j}^{\max}$ 和 $f_{i,j}^{\min}$ 为第 j 代种群中第 i 个目标函数的最大值和最小值。通过归一化操作，将空间中每个目标的范围限制在 $0 \sim 1$ 之间。经过目标空间归一化处理后，RVSPEA2 算法可以解决Pareto 前沿各目标范围不同的问题。

（2）参考向量的生成

首先，在整个归一化目标空间中生成 K^m 个参考点，其中 m 为目标函数个数，K 为每个目标方向上的切点个数，可计算得出：

$$K = \left\lfloor \sqrt[m]{N} + 0.5 \right\rfloor \tag{6-15}$$

如图 6-5（a）所示，在三目标优化问题（$m = 3$）中，若 $K = 3$，将会在整个归一化空间中生成 27 个均匀分布的参考点。然后，从原点起至各参考点，形成一组向量。这些向量经过单位化操作后，将其中相同的向量删除，保证向量的唯一性，从而生成 J 个参考向量，如图 6-5（b）所示。

在 RVSPEA2 算法中，除了使用外部归档集中非支配解的信息外，进化种群和参考向量之间的信息也相当重要。通过将进化种群和外部归档集中的个体与参考向量相关联，进而进行小生境选择操作。由于生成的参考点均匀分布在整个归一化空间中，因此根据参考向量选出的解也能广泛地分布在 Pareto 前沿上或者靠近 Pareto 前沿。

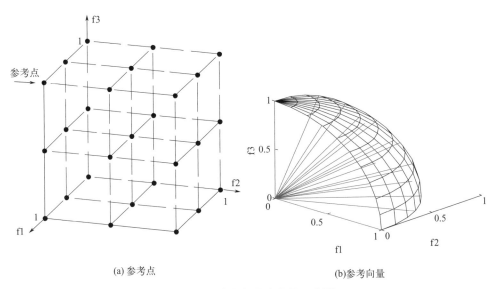

(a)参考点   (b)参考向量

图 6-5　参考点与参考向量示意图

改进2：小生境选择机制。

SPEA2 算法在交叉变异的过程中，不能保证搜索在交叉变异个体的邻近区域进行，使得算法局部搜索能力不足；同时，在算法迭代后期，种群多样性的降低也容易使算法陷入局部最优。为此，RVSPEA2 算法通过参考向量保证种群多样性，并加入小生境选择机制，以提高算法的局部搜索能力。

（1）关联操作

参考向量生成后，为了配合后续的小生境选择机制，需要将进化种群和外部归档集中的个体与参考向量相关联。首先计算种群中每个个体与每个参考向量的垂直距离，如式（6-16）所示。

$$d^{\perp}(\boldsymbol{q}, \boldsymbol{w}) = \| \boldsymbol{q} - \boldsymbol{w}^{\mathrm{T}} \boldsymbol{q} \boldsymbol{w} \| \qquad (6\text{-}16)$$

式中，$\boldsymbol{q}$ 为种群个体；$\boldsymbol{w}$ 为参考向量。离个体 $\boldsymbol{q}$ 最近的参考向量 $\boldsymbol{w}$ 与该个体相关联，如式（6-17）所示。

$$r(\boldsymbol{q}) = \boldsymbol{w} : \mathrm{argmin}_{\boldsymbol{w} \in R} d^{\perp}(\boldsymbol{q}, \boldsymbol{w}) \qquad (6\text{-}17)$$

（2）小生境选择操作

经过关联操作后，显然，每个参考向量会关联一个或多个种群个体，也可能没有个体与之相关联。在更新外部归档集时，找出 P_t 和 Q_t 中所有非支配个体并保存到 Q_{t+1} 中。若 Q_{t+1} 的大小超过 M，则利用修剪过程删除个体，降低其大小，此过程与标准 SPEA2 算法相同；若 Q_{t+1} 的大小比 M 小，SPEA2 算法则从 P_t 和 Q_t 中随机选取支配个体保存到 Q_{t+1} 中，直至填满 Q_{t+1}，此操作向外部归档集中加入了支配个体，会削弱外部归档集的精英性。因此，引入小生境选择机制，根据参考向量添加次优的个体到外部归档集中，增加了种群的多样性，提高了算法的局部搜索能力。

首先计算在外部归档集中每个参考向量关联的个体数，记为 ρ_w。若 $\rho_w > 0$，表示外部归档集中存在非支配解在该参考向量邻近区域；若 $\rho_w = 0$，表示外部归档集中不存在非支配解在该参考向量邻近区域，此时，从进化种群中选取与该参考向量相关联的解，即在该参考向量邻近区域的解，加入外部归档集中，直至将外部归档集填满。此操作从进化种群中选出次优解加入外部归档集中空的区域，既增加了种群的多样性，保证了外部归档集的精英性，也提高了算法的局部搜索能力。

基于上述参考向量和小生境选择机制的描述，为了充分利用进化种群和外部归档集中的信息，增加种群的多样性，提高算法的局部搜索能力，提出了基于参考向量的强度 Pareto 进化算法——RVSPEA2，算法具体实现过程如下：

步骤1：初始化种群，产生规模大小为 N 的进化种群 P_0 和外部归档集 Q_0，同时使归档集 Q_0 为空，$t = 0$。

步骤2：目标空间归一化。根据式（6-14），通过归一化方法将目标函数限制在 $0 \sim 1$ 之间。

步骤3：适应度分配。根据式（6-4）～式（6-6），计算 P_t 和 Q_t 中所有个体的适应度。

步骤4：环境选择。找出 P_t 和 Q_t 中所有非支配个体，并保存到 Q_{t+1} 中。若 Q_{t+1} 的大小超过 M，则利用修剪过程逐步删减个体，直至 $|Q_{t+1}| = M$；若 Q_{t+1} 的大小比 M 小，则通过小生境选择机制从 P_t 和 Q_t 中选取支配个体保存到 Q_{t+1} 中，直至填满 Q_{t+1}。

步骤5：判断是否满足结束条件。若 $t \geq T$，或者满足其他算法终止条件，则输出 Q_{t+1} 中的所有非支配个体。

步骤6：配对选择。对 Q_{t+1} 进行锦标赛选择。

步骤7：进化操作。对 Q_{t+1} 中的所有个体执行交叉和变异操作，并将结果保存到 P_{t+1} 中，令 $t = t+1$，转至步骤2。

6.2.3 函数测试及评价指标

为了测试提出的 RVSPEA2 算法的性能，我们选取了在多目标优化领域中常用的十个经典的 ZDT 系列 [17] 和 DTLZ 系列 [18] 测试函数，并与 MOEA/D[19]、NSGA-Ⅲ[20]、NSGA-Ⅱ[21]、SPEA2[22] 四种算法进行比较。

选取的测试函数中包含拥有两个目标的 ZDT1 ～ ZDT4 和 ZDT6，及拥有三个目标的 DTLZ1 ～ DTLZ4 和 DTLZ7。这些测试函数都拥有各自的特征及相关参数，如表 6-4 所示。

表 6-4   测试函数描述

函数	PF 的特征	维度		PF 中样本个数
		变量	目标	
ZDT1	凸曲线	30	2	1000
ZDT2	凹曲线	30	2	1000
ZDT3	不连续，多模态	30	2	1000
ZDT4	凸曲线，多模态	10	2	1000
ZDT6	凹曲线，不均匀，不连续	10	2	1000
DTLZ1	线性，多模态，凹曲线	7	3	2451
DTLZ2	凹曲线	12	3	4000
DTLZ3	凸曲线，多模态	12	3	4106
DTLZ4	凹曲线，不均匀	12	3	4106
DTLZ7	不连续，多模态	22	3	9409

为了比较不同算法的性能，根据多目标优化问题的特性，需要选择多个性能评价指标。在多目标优化算法中，算法所得非支配解集与真实 Pareto 前沿之间相比较，其收敛性和分布性是两个最重要的性能。在本书中，为从不同方向定量地反映算法的收敛性和分布性，采用了下列三个性能指标。

(1) 反向世代距离

反向世代距离（Inverted Generational Distance，IGD）经常用于评价多目标优化算法的综合性能。假设 P^* 为一系列均匀分布在理想前沿上的点，P 是由算法求得的最优解，则反向世代距离的定义如式（6-18）所示：

$$IGD(P^*, P) = \frac{\sum\limits_{x \in P^*} d(x, P)}{|P^*|} \qquad (6\text{-}18)$$

式中，$d(x, P)$ 为理想解 x 与算法所得解 P 之间的最小欧氏距离。IGD 的值代表了所求得的一系列 Pareto 最优解与真实的 Pareto 前沿的逼近程度。若从真实 Pareto 前沿上选取的点 P^* 越多，即 $|P^*|$ 越大，则反向世代距离的值越能反映实际解的分布性和收敛性。反向世代距离的值越小，则算法所得解的分布性和收敛性越高。

(2) 世代距离

世代距离（Generational Distance，GD）常用于评估算法所得解 P 与 Pareto 前沿解 P^* 之间的距离，其定义为：

$$GD(P, P^*) = \frac{\sqrt{\sum\limits_{x \in P} d(x, P^*)^2}}{|P|} \qquad (6\text{-}19)$$

式中，$d(x, P^*)$ 为算法所得解 x 与理想解 P^* 之间的最小欧氏距离。世代距离的值越小，则算法所得解的收敛性越高。

(3) 空间评价指标

为了评价算法所得解的分布均匀性，采用 Schott 提出的空间评价指标（Spacing，SP）。其定义如下：

$$SP = \sqrt{\frac{1}{n-1} \sum_{i=1}^{n} (\bar{d} - d_i)^2} \qquad (6\text{-}20)$$

$$d_i = \min_j \left(\sum_{k=1}^{m} \left| f_m^i(x) - f_m^j(x) \right| \right), i, j = 1, 2, \cdots, n \qquad (6\text{-}21)$$

式中，f_m^i 为第 i 个非支配解的第 m 个目标函数值；$\bar{d}$ 为所有 d_i 的均值；n 为算法所得非支配解的个数。空间评价指标的值越小，表明算法所得解的分布性越好。

6.2.4 改进型 SPEA2 性能测试

在本节实验中，各算法的参数设置如表 6-5 所示。所有算法的初始种群均在搜索空间中随机生成，采用了相同的二进制交叉算子（SBX）和多项式变异算子（PM）。由于测试算法具有随机性，因此每个测试算法在每个测试函数上都运行30 次以对比结果。

表 6-5　算法参数设置

参数		RVSPEA2	NSGA-Ⅱ	SPEA2	MOEA/D	MSGA-Ⅲ
种群大小	两目标	100	100	100	100	100
	三目标	300	300	300	352	352
进化代数		250	250	250	250	250
SBX 指数		20	20	20	20	20
PM 指数		20	20	20	20	20
交叉率		1.00	1.00	1.00	1.00	1.00
变异率		$1/n$	$1/n$	$1/n$	$1/n$	$1/n$
邻近子问题个数 M		—	—	—	20	—
H/p	两目标	—	—	—	99	99
	三目标	—	—	—	25	25

经过 30 次独立运行，分别计算其评价指标，将五个算法中反向世代距离值最小的近似 Pareto 前沿分 10 个测试函数分别给出，如图 6-6 ～图 6-15 所示。从图 6-6 ～图 6-10 中可以看出，NSGA-Ⅱ算法在最大迭代次数为 250 次时，效果并不理想；从图 6-11 ～图 6-15 中也可以看出 NSGA-Ⅱ算法在处理三目标问题时，性能下降。从图中也可以看出，NSGA-Ⅱ的改进算法（NSGA-Ⅲ算法）在性能上有一定的改善，但问题同样存在。相比于 NSGA-Ⅱ算法和 NSGA-Ⅲ算法，MOEA/D 算法的性能比较稳定，但在 DTLZ4 和 DTLZ7 两个测试函数上性能不佳。而 RVSEPA2算法，在大多数测试函数上的性能更好，在少数测试函数上性能稍差。

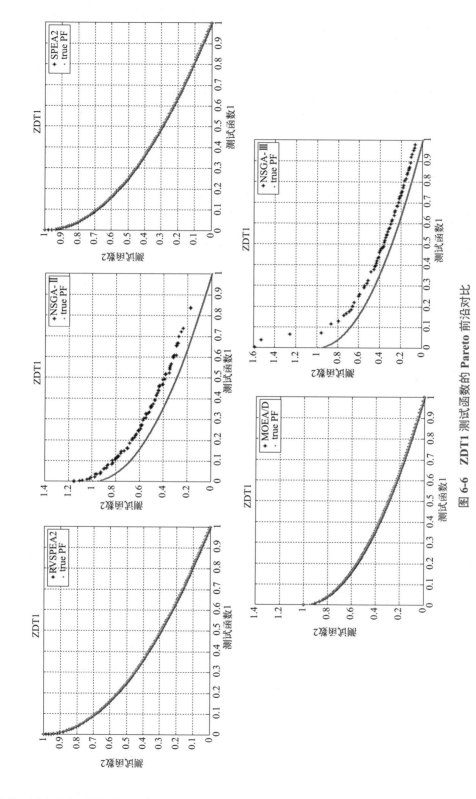

图 6-6 ZDT1 测试函数的 Pareto 前沿对比

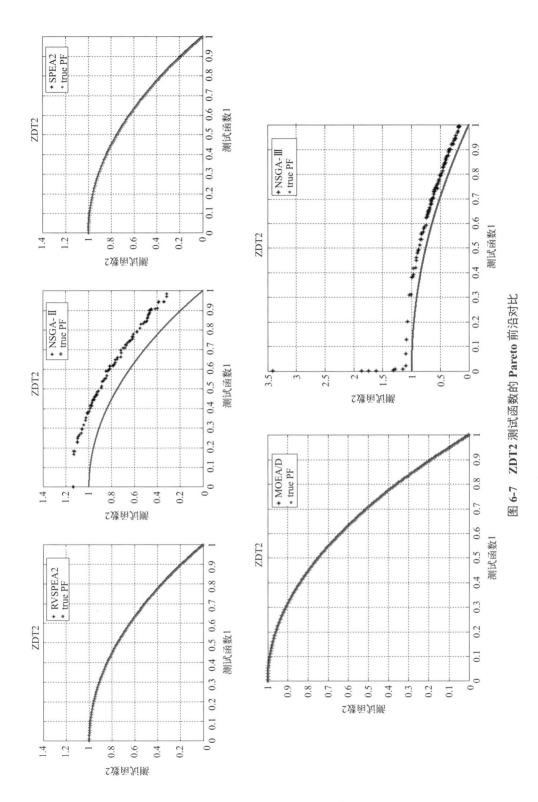

图 6-7 ZDT2 测试函数的 Pareto 前沿对比

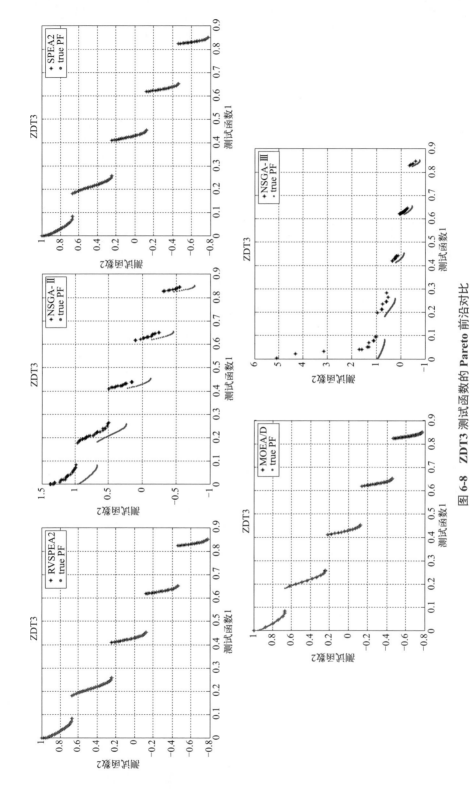

图 6-8　**ZDT3** 测试函数的 **Pareto** 前沿对比

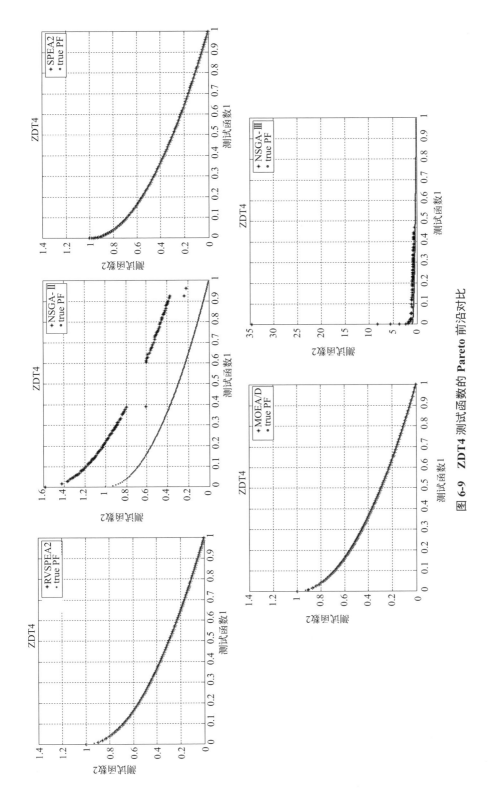

图 6-9 ZDT4 测试函数的 Pareto 前沿对比

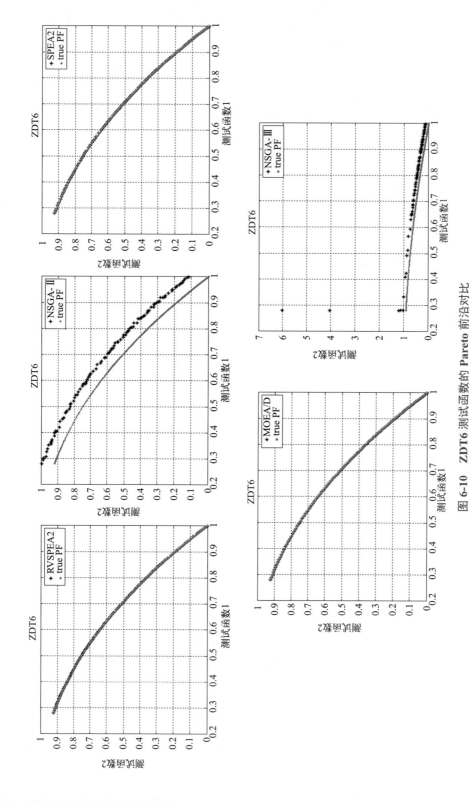

图 6-10 ZDT6 测试函数的 Pareto 前沿对比

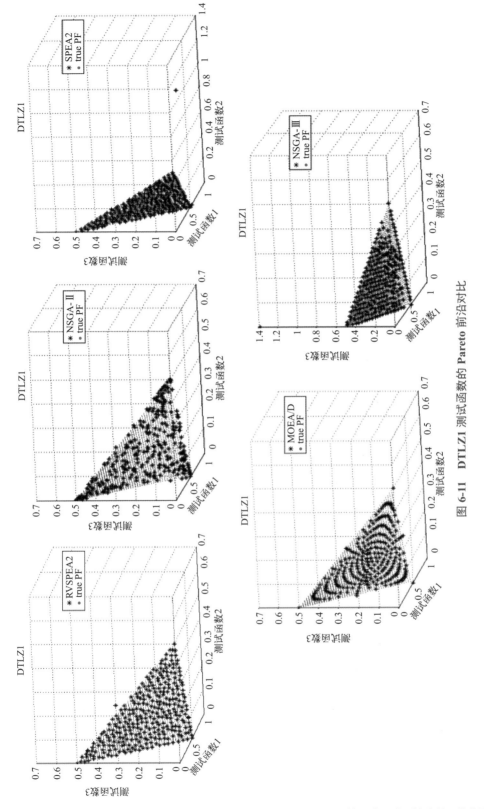

图 6-11 DTLZ1 测试函数的 Pareto 前沿对比

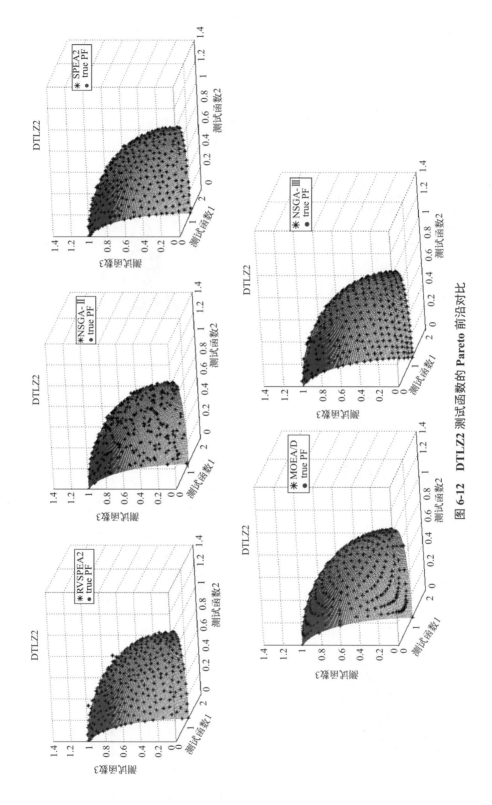

图 6-12 DTLZ2 测试函数的 Pareto 前沿对比

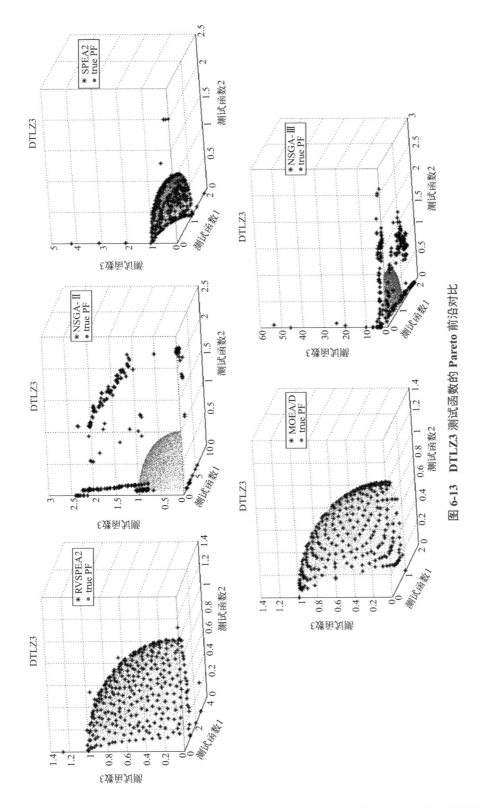

图 6-13 DTLZ3 测试函数的 Pareto 前沿对比

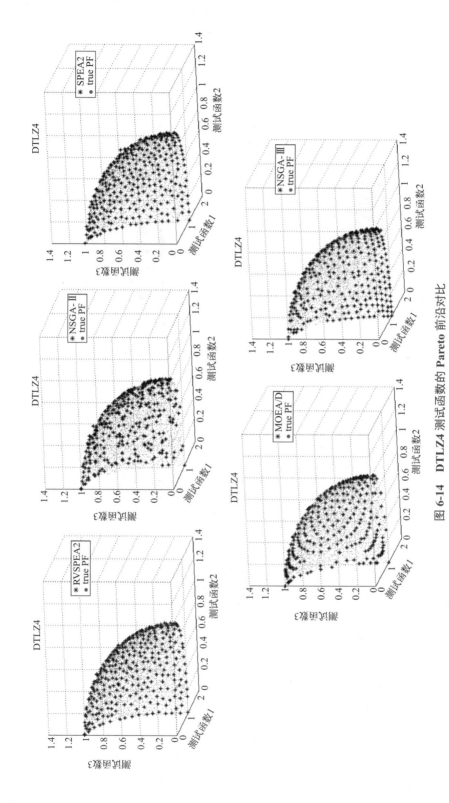

图 6-14 DTLZ4 测试函数的 Pareto 前沿对比

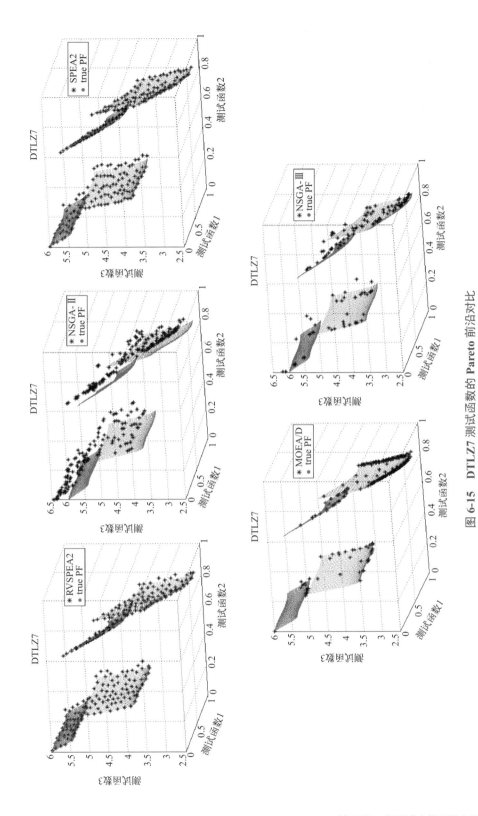

图 6-15　DTLZ7 测试函数的 Pareto 前沿对比

表 6-6 列出了五种优化算法和 10 个测试函数关于反向世代距离指标均值和方差的对比结果。从表中可以看出，RVSPEA2 算法在解决 ZDT1、ZDT6、DTLZ1、DTLZ2、DTLZ4 和 DTLZ7 这 6 个测试函数上具有更好的效果，同时 RVSPEA2 算法在 DTLZ4 上具有更小的反向世代距离方差。因此，从反向世代距离指标来看，RVSPEA2 算法在大多数测试函数中性能比其他算法更优。

表 6-6　RVSPEA2 算法与其他算法的反向世代距离对比

测试函数	IGD 指标	RVSPEA2	NSGA-Ⅱ	SPEA2	MOEA/D	NSGA-Ⅲ
ZDT1	均值	**3.800E-3**	1.375E-1	3.835E-3	3.900E-3	1.011E-1
ZDT1	方差	4.673E-5	4.900E-2	2.940E-5	3.811E-5	2.467E-2
ZDT2	均值	5.950E-2	2.579E-1	6.443E-2	**3.900E-3**	3.621E-1
ZDT2	方差	1.686E-1	1.658E-1	1.916E-1	2.041E-5	2.431E-1
ZDT3	均值	1.250E-2	2.038E-1	**7.686E-3**	1.070E-2	2.060E-1
ZDT3	方差	2.190E-2	3.910E-2	9.613E-3	7.585E-5	2.981E-2
ZDT4	均值	7.650E-2	1.054E+0	5.375E-3	**4.900E-3**	1.092E+0
ZDT4	方差	2.441E-1	7.166E-1	9.540E-4	2.200E-3	5.997E-1
ZDT6	均值	**2.900E-3**	1.369E-1	3.529E-3	3.900E-3	1.304E-1
ZDT6	方差	1.351E-4	2.580E-2	1.595E-4	5.274E-6	2.401E-2
DTLZ1	均值	**1.140E-2**	1.176E-1	2.158E-2	1.490E-2	8.011E-2
DTLZ1	方差	2.207E-4	1.459E-1	1.998E-4	5.067E-5	1.381E-1
DTLZ2	均值	**3.090E-2**	3.820E-2	4.092E-2	3.420E-2	4.622E-2
DTLZ2	方差	3.939E-4	1.200E-3	4.255E-4	1.333E-4	1.217E-2
DTLZ3	均值	2.081E-1	4.565E+0	4.203E-1	**3.610E-2**	3.543E+0
DTLZ3	方差	3.232E-1	5.279E+0	6.806E-1	5.537E-4	1.666E+0
DTLZ4	均值	**3.310E-2**	3.850E-2	1.902E-1	1.068E-1	2.296E-1
DTLZ4	方差	3.194E-4	1.000E-3	2.534E-1	1.800E-1	2.890E-1
DTLZ7	均值	**4.090E-2**	1.466E-1	6.155E-2	1.170E-1	9.860E-2
DTLZ7	方差	5.560E-2	2.120E-2	9.658E-2	4.700E-2	7.714E-3

表6-7列出了五种优化算法和10个测试函数关于世代距离指标均值和方差的对比结果。从表中可以看出，RVSPEA2算法在解决ZDT1、ZDT2、ZDT6、DTLZ4和DTLZ7这5个测试函数上具有更好的性能，而在解决其他5个测试函数上，MOEA/D更具有优势。因此，从世代距离指标来看，RVSPEA2算法的收敛性相较于其他四个算法也是很有优势的。

表6-7 RVSPEA2算法与其他算法的世代距离对比

测试函数	GD 指标	RVSPEA2	NSGA-Ⅱ	SPEA2	MOEA/D	NSGA-Ⅲ
ZDT1	均值	**1.544E-4**	8.640E-3	2.533E-4	2.105E-4	4.327E-2
	方差	2.090E-5	1.973E-3	1.817E-5	7.040E-6	1.765E-2
ZDT2	均值	**8.727E-5**	1.229E-2	1.634E-4	1.068E-4	1.624E-2
	方差	4.821E-4	4.122E-3	2.384E-5	7.831E-6	1.218E-2
ZDT3	均值	6.268E-4	2.836E-2	6.530E-4	**5.784E-4**	5.463E-2
	方差	5.484E-5	5.150E-3	2.642E-5	1.072E-5	1.135E-2
ZDT4	均值	1.548E-2	1.659E-1	7.818E-4	**3.035E-4**	8.958E-1
	方差	8.418E-2	1.411E-1	4.863E-4	8.382E-5	4.418E-1
ZDT6	均值	**1.476E-4**	8.289E-3	1.754E-4	2.101E-4	3.195E-2
	方差	8.836E-4	1.524E-3	8.851E-6	1.998E-6	2.245E-2
DTLZ1	均值	1.423E-2	1.767E-2	6.687E-2	**4.475E-4**	1.064E-1
	方差	4.674E-2	5.139E-2	1.607E-1	1.424E-6	2.617E-1
DTLZ2	均值	4.981E-4	3.711E-4	5.042E-4	**2.077E-4**	2.161E-3
	方差	6.049E-5	2.845E-5	7.675E-5	2.243E-6	9.958E-4
DTLZ3	均值	5.888E-1	4.529E-1	1.209E-1	**1.204E-3**	9.128E-1
	方差	1.120E+0	4.620E-1	2.345E-1	1.445E-5	9.706E-1
DTLZ4	均值	**9.479E-4**	1.095E-3	1.098E-3	1.227E-3	1.292E-3
	方差	8.911E-5	2.036E-4	8.536E-5	2.282E-5	6.965E-4
DTLZ7	均值	**4.980E-4**	8.674E-3	8.431E-4	7.221E-4	9.330E-3
	方差	1.784E-4	1.277E-3	3.014E-4	1.174E-5	4.173E-3

而对于这五种优化算法和 10 个测试函数关于空间评价指标均值和方差的对比结果，详细地罗列在表 6-8 中。分析表中数据可以看出，RVSPEA2 算法在解决 ZDT1、ZDT3、DTLZ2、DTLZ4 和 DTLZ7 这 5 个测试函数上性能不错；除了 DTLZ3 的结果稍微比 MOEA/D 差一点以外，其余函数的结果与其他算法的结果相比不相上下。因此，从空间评价指标来看，大多数测试函数中，RVSPEA2 算法所得解的分布性要优于其他四个算法。

表 6-8　RVSPEA2 算法与其他算法的空间评价指标对比

测试函数	SP	RVSPEA2	NSGA-Ⅱ	SPEA2	MOEA/D	NSGA-Ⅲ
ZDT1	均值	**2.900E-3**	7.400E-3	3.006E-3	9.900E-3	1.842E-1
	方差	3.317E-4	1.400E-3	2.409E-4	1.659E-4	1.069E-1
ZDT2	均值	3.600E-3	5.700E-3	**2.865E-3**	4.500E-3	4.823E-2
	方差	2.500E-3	2.900E-3	1.043E-3	2.656E-4	8.396E-2
ZDT3	均值	**3.100E-3**	1.020E-2	3.725E-3	2.300E-2	1.808E-1
	方差	5.336E-4	1.500E-3	6.278E-4	1.519E-4	8.437E-2
ZDT4	均值	6.490E-2	2.610E-2	**3.491E-3**	1.000E-2	1.629E+0
	方差	2.052E-1	1.920E-2	8.112E-4	4.750E-4	1.049E+0
ZDT6	均值	3.400E-3	6.000E-3	**2.449E-3**	2.800E-3	1.197E-1
	方差	3.158E-4	1.000E-3	2.592E-4	5.320E-5	1.611E-1
DTLZ1	均值	4.196E-1	1.324E-1	4.725E-1	**1.440E-2**	8.487E-1
	方差	1.200E+0	3.531E-1	1.405E+0	1.304E-4	2.167E+0
DTLZ2	均值	**1.290E-2**	2.930E-2	1.327E-2	4.340E-2	4.228E-2
	方差	6.977E-4	1.300E-3	8.052E-4	3.508E-4	1.263E-2
DTLZ3	均值	1.077E+0	3.076E+0	2.334E+0	**4.400E-2**	7.078E+0
	方差	1.274E+0	5.297E+0	4.809E+0	8.292E-4	1.103E+1
DTLZ4	均值	**7.330E-3**	2.880E-2	9.650E-3	3.910E-2	2.230E-2
	方差	1.200E-3	1.500E-3	5.952E-3	1.440E-2	1.907E-2
DTLZ7	均值	**1.240E-2**	3.530E-2	2.463E-2	5.180E-2	4.059E-2
	方差	2.900E-3	3.500E-3	2.481E-3	5.800E-3	4.847E-3

6.3
优化结果分析

6.3.1　模型优化结果

为了验证供水管网多目标优化模型的有效性和 RVSPEA2 算法解决管网优化问题的性能，将 RVSPEA2 算法应用于纽约城市管网中，主要流程如下所述。

① 确定管网的结构布局图，确定管网基本参数数据，包括节点高程、节点流量、最小自由水头、管长、可选标准管径及标准管径单位长度造价等。

② 建立供水管网多目标优化设计模型，包括目标函数和约束条件。管段所用的材质不同、管径不同，对管网的经济性和可靠性都有影响。

③ 确定 RVSPEA2 算法的各种基本参数，包括种群规模、最大进化代数、交叉率和变异率等。由于管网管径的离散性，采用整数编码形式表示进化个体，进化操作采用单点交叉和均匀变异。

④ 将 RVSPEA2 算法与牛顿 - 拉夫森算法相结合，重复适应度分配、环境选择、配对选择和进化操作等步骤，直到满足算法终止条件，最后输出最优管径布置方案。

供水管网优化过程流程图如图 6-16 所示。

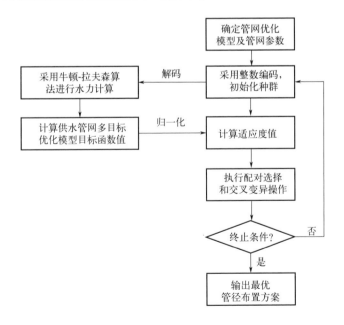

图 6-16　供水管网优化过程流程图

表 6-9 中列出了 SPEA2、NSGA-Ⅱ、MOEA/D 与本书提出的 RVSPEA2 算法优化纽约城市管网的结果。从表中可以看出，本书提出的 RVSPEA2 算法在反向世代距离、世代距离和空间评价指标三个指标的均值结果上，都优于其他算法。因此，在纽约城市管网问题上，RVSPEA2 算法所得解的分布性和收敛性也优于 SPEA2、NSGA-Ⅱ 和 MOEA/D 算法。

表 6-9　纽约城市管网优化结果

优化算法	优化结果	IGD	GD	SP
RVSPEA2	均值	**3.460E-02**	**6.600E-03**	**1.680E-02**
	方差	3.900E-02	2.000E-03	2.360E-02
SPEA2	均值	4.550E-02	7.500E-03	3.380E-02
	方差	1.630E-02	7.250E-03	2.700E-03
NSGA-Ⅱ	均值	1.631E+00	9.290E-02	3.100E-01
	方差	3.136E-01	1.330E-02	5.800E-02
MOEA/D	均值	4.293E-01	1.100E-02	8.400E-01
	方差	5.446E-04	4.320E-04	3.900E-02

通过双环管网和纽约城市管网的测试，验证了本书提出的供水管网多目标优化模型的有效性及 RVSPEA2 算法在解决管网多目标优化设计上的优秀性能。

6.3.2　工程实例

经过上节的验证，现将供水管网多目标优化模型和 RVSPEA2 算法应用于实际管网中。本工程实例项目介绍如下：

某学校的供水管网建成于 20 世纪 60 年代，管网大多采用铸铁管，随着时间的推移，校园不断扩大，内部建筑不断增加，用水需求也不断增加。由于管网使用年限比较长，很多管段出现了漏水和爆管的现象，同时管网水压降低，不能满足日益增长的用水需求。因此本书认为所有管段都需要重新敷设，管网布局如图 6-17 所示。管网中包含 1 个水源、43 个节点和 60 条管线。RVSPEA2算法的参数设置如表 6-10 所示，图 6-18 画出了 RVSPEA2 算法所求出的所有最优解。

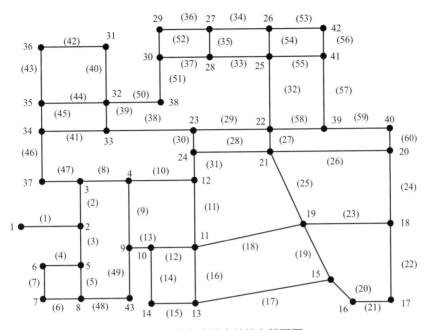

图 6-17　北京市某高校供水管网图

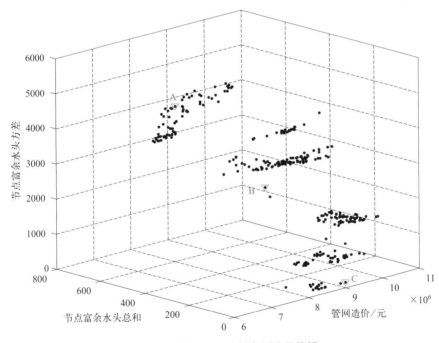

图 6-18　工程实例的最优解

在实际工程应用中，应根据实际工程情况和决策者的经验，在保证供水基本可靠及居民正常用水的情况下，合理地选择一个施工方案。针对该实际工程问题，本书给出三个施工方案以供决策者选择，如表 6-11 所示。当资金有限时，应选择造价较低的方案，如方案 A；当资金不是问题、管网可靠性更重要时，可采用节点富余水头总和小、节点富余水头方差小的方案，如方案 C；当资金和管网可靠性同等重要时，可选择方案 B。各方案亦标注在图 6-18 中。

表 6-10   工程实例参数设置

参数	设置
种群大小	300
进化代数	800
交叉概率	1.0
变异概率	1/60

表 6-11   工程实例优化结果

方案	造价 / 万元	节点富余水头总和	节点富余水头方差
A	670.7	379	5169
B	686.4	44.46	3454
C	900.4	0.006	156.1

参考文献

[1] Scheader E C. The New York City water supply: Past, present and future [J]. Civil Engineering Practice, 1991, 6 (2): 7-20.

[2] Hoang L, Mukundan R, Moore K E, et al. Phosphorus reduction in the New York City water supply system: A water-quality success story confirmed with data and modeling [J]. Ecological Engineering, 2019, 135: 75-88.

[3] Aggarwal S, Sehgal S. Prediction of Water Consumption for New York city using Machine Learning [C] // 2021 8th International Conference on Signal Processing and Integrated Networks (SPIN). IEEE, 2021: 486-490.

[4] 陈国栋，尹士君，汤金如，等 . 枚举法和动态规划法在污水管网布置优化中的应用 [J]. 给水排水，2008，289 (03)：114-117.

[5] 吴春梅 . 现代智能优化算法的研究综述 [J]. 科技信息，2012，000 (008)：31.

[6] Holland J H. Adaptation in Natural and Artificial Systems [M]. Cambridge: MIT Press, 1975.

[7] Kennedy J, Eberhart R. Particle Swarm Optimization [C] // IEEE International Conference on Neural Networks. Perth Australia, 1995: 1942-1948.

[8] Zitzler E, Thiele L. Multiobjective evolutionary algorithms: a comparative case study and the strength Pareto approach [J]. IEEE transactions on

Evolutionary Computation，1999，3（4）：257-271.

［9］ Jiang S，Yang S. A strength Pareto evolutionary algorithm based on reference direction for multiobjective and many-objective optimization［J］. IEEE Transactions on Evolutionary Computation，2017，21（3）：329-346.

［10］ Liu H L，Chen L，Deb K，et al. Investigating the effect of imbalance between convergence and diversity in evolutionary multiobjective algorithms［J］. IEEE Transactions on Evolutionary Computation，2016，21（3）：408-425.

［11］ Li J，Zhou Q，Williams H，et al. Cyber-physical data fusion in surrogate-assisted strength Pareto evolutionary algorithm for PHEV energy management optimization［J］. IEEE Transactions on Industrial Informatics，2021，18（6）：4107-4117.

［12］ Hua Y，Liu Q，Hao K，et al. A survey of evolutionary algorithms for multi-objective optimization problems with irregular pareto fronts［J］. IEEE/CAA Journal of Automatica Sinica，2021，8（2）：303-318.

［13］ Hiroyasu T，Nakayama S，Miki M. Comparison study of SPEA2+，SPEA2，and NSGA-II in diesel engine emissions and fuel economy problem［C］// 2005 IEEE congress on evolutionary computation. IEEE，2005，1：236-242.

［14］ Meng Q，Qiao J，Yang C. Multi-objective design of the Water distribution

systems using SPEA2［C］// 2016 35th Chinese Control Conference（CCC）. IEEE，2016：2778-2783.

［15］ Huseyinov I，Bayrakdar A. Performance evaluation of nsga-iii and spea2 in solving a multi-objective single-period multi-item inventory problem［C］// 2019 4th International Conference on Computer Science and Engineering（UBMK）. IEEE，2019：531-535.

［16］ Zhao J，Chen M，Deng W，et al. Multi-objective coordinated operation of source-storage-load for residents based on spea2［C］// 2021 IEEE/IAS Industrial and Commercial Power System Asia（I&CPS Asia）. IEEE，2021：1506-1511.

［17］ 薛英文，文倩倩. 基于粒子群算法的污水管网优化设计［J］.中国农村水利水电，2010，8（1）：40-43.

［18］ 徐良，刘威，李杰. 基于微粒群算法的供水管网抗震优化设计［J］.防灾减灾工程学报，2010，30（3）：269-273.

［19］ 龚艳冰，陈森发. 基于微粒群算法的污水管网优化设计［J］. 中国给水排水，2006，22（24）：48-50.

［20］ 栾丽君，谭立静，牛奔. 一种基于粒子群优化算法和差分进化算法的新型混合全局优化算法［J］.信息与控制，2007，36（6）：708-714.

［21］ 储诚山，张宏伟，高飞亚，等. 基于改进混合遗传算法的给水管网优化设计［J］. 天津大学学报，2006，10：1216-1226.

［22］ 郭远帆. 基于粒子群优化算法的最优潮流及其应用研究［D］.武汉: 华中科技大学，2006.

Cutting-Edge Technologies in
**Smart
Environmental
Protection**

第 7 章
城市供水管网健康监测与智能预警

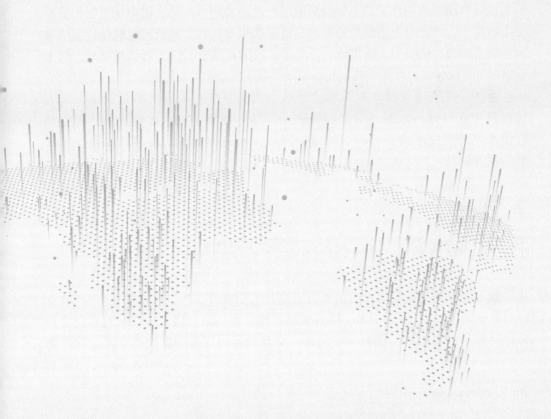

7.1
供水管网健康监测需求分析

建设城市供水系统是一项庞大的系统工程。在运行供水管道时，各级管道将城市用水可靠、安全地输送至所有用水点，并且必须满足水压、水质和水量条件。因此，供水管网布局的合理性和管网运行的稳定性不仅直接影响到城市居民的日常生活，还会影响管网改扩建和日常运行维护的巨额投资。实际上，在整个供水系统中，供水管网的投资份额一般占项目总投资的 50% ~ 80%；此外，确保城市供水网络的正常运行将需要巨大的成本，包括能源消耗成本和运营管理成本。

目前，我国供水管网存在严重的漏水问题。据住建部公布的《2021 年城乡建设统计年鉴》显示，2021 年全国城市和县城公共供水总量为 742.16 亿立方米，漏损水量为 94.08 亿立方米，综合漏损率为 12.68%，产销差率 15.34%，其中城市公共供水总量为 630.76 亿立方米，漏损水量为 80.44 亿立方米，综合漏损率为 12.75%，产销差率 15.33%，这严重影响了我国的经济发展。

此外，发生在管道的爆管事故不仅会导致供水管道网络产生严重的漏水现象，还会大幅降低城市供水管网的供水压力，从而影响非爆破区用户的用水量；如果不能进行早期监测和预警，不但会影响居民的正常用水，还会影响建筑物和道路交通的安全，严重时会造成交通拥堵、道路坍塌等问题，甚至会造成各行业的重大经济损失和物质损失。据统计，近几年，我国共发生 13.5 万起爆管事故，供水管网爆管事故频发，严重影响了我国城市的供水安全。

因此，在我国目前水资源短缺、城市供水系统仍需发展的背景下，研究城市供水管网健康监测与智能预警理论，结合城市发展、区域发展，建立城市供水系统研究平台，可以有效地促进城市水资源管理的发展和监控技术水平的提升。

7.2
我国供水管网运行与管理现状

据不完全统计，我国城市供水管道总长约 200 万千米，其中使用寿命 30 年以上的管道总长约 55 万千米。随着管道使用年限的增加以及管道材料、应力和外部环境条件等因素的影响，供水管道呈现出不同程度的腐蚀和变形。在严重情况下，管道会破裂并导致漏水（管道爆炸）。鉴于中国供水网络泄漏问题日益突出，2015 年 4 月，国务院正式发布了《水污染防治行动计划》，明确规定，对使用超过 50 年和材质落后的供水管网进行更新改造。2017 年 3 月，住房和城乡建设部发布的《城镇供水管网漏损控制及评定标准》（CJJ 92—2016）正式实施，要求"城镇供水管网基本漏损率分为两级，一级为 10%，二级为 12%，并应根据居民抄表到户水量、单位供水量管长、年平均出厂压力和最大冻土深度进行修正"。这些文件的发布充分反映了我国对城市供水管网漏损和爆管的高度关注，这也说明，对于我国供水公司来说，降低供水管网漏损率是其重要任务之一。

根据《城市供水统计年鉴》统计，从 2014 年到 2019 年，中国城市供水泄漏率总体呈下降趋势，在这 6 年中，供水漏损率下降了约 4 个百分点，中国城市供水的漏损水量总体在 6 年内降低了约 10.5 亿立方米。虽然我国在降低管网漏损率方面已经取得一定成效，但局部地区漏损率仍有较大改善空间。如表 7-1 所示。

表 7-1　我国城市供水管网漏损率及漏损水量

年份	漏损率 /%	漏损水量 / 亿立方米
2014	17.20	94.03
2015	16.40	91.92
2016	15.30	88.85
2017	14.50	86.10
2018	13.90	85.43
2019	13.20	83.54

到目前为止，国内外的科学家已经进行了持续和深入的研究，以减少漏损和管道破裂事故发生。通过不断优化管网拓扑结构，不断开发和使用新管道和新技术，降低供水管网的漏损率和管道破裂事故的发生频率。但管道埋在地下，即使使用最新的管道，随着管道使用年限的增加，管道也会受到土壤类型和水压的影响。由于冻结和其他埋藏条件的影响，它将不可避免地被腐蚀、老化，需要不断维护[1-2]。

随着地理信息系统和数据采集和监控系统的改进和应用，国内外许多科学家开始关注预警系统的研究和开发。确定流量监测点和压力监测点的正常变化范围，建立基于神经网络的数学模型。刘倍良以传统 PDD（Pressure Drive Demand）定位模型进行改进，将传统 PDD 定位模型与机器学习贝叶斯理论进行融合，增加模型对爆管点个数的辨别功能[3]。因此，可以通过监测流量监测点或压力监测点的异常变化来监测管道突然破裂的发生。

由此可见，管网漏损控制和管理的手段已逐渐从随意排放型向智能型转变。为适应"智能水务"建设的需要，首先要研究分析国内外的前沿技术，其次要从我国城市管网现状出发，结合两种因素开发管道漏损预警监测技术，从而有效减少管网漏损，最终达到节约水资源、改善供水公司运营、提高供水效率的目的，减少管道破裂事故造成的损害，提高城市供水的可靠性和安全性[4]。为确保模型的预警和定位精度，应同时规定管网当前水力监测网络的布局密度和管道破裂状态的检测率（即可识别的管道破裂程度）。

7.3
供水管网漏损检测技术

随着供水管道使用年限的增加，管道逐渐老化，这使得在管道输配水过程中运行压力更大。在这种情况下，供水管网更容易损坏，导致运输水的损失增加。然而，城市供水管网大都分布在地下，渗漏水通常以隐蔽渗漏的形式存在，不易发现。漏损检测和修复是降低管网漏损率的主要方法，漏损检测和维修中最重要的是应用有效的漏损检测方法（技术）来找出漏损点的实际位置。目前，国内外最常用的检漏方法有被动检漏法和主动检漏法。

（1）被动检漏
被动漏损检测方法是最简单的方法。主要基于人工检查，即组织人工检查组在城市进行定期检查，检查漏损点的位置。该方法具有投资少、操作方便等优点。然而，对于地下管道漏损，被动漏损检测方法通常很难找到，即使找到，其及时性也不高。

（2）主动检漏
主动漏损检测方法是使用各种先进设备和仪器检测地下管道的漏损。与被动检漏方法相比，其检漏效果更好。其中有常用的方法：听音检漏法、面积计数器安装法、面积检漏法、水平衡测试法、雷达检测法等。

实际工程中，考虑到多种因素可以影响检测和定位的精度，因此可以使用多种检测方法检测管网中的漏损点。在某些情况下，某些方法可以粗略定位漏损点，而在这种情况下，其他单独的方法可以实现精确定位。

7.4
供水管网漏损智能预警与控制

随着 SCADA 系统和 DMA 漏损管理技术在国内外的普及，更多的国内外科学家致力于开发基于模型或监测设备的供水管网漏损检测系统。具体研究方法为通过使用超声波流量计的实时压力和流量值，创建供水管网泄漏损失的数学模型，以确定漏损的发生。吴文红等人以 Fosspoly1 管网为主，搭建水力模型，使用 K-means 聚类算法提供数据支撑，结合布谷鸟算法将漏损定位准确率提升至 80%[5-6]；郭芝瑞将 SCADA 系统与专家系统相结合，设计了一种可以实现人工智能监控的城市供水系统[7]；闫涛等人使用 WaterGems 软件构建管网水力模型，利用卡尔曼滤波定理在 MATLAB 中进行爆管模型仿真，获取爆管时的压力流量监测数据，为研究爆管信号的识别提供了基础[8]。

（1）漏损预警模型

从 20 世纪 80 年代开始，国外开始研究 DMA 分区检漏技术。卞俊杰使用 DMA 技术结合 BP 神经网络提高了模型对漏损定位的准确度[9]。DMA 分区检漏技术是指通过切断输水管段或关闭管段上的阀门，并在每个区域的进出口管道上安装流量计，将管道划分为几个相对独立的区域，以实现对每个区域流入和流出的监控。然后将其与根据业务计费系统记录的居民用水支付数据进行比较和分析，以诊断该区域是否存在新的漏损，并执行漏损警告。该方法对于评估当前管网的新漏损非常有效。因此 DMA 分区建设是国家供水公司的重要解决方法。李楠在研究各种因素对管道的影响下，使用采集到的城市供水管网动态数据并结合模糊控制理论，研究出了基于计算机辅助设计（Computer Aided Design，CAD）的城市供水管网爆管预警模型，实现对供水管网爆管事故的监测及预警，但由于它的建模复杂，模型的可行性不强[10]。

（2）漏损定位模型

城市供水管网漏损定位模型是指根据管网拓扑模拟创建的管网在异常条件下的水力模型。其目的是通过分析供水网络中的水压变化来确定漏损面积。供水网络有 4 种常见的渗漏点模型：

① 渗漏点神经网络漏损定位模型[11]；
② 压降中心分析定位模型[12]；
③ 基于虚拟变形法的漏损定位模型[13]；
④ 爆管定位模型的改进与应用（PDD）漏损定位模型[14]。

7.5
管网健康监测技术发展趋势

　　国内外供水管网漏损控制技术的研究主要包括漏损机理、区域优化、管道破裂报警、漏损检测和压力管理五个方面。这些技术中有许多具有悠久的研究历史。随着对漏损机理和影响因素的深入了解，漏损控制技术所采用的机理模型越来越完整，仿真更接近真实工况，实用性和适用性也不断提高[15]。随着智能算法和数据挖掘技术的不断成熟，基于这些技术的各种漏损控制方法已经出现，在一定程度上弥补了传统技术的不足，为漏损控制开辟了新思路。虽然有大量成熟的漏损控制技术，但国内外对压力控制影响因素的研究还不完善。例如，压力运行过程的动态影响、水泵设计与管网压力变化之间的延迟关系等因素尚未充分考虑，漏损与压力关系的理论仍有很大的修正空间；尽管许多基于软件的漏损控制技术具有优异的效果和性能，但缺乏实际案例的验证。可以进行进一步的验证调查，通过结合侧重于漏损机理的技术，可以开发出更多适用于技术实践的技术应用策略。此外，从技术成果中形成市场导向的竞争产品也将是未来的一个重要研究方向。

参考文献

[1] Robles-Velasco A, Cortés P, Muñuzuri J, et al. Prediction of pipe failures in water supply networks using logistic regression and support vector classification [J]. Reliability Engineering & System Safety, 2020, 196: 106754.

[2] Xue Z, Tao L, Fuchun J, et al. Application of acoustic intelligent leak detection in an urban water supply pipe network[J]. Journal of Water Supply: Research and Technology-AQUA, 2020, 69 (5): 512-520.

[3] 刘倍良. 城市供水管网爆管预警定位模型研究[D]. 长沙：湖南大学，2023.

[4] 李晓旭. 供水管网在线监测及事故预警系统设计研究[J]. 地下水，2022，44 (1)：2.

[5] 吴文红，崔玉莹，刘宁. 基于布谷鸟算法的管网漏损定位模型[J]. 中国给水排水，2022，38 (11)：5.

[6] Bragalli C, D'Ambrosio C, Lee J, et al. On the optimal design of water distribution networks: a practical MINLP approach[J]. Optimization and Engineering, 2012, 13 (2): 219-246.

[7] 郭芝瑞. 基于专家系统理论的城市供水管网安全预警系统构建[D]. 太原：太原理工大学，2016.

[8] 闫涛，杜坤，李贤胜，等. 自适应卡尔曼滤波在供水管网爆管预警的应用[J]. 重庆大学学报，2019，42 (8)：99-106.

[9] 卞俊杰. 基于多融合神经网络的供水管网独立计量分区漏损检测系统的研究[D]. 杭州：浙江大学，2021.

[10] 李楠. 城市供水管网爆管预警模型研究[D].

太原：太原理工大学，2012.

[11] 王俊岭，吴宾，聂练桃，等.基于神经网络的管网漏失定位实例研究［J］.水利水电技术，2019，50（4）：47-54.

[12] 陶涛，颜合想，信昆仑，等.基于SCADA压力监测的爆管定位分析［J］.供水技术，2016，10（04）：11-14，28.

[13] 周泽渊，金涛.基于虚拟变形法的供水管网漏损定位方法［J］.数学的实践与认识，2016，46（12）：100-107.

[14] 刘倍良，余健，黄帆，等.PDD爆管定位模型的改进与应用［J］.中国给水排水，2019，35（23）：68-72.

[15] 李蒲剑，高金良，张怀宇，等.城镇供水管网漏损控制技术探讨与展望［J］.给水排水，2020，46（6）：7.

Cutting-Edge Technologies in
**Smart
Environmental
Protection**

第 8 章
城市供水管网智能管理系统

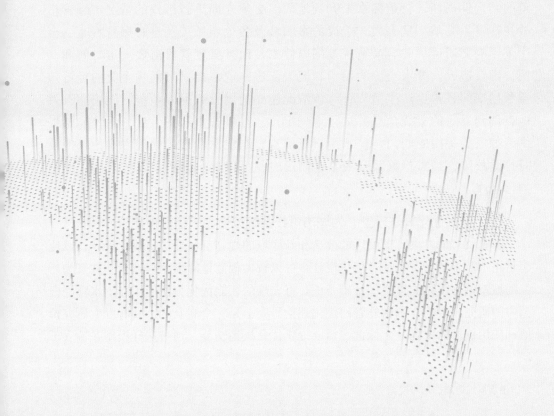

8.1

智能管理系统概述

智能管理系统开发的目标是建立一个城市供水的专题管理系统，为管线管理部门提供多种管线查询方式，能够有效、快速地查询管线的各种信息，并具有爆管快速定位和管线预警等功能，为城市规划设计、建设和城市应急等提供基础数据支撑，进而提高城市运行管理水平。对系统中嵌入优化决策模型的理论进行研究和讨论，旨在管线的初期建设阶段或者扩建时给出较好的建议，这对于节省成本，实现城市的数字化、自动化办公，具有重要意义 [1-3]。

该信息管理系统的特色主要有以下几点。

（1）丰富全面的管线信息管理和查询

根据供水管线管理行业的具体信息建立专题系统，包括用户管理、管线信息管理、实时监控、爆管分析、预警提示等多种功能 [4]。对于管线信息管理模块，可以根据管线编号、材质、管径、铺设时间等多种方式进行查询，可以使用模糊查询，或者可以同时利用多种查询进行组合查询，查询到的管线信息和爆管信息可以显示该管线的地图，方便提供决策。爆管是指由于管道的结构性损坏，管道漏水上升到地面，必须立即进行维修的情况。爆管事故往往发生突然，危害大，造成的影响涉及各个领域。一旦有爆管发生，会严重影响交通运行并容易造成范围内停水，而且修复管段需要一定时间和费用，也会造成大量水资源的浪费和流失，这些危害都直接影响企业的经济效益和用户的日常生产生活。针对该情况建立的爆管数据库系统，能快速有效地查询到爆管的管线信息并进行地理定位。在爆管事故发生后，系统能够提供诸如需要关闭的阀门与停水用户等信息，制定出合理的处理方案，以便及时排除故障；当需检修某个或某些阀门时，可以提示需要关闭的阀门，以便进行检修。

（2）嵌入优化算法模型，为城市管线系统改造和扩建提供建议

随着城市的发展，旧城区的改造和新区域的规划都需要进行优化设计，以便满足用水需求的情况。通过优化设计，可以较大幅度地降低工程造价，并且为后续的城市供水优化调度提供基础条件。将先进的智能优化算法应用在供水管网模型中的研究，目前在国内外管网优化理论研究上是一个崭新的、具有巨大研究价值和应用价值的课题 [5]。因此，需要提供优化决策功能，通过选择模型并输入不

同管径的造价，利用智能优化算法计算最节省成本的管径组合，实现对城市供水管网改扩建的技术支持。

（3）建立关键区域供水管网的 3D 模型

由于三维地理信息系统具有真实地再现现实环境中的地理信息、实现三维空间分析等功能，因此三维地理信息系统是 GIS 数据库发展的一个重要且前沿的方向。虽然目前三维地理信息系统还无法取代二维地理信息系统，但随着研究的深入，三维地理信息系统正在各行业中发挥着越来越重要的作用，特别是在一些重大事件（例如发生地震）中，专业三维地理信息系统已经开始在政府决策中发挥作用。尝试将三维地理信息系统技术应用于供水管网管理系统，目前在国内外都是一个前沿的课题，其前景广泛并具有较高的研究价值[6-9]。

8.2
供水信息管理系统的需求分析与设计

8.2.1 系统需求分析

系统需求分析需要对用户进行深入细致调查，收集信息并进行整理，得到对系统概略的描述和可行性分析文件。

随着我国每个城市的快速发展，城市供水管网正在快速扩张并伴随大规模的改造，这对经营管理水平提出了更高的要求，这和目前的基础设施材料不完整、缺乏信息收集、管理方法手段相对落后产生了冲突。地理信息系统具有强大的数据管理和分析功能，可用于管网模型、水质监测系统数据交换平台，可实现城市供水管网有效的技术管理。根据城市供水管网的日常管理工作的需要和 GIS 的功能特点，建立城市供水管网地理信息系统，该系统不仅要与 GIS 共享数据、实现数据格式转换、图形管理检索等基本功能，还可以生成图形、图表并实现地图管理，如特殊的空间分析功能，以满足城市供水需要[10-12]。

首先，对城市供水管网地理信息系统软件进行需求分析。

（1）业务需求

供水企业的生产运行模式围绕水源、制水厂，然后经由输配水管送到千家万户。企业管理涉及三个层次：水生产/消费、运营与服务。其中运营、服务环节涉及庞大的地理信息数据，包括管网管理系统、水力模型系统、管网地理信息系统等。

（2）功能需求

① 管线信息管理和查询：按照管线编号、材质类型、铺设时间、管线直径、管线地址、组合查询等方式进行查询，按照接口查询，按照阀门查询，按照区域查询。

② 管线维护和服务：爆管信息显示、阀门定位和维护建议、老化管线的更换和维修建议。

③ 管线地理信息系统图形管理：放大，缩小，漫游，图层切换，管线、阀门、节点、消火栓的要素显示和定位。

④ 管道扩建智能决策：根据实际模型和不同管径管线的价格，利用先进的智能优化算法，提供在符合水模型压力的情况下的扩建管线建议。

（3）性能和运行需求

本系统可运行于 Microsoft Windows 的各个版本下，包括 Windows 9X（win95 需要升级系统文件）、Windows Me、Windows NT、Windows 2000、Windows XP、Windows Vista、Windows 7/10 等平台下，奔腾 1GHz CPU 或更快，256 MB 内存或更多，16GB 磁盘空间。

8.2.2 系统功能设计

本系统在 Visual Studio 环境下利用 C# 实现友好、操作方便的人性化管理界面，并在后台调用 SQL Server 管网信息数据库系统，实现便捷查询、管理。本系统采用 B/S（Browser/ Serve）结构，只需用户安装浏览器（例如 IE），便可实现对服务器数据库系统的访问。

系统采用模块化程序设计方法，本着模块内部高内集、模块之间低耦合的思想，结构清晰、界面简洁、扩展功能强。根据供水管理的实际情况，本系统应具备以下功能。

（1）主要功能

主要功能应包括：用户信息管理、管网信息管理、爆管信息管理、预警信息管理、实时监控管理。具有查看区域地理信息系统数据的功能，可以在地图上进行数据分析，并可以查看该信息的 3D 模型视图。

① 用户管理模块：管理用户的日常工作，通过权限设置，充分保护用户的信

息安全。

② 数据管理模块：要求实现动态管理，能够实时更新管线数据和基本地形图数据，以便提供数据，进行数据更新、数据传输，实现数据采集自动更新的系统管理。要求数据的安全性，不同的用户设置不同的权限，确保系统数据的安全。

③ 数据浏览模块：通过此模块可以实现供水管网数据以及图像的显示，并可根据需要对各种信息进行显示，实现图文交互。

（2）管线查询功能

根据工程管理中的实际情况，管线查询采用多种查询方式，可以模糊查询、多种查询组合使用等；管线信息和爆管信息可以显示管线的地图，方便提供决策。此功能主要是针对各级管理人员对基础管网图和各种专题数据的查询需求而设计的，具有空间位置、属性、范围及关系等多种查询检索功能，可查询管线的材质、管径等特征。

（3）优化决策功能

通过选择模型并输入不同管径的造价，利用智能优化算法计算最节省成本的管径组合。在城市地理信息系统中，检查与性能相关数据并嵌入优化模型，这将有助于空间关系的比较，以支持规划决策过程。在管道的规划和调整过程中，通过管线分布的模拟，实现管道的分析和设计优化。可以创建一个纵向和横截面图，以分析地下管网的分布，根据管道事故现场，确定事故的发生，及时地为管理者提供处理方法。

数据库管理系统的建库流程如图 8-1 所示。

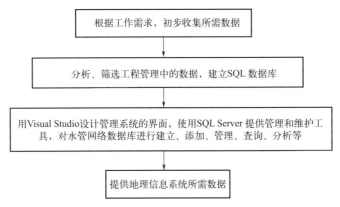

图8-1　数据库管理系统的建库流程

系统逻辑如图 8-2 所示，并同时建立数据库各个表的信息关联，各个表通过设置外键，以地址关系为中心进行连接，实现各个表中的管线地址和编号的建表管理。

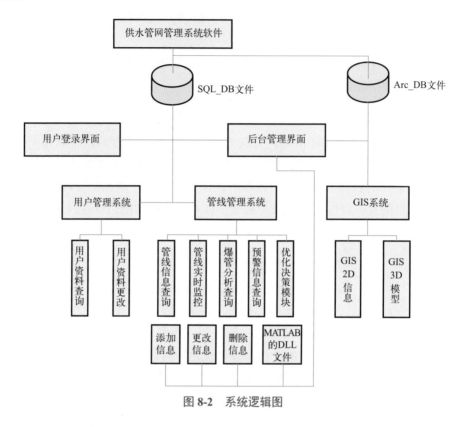

图 8-2　系统逻辑图

8.2.3　语言方法及工具

本系统使用 VS（一种面向 Windows Vista、Office、Web2.0 的开发工具）作为开发工具，使用 C# 语言编写，利用 SQL 和 ArcCatalog 建立数据库后台逻辑结构。建立地理信息系统使用的是目前最先进的 GIS 软件——ArcGIS。ArcGIS 产品线为用户提供一个可伸缩的、全面的 GIS 平台。ArcObjects 为用户提供了大量的可编程组件，从粒径对象（例如一个单一的几何对象）到粗粒度的对象（例如与现有 ArcMap 文档交互的地图对象），涉及广泛，对于开发商来说，这些对象集成了所有需要的 GIS 功能，每个 ArcGIS 产品都是使用 ArcObjects 作为底层组件而建成的一个容器，包括桌面 GIS（ArcGIS 桌面）、嵌入式 GIS（ArcGIS Engine）和服务器 GIS（ArcGIS Server）。

8.3
管网管理系统软件基本功能的实现

8.3.1 登录及用户信息管理

  用户信息模块主要实现对访问城市供水管网信息管理系统的人员进行限制、认证和用户信息的管理。

  为充分保证管网数据的安全，用户权限分为三层：普通用户、管理人员和超级管理员。其中，超级管理员用户使用后台管理登录界面进入系统，其具有最高权限，可以添加、更改、删除各种信息；普通用户具有查询查看管线的功能；管理人员可以对爆管信息以及预警信息进行查询，并可对某一管线的实时信息进行监控。首先通过登录界面中的用户注册按钮进入注册功能，若已注册用户，可以直接登录，若忘记密码，通过单击"取密码"按钮回答预设问题，找回密码，如图 8-3 所示。

图 8-3　供水管网信息管理系统登录界面

  注册用户可以使用用户信息下边的个人资料来管理自己的用户信息，包括入职时间、性别、密码保护问题和答案，以及系统登录密码。新注册用户默认为最低权限的普通用户，可以使用管线查询的最低权限，若希望更改权限，可以联系超级管理员。

8.3.2　管线信息管理

根据企业实际需求的管理模式和用户管理需求，数据库管线表应包含管线信息字段、相关管线字段、相关阀门和接口字段等，见表 8-1。

表 8-1　管线信息表

字段	数值类型	允许空
管线编号（主键）	nvarchar（20）	否
图片	nvarchar（50）	是
管线材质	nchar（10）	是
管线直径	nvarchar（20）	是
管线长度	nvarchar（20）	是
管线埋深	nchar（10）	是
管线地址	nvarchar（50）	是
管线铺设时间	nvarchar（50）	是
管线备注	nvarchar（50）	是

本模块建立的查询方式为按照管线信息查询（可以按照管线编号、材质类型、铺设时间、管线直径、管线地址等方式查询，如图 8-4 所示，数据库字段设置见表 8-1）。其中，管线编号查询是根据项目中管线的编号进行查询；材质类型查询可以通过管线所用材质的类型进行查询，如铸铁、钢管、钢筋混凝土、塑料等类型；铺设时间查询是通过在铺设时间项中输入某一范围的时间段，可以查询该时间段内铺设的管线信息；管线直径查询是针对目前市售管线的直径类别进行查询，主要用来确定管线以及统计各类别管径的关系数量等信息，目前市售管径主要有100mm、150mm、200mm、250mm 等规格；管线地址查询是针对管线所在地址进行查询，依据管线铺设时所记录的地址为基础，在进行改扩建以及进行施工时，可利用该项查询得到施工路段或者发生供水事故路段的管线信息，方便管理的同时保证供水安全可靠。另外，本功能使用组合查询等方式进行查询，查询模式为模糊查询。

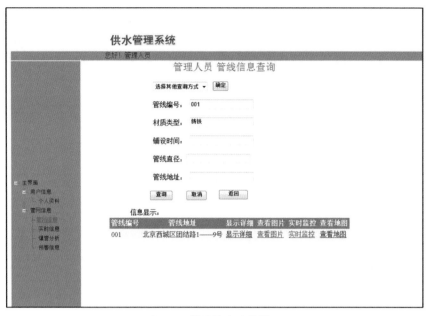

图 8-4　管线信息查询界面

另外，作为扩展和辅助，本模块提供了另外三种查询方式：

① 按接口查询；

② 按阀门查询；

③ 按区域查询（设置查询范围，查找范围内的所有管线）。

按接口查询，即查询管线与管线之间的接口信息，有编号和地址等类型。按阀门查询，即查询某一管线的阀门信息或管线与管线之间的阀门信息，有编号、地址和阀门类型等方式。按区域查询，即通过输入某市某区或者某条街道，查询该范围内的所有管线信息。以上三种查询都可以通过"选择其他查询方式"下拉列表获得。

管线信息显示界面可以显示水管管线的各种信息，查看某一管线的图片资料，并通过连接网络，在地图上显示区域内的管线位置。若点击详细信息，则在新打开的页面中可查看该管线的字段信息，如图 8-5。

8.3.3　实时监控信息管理

管线管理中，对于管线的运行状况（例如水压情况、管线腐蚀情况和老化情况）的监测，有助于政府和企业管理部门科学有效地管理水务运行，并在发生故障时第一时间掌握管线的实时信息，从而合理正确而快速地提供解决方法，最大程度上减少损失，对保障水务系统安全运行具有重要意义。管理人员具有对关键点实时数据进行监控的权限。工程中，在重点管线或者重点位置安装检测器和传感器，将管线实时数据传给该系统后台数据库，通过在管网信息的查询结果中直接点击查看某一管线的实时状况，也可以在监控查询界面中输入管线编号，对某一管线进行实时监控，如图8-6。

图 8-5　管线详细信息

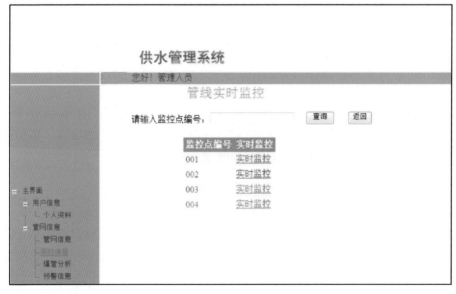

图 8-6　实时信息查询

将监测水压数据和数据库中预存的正常数值进行比较，如果监测值在正常值范围内，监控页面也是正常，如图 8-7。当传感器的监测水压信号超过正常值，界面显示异常。当监测水压由异常变为零，则判定为爆管，管理人员可以使用爆管分析界面查看该管线的爆管信息。

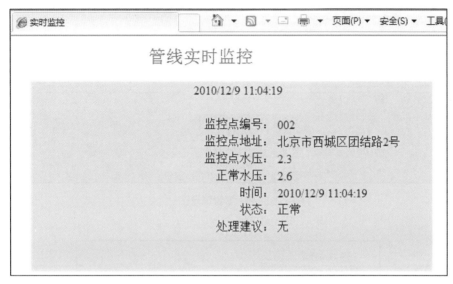

图 8-7　实时监控信息

8.3.4　爆管信息查询及分析

　　爆管是指由于水质不良造成结垢或腐蚀、水循环不合理造成水管损伤等，在水系统运行中供水管线突然爆破的现象，会伴随有明显的爆破声和喷水声，水位迅速下降，水压明显降低，可能会造成道路被冲影响交通，造成停水影响居民生活，而且需要一定的修复费用和时间，同时浪费了大量的水资源，直接影响到供水企业和用户的经济效益和社会效益，因此爆管的处理是水系统运行中非常重要的一个环节。

　　爆管分析模块的建立有助于为相关部门快速有效制定策略提供建议。通过实时监控界面，如果测得某一管线发生爆管，可根据该管线的地址，在爆管分析界面快速定位到该管线，查看管线信息、相关阀门信息，通过快速定位阀门按钮，可以显示应该立即关闭的阀门，将损失减到最小，如图 8-8。

　　另外，为了实现爆管表和管线信息表的资料统一，爆管地址的确定和管线信息使用同一个管线地址信息表，用管线编号来记录。管线地址关联图如图 8-9。因此当管线信息更改时，只需更改该表的关联关系即可。

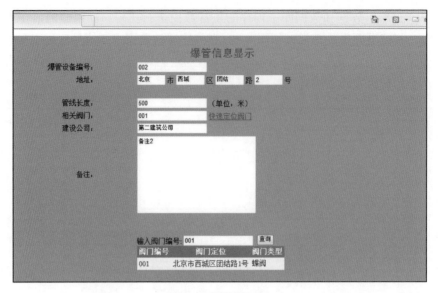

图 8-8　爆管信息图

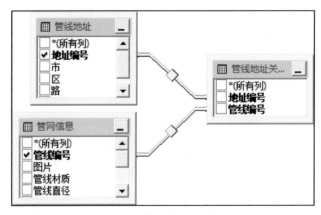

图 8-9　管线地址关联图

8.3.5　预警信息查询

　　人工管理是水系统管理的传统模式，管线的相关资料通常以纸为载体来存储，由于数据庞大，基本无法进行相应的统计工作，更不用说使用中的管线的寿命及铺设时间。在这种管理模式下，由于管线的老化导致管线局部漏损甚至导致爆管事故时有发生。因此，通过建立数据库管线寿命信息表，记录管线预警信息，如表 8-2。根据当前寿命和设置寿命的比较结果，判断管线的状态，并给出相应的维修或者更换等建议。

表 8-2　预警信息表

字段	数值类型	允许空
预警设备编号	nvarchar（50）	否
维修建议	nchar（10）	是
维修次数	nchar（10）	是
设备材质	nvarchar（20）	是
设备规格	nvarchar（20）	是
设计寿命	nvarchar（10）	否
铺设时间	nchar（10）	否
设备预警时间	datetime	是
设备地址	nvarchar（MAX）	是
备注	nvarchar（MAX）	是

在管线预警界面中，为管理人员提供了三种方式来查询预警信息：按编号查询、当前状况查询、自定义查询，如图 8-10 所示。管理人员通过在管线编号框里输入编号，点击查询按钮，可以查询某一条特定管线的预警信息。直接点击"显示目前需要维修或更换的管线"后边的查看按钮，可以查看当前所有处于预警状态的管线。在显示将来的预警状态框中输入天数，可以查询将来一段时间（如一个月、半年）会处于预警状态的管线。多种查询方式并行使用，帮助管理人员了解水管网络的使用现状，提示管理人员需要更换及维修的管线，对保证城市供水正常发挥重要作用。

图 8-10　预警信息界面

8.3.6　后台管理

后台管理和超级管理员设置是信息管理系统数据安全的重要保障。通过专门设置的通道，只有超级管理员用户知道的账户和密码进入后台系统，查看系统内包括用户信息、管线信息、监控信息、爆管信息、预警信息在内的所有信息，并对所有信息具有添加、更改、删除的权限。对普通用户，可以设置其为管理人员。在查询到需要的信息之后，可以对信息进行添加、删除、编辑操作，以管线信息为例，查询某一管线之后可以点击编辑按钮来编辑管线信息，也可以删除该管线。点击添加管线，进入后可以手动添加新的管线，然后点击保存即可。此外，超级管理员可以对实时信息、爆管分析、预警信息进行相应操作，操作方法与管线管理类似。

8.4
地理信息模块的设计

8.4.1　GIS 模块的研究

供水管网管道的信息，包括所需的地形、环境信息。这些信息都是地理信息。除具有一般特征信息外，地理信息还具有一些特殊性质，例如：具有区域分布的大量资料、各种信息载体的地理表现形式等。为了有效管理和利用管线数据，供水管网信息管理系统必须以地理信息系统为基础来建立。本书以某大学地形和管线布局为背景，建立一个应用型 GIS 模块应用于供水管网管理系统，管线地理信息模块具有传统手工管理难以比拟的优势，通过采集管网信息，实现地理信息的存储管理、检索、综合分析、决策支持和多种输出。

8.4.2　ArcGIS 软件介绍

作为一个完整的地理信息系统软件产品，如图 8-11 所示，ArcGIS 的所有的软件产品构成了一个完整的地理信息系统，它是基于一种叫作共享地理信息系统软件组件（ArcObjects）搭建而成。ArcGIS 中包括四个关键领域：桌面地理信息系统，具有全套先进的地理信息系统的应用程序；嵌入式地理信息系统，使用 C++、COM 控件和 Java 用来建立自定义应用程序的嵌入式地理信息系统的组件库；服务器地理信息系统，在企业和网络计算框架中，用于建设服务器 GIS、应用 GIS

软件对象的共享库；通过开放的互联网协议的移动 GIS，发布地图、数据和元数据的 GIS Web 服务。

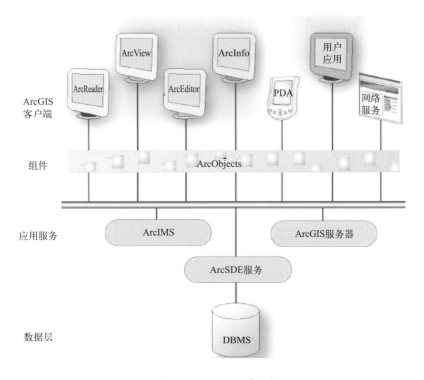

图 8-11　ArcGIS 产品图

ARC/INFO 软件发布于 1981 年，是由 ESRI 研发的一套用于商业的地理信息系统软件，使用该软件可以在计算机上显示诸如点、线、面等地理特征，并通过数据库管理工具，将描述这些属性的数据系统性地结合起来，因此，ARC/INFO 被公认为是第一个现代商业 GIS 系统。随着计算机技术的发展，现在的 ArcGIS 已经可以实现诸多功能，例如：分层显示特殊的图表，包括道路、建筑物元素、范围内的边界线；浏览、缩放地图；检查地图信息的元素，具有检索和搜索功能；在地图上显示的文字说明；叠加卫星图像，如航空摄影；自定义图层，实现点、线、面等几何体的绘制；通过 rectangular、round 或 polygon 的地图选定元素，通过 SQL 语句来找到元素；使用各种方式来呈现图层；动态数据的实时渲染，如实时 GPS 坐标点、转换空间数据的坐标系统等。由于其庞大的地理信息管理和分析功能，ArcGIS 已经在地下管线、国土、电力、环保等诸多领域得到成功应用。

随着数字化城市的建设，供水管网管理 GIS 技术得以快速发展，使传统的企业管理模式和经营决策方式发生了深刻变革。ArcGIS 系统也在全国乃至世界上很多城市的供水管网管理得到应用。在我国，应用比较成功的有：上海市区供水信息系统、北京市区配水管网地理信息管理系统、长沙自来水公司供水企业管网管理信息系统、沈阳市供水管网地理信息系统。这几个 GIS 管理系统的共同点是都实现了管线的地理信息管理，包括查询、统计、分析、辅助规划等，但其也有不足之处，例如它们均不具有（或不完全具有）显示供水管线的 3D 模型建立及数据分析的功能。

8.4.3 ArcEngine 与 Visual Studio 的联合开发

由于供水管网管理系统是在 Visual Studio 环境下开发的网络形式的管理系统，而 ArcGIS 在此处的作用是建立管线地理信息系统，实现添加和编辑要素，实现对地理要素的基本查询和测绘，并据此建立 3D 模型。本系统设计为只有超级管理员具有查看该系统 GIS 信息的权限，因此可以使用 ArcGIS 中的二次开发软件——ArcEngine，完成该模块的单机版开发。研究 ArcEngine 与 VS 联合开发的方法，实现在管理系统中对地理信息数据的嵌入，成为了系统开发过程中重要的一步。

执行 ArcEngine 组件的安装之后，在 VS 中即可检测到 ArcGIS 相应控件及应用模板，ArcGIS Engine 提供了一些功能非常强大的控件可以帮助开发人员快速地开发自己的 GIS 应用，例如：

① 制图控件：MapControl 和 PageLayoutControl；

② 框架控件：TOCControl 和 ToolbarControl；

③ 三维控件：SceneControl 和 GlobeControl；

④ 授权控件：LicenseControl。

所有控件都是通过 Carto 来访问 ArcObjects。在 VS 中创建 ArcGIS 应用程序的流程如下所述。

① 从开始菜单中启动 Visual Studio，通过菜单→文件→新建选中项目，创建一个 C# 工程。

② 在弹出的新建项目对话框中，首先选中 Visual C#，然后在模板中选中 Windows 应用程序，为该工程命名，然后通过点击浏览按钮指定一个存放工程文件的路径。创建新工程后，该工程会自动创建一个名称为 Form1 的窗体。

③ 点击左侧的工具箱，在弹出的工具箱中找到 ArcGIS Windows Forms 选项卡，点击选项卡前面的加号，展开该选项卡，依次双击 ToolbarControl、TOCControl、MapControl、LicenseControl，将 ArcEngine 所需的基本控件添加到新建工程，如图 8-12 所示。

④ 根据需求，合理设置控件布局。

⑤ 将 ToolbarControl 和 TOCControl 与制图控件 MapControl 进行绑定。

⑥ 在调试菜单中点击启动调试菜单，即可实现运行。

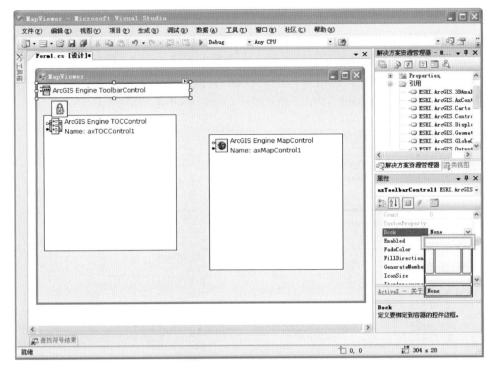

图 8-12　ArcGIS 窗体应用程序

8.4.4　GIS 模块的设计与实现

（1）建立管线地理数据库

ArcCatalog 是一个用来管理 GIS 图层和数据库信息的软件。在 ArcCatalog 中可以访问地图、图层和图表。地图是指一个存储在磁盘上的可打印地图，包括地理数据、标题、图例和指北针等。图层包括符号、显示、标签、查询和关联信息，所有这些信息定义了地理数据如何被绘制在地图上。一些图层可以结合为图层组。当添加至地图上时，组中的所有图层将用内容表中的一个入口来表示。存储地理要素及属性的 Shape 文件可以包含在一个文件夹中，Shape 文件中的地理要素可以表示为点、线或多边形（区域）。

新建立的 GIS 数据库应包括的图层有：地形图层、管线图层、阀门图层、建筑物图层。创建 GIS 数据库的方法如下：

① 创建地理数据库。打开 ArcCatalog，在我的文档中点击右键→新建 File Geodatabase →属性重命名为 bjutpipe。

② 创建要素数据库。右键点击 File Geodatabase →新建 Feature Dataset →自定

义命名（该处为 bjut）→通过 unknown 方式建立坐标系。

③ 创建所需图层。以建立管线图层为例，右键点击 bjut Dataset →新建 Feature Class，命名为 pipeling，在 type 中选择 Line Features（根据不同图层属性选择不同项）→在弹出的选项卡中填写管线图层 pipeling 的字段，方法类似于 SQL。按照同样方法分别建立阀门图层、地形图层和建筑物图层。如图 8-13 所示。

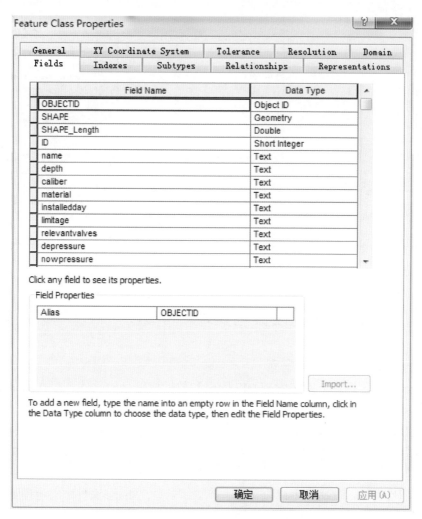

图 8-13　Arc 建表图

④ 将图层拖动至 ArcMap 的图层管理栏，通过 Editor 编辑工具画出地形、管线、阀门和建筑物，在每个要素上点击右键，选择属性，填写其字段信息。根据管线和阀门不同的材质类型进行染色表示。如图 8-14 所示。

⑤ 保存文件。

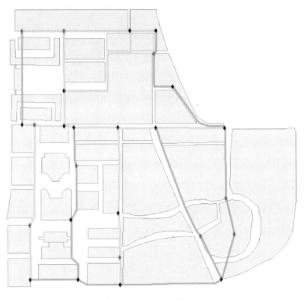

图 8-14　图层展示

（2）用户管理模块

给水管网智能管理系统软件采用用户登录认证的方式主要是为了实现对访问该系统的人员进行限制和用户信息的管理，保证系统信息的安全性。系统中按用户权限不同，用户可分为普通用户和管理人员，管理人员具有最高访问权，普通用户登录系统后，可以查询管线信息和查看管线运行状态。系统登录界面设计如图 8-15 所示。

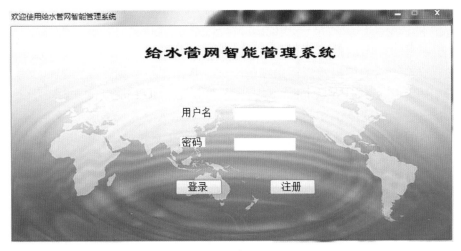

图 8-15　系统登录界面

(3) 管线的 3D 模型

三维分析在 ArcScene 和 ArcGlobe 中为用户进行三维数据的分析和可视化提供了工具。三维分析还扩展了 ArcCatalog 和 ArcMap 的三维功能，使用户可以更便捷地管理其三维 GIS 数据，并在 ArcMap 中进行三维分析和三维要素编辑。

ArcCatalog 是 ArcGIS 中用来管理 GIS 数据的应用程序。三维分析使用户可以预览并漫游三维数据，可以创建 GIS 数据图层并定义它们的三维视图的属性。用户也可以预览在 ArcScene 中创建的场景，可以创建三维数据的元数据，包括场景和数据的三维缩略图，可以在 ArcScene 中创建空的三维要素类或者 Shape 文件，然后在 ArcMap 中对三维要素进行数字化，进而实现对三维要素的数据分析。

三维分析使用两种表面模型：栅格模型和 TIN 模型。栅格使用采样值或者内插值位置的规则网格表示表面。TIN 通过一组不规则点连接组成的三角网来模拟表面，其 z 值存储在三角网的节点中。栅格表面通常存储在格网（grid）格式中。格网由一组大小均一、具有 z 值的矩形单元组成。栅格单元越小，格网表示的信息的空间精度越高。TIN 表面通常用在高精度或小区域的建模中，比如工程应用，在这些项目中它们可以充分地发挥作用，这主要是由于它们可以有效地计算平面面积、表面面积和体积。

连续数据的表面通常是由散布于整个研究区域的采样点的采样值生成的。插值是由有限数量的采样点数据估计栅格中的单元的值。它可以用来估计任何地理点数据的未知值：高程、降雨、化学污染程度、噪声等级等。

在 ArcGIS 中，提供的管线的建模主要有三种方法：

① 利用 AO 的多片方式；

② 在 Catalog 中建立自己的数据库（集），通过 MAP 的编辑功能创建 3D 模型，然后将其保存成图形文件，在 Scene 中打开进行浏览和操作；

③ 利用 ArcGIS 3D 符号库中的图层符号选择器直接生成。

按照上一小节的地形数据，建立供水管网管理系统的 3D 视图，包括对地形的建立、管线的模拟及周边景物的生成。将该图形数据保存为 3Dmodel。效果图如图 8-16。由于 ArcGlobe 不支持线的 3D Simple Line symbols 符号，导致 ArcGlobe 不能通过符号来直接显示管线，可以通过 ArcScene 配置管线符号，然后设置管线的粗细，使用 Layer 3D to Feature Class 工具转换成 Multipatch，最后在 ArcGlobe 中加载数据，配置颜色信息即可。

为了获得比较好的视觉效果，地面建筑一般需要先通过专门的建模软件如 Google SketchUp 或 3D Studio Max 等将模型建好，然后导入 ArcScene 软件中。地面建筑建模的工作量巨大，模型的精细程度也直接影响人的视觉效果。因此，在对地面建筑进行建模时必须注意以下几点注意事项。

① 地面建筑的模型尽量精简。地面建筑物的数量众多，如果建模复杂，那么

虽然视觉效果非常好,但是需要的存储空间很大,对硬件的要求非常高,直接影响系统的运行速度。因此,考虑到系统的运行效率,对地面建筑建模时在保证外观的同时,必须尽量精简。

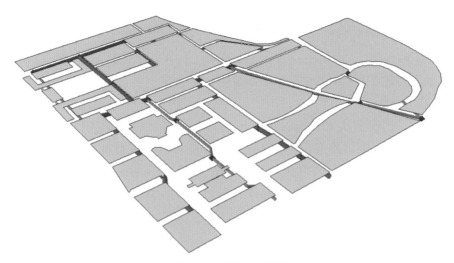

图 8-16　管线 3D 界面

② 尽量省略细长条形的物体。因为细长条形的物体渲染后会出现纹理不清或锯齿等现象。

③ 合理设置比例尺,合理安排模型分布的密度。若场景中模型设置太密,容易出现模型无法显示或显示错误的现象。

图 8-17 所示为本书采用 Google SketchUp 建立的模型。而将 Google SketchUp 建立的模型无损导入 ArcScene 中也是一大难点,本书总结了两种方法。

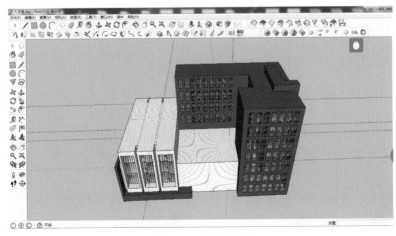

图 8-17　建筑物模型

方法1：把 Google SketchUp 建立的 3D 模型导入 ArcScene。首先，将创建好的模型导出为 .skp6 的文件；然后，打开 ArcScene 自定义中的样式管理器，点击对话框右侧的"样式"按钮，选择"创建新样式"项，创建自己的符号库；其次，从左侧对话框中找到刚创建的符号库名称，并从中找到"标记符号"文件夹，并点击鼠标右键新建标记符号；之后，点击对话框上属性栏中的"类型"下拉菜单，选择"3D 标记符号"项，并从弹出的对话框中打开创建好的 3D 模型；最后，从 ArcMap 中创建点要素，添加到 ArcScene 中，将该符号替换为自己定义的符号后，即导入成功。

方法2：把模型从 ArcScene 中导出到 Google SketchUp 中进行编辑，再重新加载到 ArcScene 中替换指定对象。从 ArcScene 中将建筑拉伸模型用 ArcToolbox 转换为 Multipatch，然后再转换为 Collada；然后从 Google SketchUp 中将转好的 Collada 文件打开进行编辑，完成后导出为 .skp6 的文件；最后，在 ArcScene 中编辑之前转换的模型，替换为编辑后的模型即可。

（4）GIS 管线管理

由于 ArcGIS 对地理要素的直观化操作和管理，在 ArcMap 平台下能够执行对管线和阀门的自定义查询、测绘、地图放大和缩小、标识和数据分析的任务。因此，如果能够实现在 VS 中对 ArcGIS 文件的调用，并对管线的地理信息进行查询和操作，将是本系统的重要功能和特色之一。地理信息界面如图 8-18 所示。

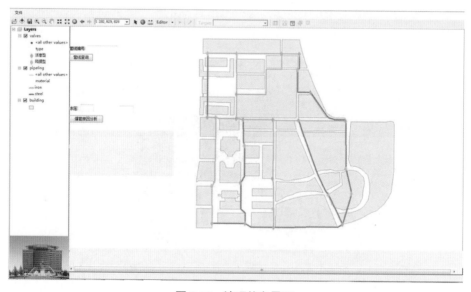

图 8-18　地理信息界面

实现步骤如下：

步骤 1：页面布局。在 Form1 窗体界面上选中 ToolbarControl 控件，在属性窗口中找到 Dock 属性，设置为选中 Top。和 ToolbarControl 的操作一样，把 TOCControl 和 MapControl 两个控件的 Dock 属性分别设置为 Left 和 Fill。至此完成 GIS 管理界面的设计，窗体顶部是工具栏，左侧是图层列表，主工作区是地图控件。

步骤 2：控件绑定。右键点击窗体上的 ToolbarControl 控件，点击属性菜单，在弹出的对话框中，先设置 Buddy 属性为 axMapControl1，然后点击 Items 选项卡，在 Items 选项卡中，点击 Add 按钮，在窗体上右键点击 TOCControl，选择属性菜单，设置 Buddy 属性为 axMapControl1，点击确定。

步骤 3：GIS 文件加载。选择 MapControl1 属性，在"图层加载"选项，选择新建的 bjutpipe。

步骤 4：工具栏选项。点击 ToolbarControl 属性，在 Items 选项卡中，点击 Add 按钮，在左边的分类中选中 Generic，双击右侧的 Open 工具，这样 Open 工具就加入到工具栏里面了。根据系统功能需求继续添加其他工具，例如在左侧依次选中 Map Inquiry 和 Map Navigation，把 Identify、Zoom In、Zoom Out 等工具添加到工具栏中。添加完成后，点击确定按钮。

步骤 5：设计页面，为实现 GIS 要素的搜索查询预留空间。

步骤 6：通过在供水管网管理系统中设置连接按钮，可跳转至 bjutpipe 页面。

该模块中，管线信息的管理功能主要包括信息编辑、信息浏览和信息输出等功能。通过管网信息模块，普通用户可以浏览管网中的信息，主要包括管段的管材、管径、管长、埋深以及节点流量、节点水头等信息。用户输入想要查看的管段 ID 或者名称，则可浏览到相应的信息，如图 8-19 所示。而管理人员还比普通用户多一个"修改信息"的功能，点击"修改信息"按钮，对系统中相应信息进行修改和维护，如图 8-20 所示。同时用户可以通过打印报表，输出修改后的结果。

（5）图形管理模块

图形管理模块主要包括图形编辑、图形浏览和图形输出等功能。根据用户的身份信息登录系统之后就进入到了主界面，如图 8-21 所示。从主界面图中可以看到系统功能区，包括地图加载、视图管理、管网信息、管线分析、图形绘制、空间查询、智能决策、用户反馈、功能介绍，点击菜单栏中的子菜单进入相应的功能区。

图 8-19　信息查询

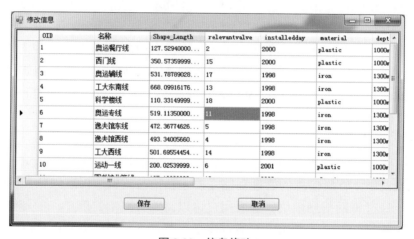

图 8-20　信息修改

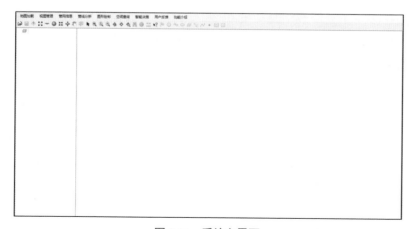

图 8-21　系统主界面

点击地图加载菜单下的加载特定地图，加载供水管网三维地图，如图 8-22 所示。从主界面图中可以对已加载地图进行放大、缩小、平移和旋转等操作，通过点击图层前的选择框，还能选择是否显示该图层。除此之外，还可以对修改后的地图进行保存操作。

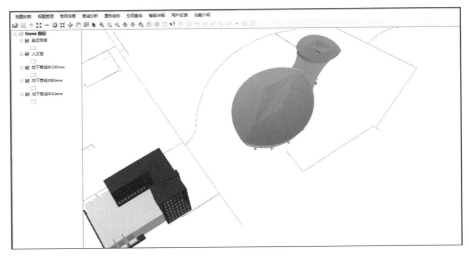

图 8-22　地图加载

通过视图管理模块，点击"平面视图"按钮，用户可以查看整个校园所在区域的平面视图，如图 8-23 所示。

图 8-23　平面视图

点击"管线视图"按钮，可以清晰地看到校园内部管网平面分布情况，对运行、维修和扩建校园管网系统有很大的帮助，图中还包含鹰眼视图，方便使用者全方位查看地图。管线视图如图 8-24 所示。

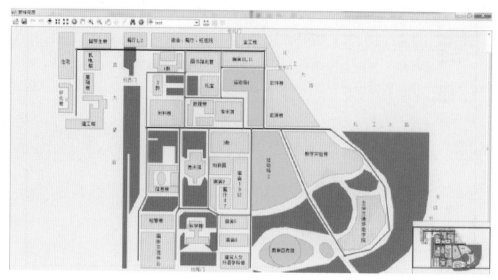

图 8-24　管线视图

鹰眼图是本系统中的特色功能。在鹰眼图中，用户可以像一只老鹰在空中盘旋、俯瞰大地一样查看地图，红框表示老鹰所能看到的视野范围，可以通过鼠标滚轮放大缩小。当用户查看其中一个管段位置或发生爆管后查看爆管位置时，可以平移矩形框到所要查看的位置。右下角是整个地图，红色矩形框内的地图放大后就是左侧的图，可以清楚看到管线的具体位置。通过右下角图可以看到所查管段在整个地图区域内的位置。

8.4.5　国产 GIS 系统的发展

① SuperMap GIS：SuperMap GIS 软件支持多种数据格式的导入和处理，包括矢量数据、栅格数据和空间数据库。SuperMap GIS 还提供了强大的地图制作和数据分析功能，支持多种地图投影和坐标系，适用于各种地理信息应用领域。

② MapGIS：MapGIS 软件提供了完整的 GIS 解决方案，包括数据管理、地图制作、数据分析、应用开发等多个模块。MapGIS 支持多种数据格式和坐标系，适用于各种规模的地理信息项目。

③ iObjects：iObjects 是一款 GIS 开发平台。该平台提供了丰富的 GIS 组

件和 API，支持多种编程语言和开发环境，可以快速开发各种定制化的 GIS 应用。iObjects 还提供了完善的开发文档和技术支持，适用于各种规模的 GIS 开发项目。

④ GeoStar：GeoStar 软件提供了完整的 GIS 解决方案，包括数据管理、地图制作、数据分析、应用开发等多个模块。GeoStar 支持多种数据格式和坐标系，适用于各种规模的地理信息项目。

这些国产 GIS 系统在国内市场上具有一定的市场份额和应用基础，为我国的地理信息产业发展做出了重要贡献，越来越多的水务公司正在使用国产 GIS 替代现有的工作。

8.5
智能决策模块的设计

8.5.1　智能决策模块

随着城市的建设和发展，在旧城区的改造和新城区的规划的过程中，必然要考虑到供水管线的改造、调整和扩建的问题，以便满足用水需求的情况。而在改造和扩建的时候必须根据新旧管线的水压承受情况，合理布局并选择适合的管线，将未来出现爆管等问题的可能性减到最小。因此，调用智能优化算法的运算结果，给决策者和施工单位提供合理建议，既能够较大幅度地降低工程造价，也可以为后续的城市供水优化调度提供基础条件。智能决策模块正是基于这种思想而建立，在供水管网管理系统中建立相应页面，输入管线相应信息，将数据传入 MATLAB 的管网模型中运算，将运算结果返回系统该页面，从而使该系统节省运算时间，通过网站管理系统形式提供给他人使用，将理论算法应用于实际，对于城市供水管线的建设，也具有重要的工程意义。

8.5.2　关键技术

(1).NET 框架
在高度分布式的互联网环境中开发的 .NET 框架，是一种新的计算平台，使用该框架，能够大大简化网络程序开发。本系统使用 .NET 框架，是为了实现下列目标。

①使用框架提供一致的面向对象的编程环境，使供水管网管理系统的代码无论是在本地存储和执行，还是在互联网上分布，甚至是在远程操作中执行，都能实现正常操作；由于该框架提供一个保证代码和一个可消除脚本环境或解释环境的性能问题的代码执行环境，充分保证供水管网管理系统的数据安全。

②开发系统时所使用的开发经验能够和在面对类型大不相同的应用程序（如窗体应用程序和基于 Web 的应用程序）时保持一致。

由于 .NET 框架按照工业标准生成所有通信，所以可以确保基于 .NET 框架的代码可与任何其他代码集成。

.NET 框架具有两个主要组件：一个是公共语言运行库，另一个是 .NET 框架类库。前者是 .NET 框架的基础。公共语言类型库可以说是在执行代码管理的时候发挥代言作用的支持者，它提供了包含内存管理、线程管理、远程管理在内的所有核心服务。运行库的基本准则就是实行代码管理，同时，为了确保系统的安全性和可靠性，该库还实行严格的类型安全保证并确保代码准确性。因此，以公共语言运行库为目标的代码称为托管代码，相反，不以运行库为目标的代码称为非托管代码。

事实上，.NET 框架可由非托管组件承载，通过将公共语言运行库加载到这些组件的进程中，然后启动托管代码的性能，从而创建一个既可托管也可非托管的软件运行环境。

.NET 框架的另一个主要组件是 .NET 框架类库，该库是一个面向对象的、综合性的可重用类型集合，使用该库，在本系统中可以开发具有多种功能的界面：传统的命令行实现基本资料管理，图形用户界面（GUI）应用程序实现图形界面查看，基于 ASP.NET 所提供的最新的应用程序。

组件对象模型是一种软件架构，它允许应用软件可以由不同软件制造商的组件产品来构建。组件是可互换的软件部分，它既是工业化系统的产物，也是工业系统的动力。在 .NET 平台的组件层中，组件是以 Assemblies 的形式创建的。.NET 平台创建了组件，并将组件作为其基本的元素。从本质上看，.NET 平台组件是一个用任何 .NET 语言以插件形式开发的可互换的软件部件，它可以与其他应用程序实现互操作。使用 COM+ 服务的 .NET 组件被称作服务化组件，以示与.NET 中标准的可管理组件的区别。

MATLAB 提供了对 .NET 组件的支持，可以作为一个自动化服务器，为跨越进程甚至网络访问和使用 MATLAB 的功能提供了一个途径。支持 .NET 组件应用的客户端作为应用的前端，MATLAB 作为 .NET 组件应用的服务器运行在后台，两者利用 MATLAB 提供的接口函数进行交互，包括客户端从 MATLAB 进程中获取数据，或者在客户端调用 MATLAB 的指令等。此外，MATLAB 还提供了 .NET Builder 编译器，可以把一个 M 语言编写的函数编译成 .NET 组件，支持 .NET 开发的集成环境可以调用该组件，这种方式生成的应用还可以实现脱离 MATLAB 环境独立运行。

（2）MATLAB 语言

MATLAB 是一个高级的矩阵、阵列语言，它包含控制语句、函数、数据结构、输入和输出、面向对象编程特点。用户可以在命令窗口中将输入语句与执行命令同步，也可以先编写好一个较大的复杂的应用程序（M 文件），然后再一起运行。新版本的 MATLAB 语言是基于 C++ 语言基础上的，因此语法特征与 C++ 语言极为相似，而且更加简单，更加符合科技人员对数学表达式的书写格式，更利于非计算机专业的科技人员使用。而且这种语言可移植性好、可拓展性极强，这也是 MATLAB 能够深入到科学研究及工程计算各个领域的重要原因。

8.5.3　MATLAB 与 VS 混合编程

流程图如图 8-25 所示，具体步骤如下：

步骤 1：安装 .net framwork 与 MCR（MATLAB Compile Runtime）。

步骤 2：设置 MATLAB 环境，方法如下。

设置 MATLAB 编译器，利用指令 mbuild – setup 选择相应的编译器。

>> mbuild -setup

Please choose your compiler for building standalone MATLAB applications：Would you like mbuild to locate installed compilers [y]/n？ n

Select a compiler：

[1] Lcc-win32 C 2.4.1

[2] Microsoft Visual C++ 6.0

[3] Microsoft Visual C++ .NET 2003

[4] Microsoft Visual C++ 2005 SP1

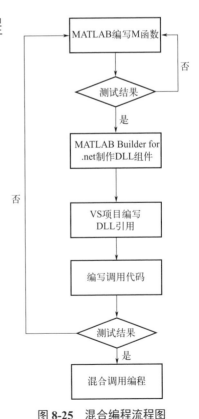

图 8-25　混合编程流程图

［5］Microsoft Visual C++ 2008 Express

［6］Microsoft Visual C++ 2008 SP1

［0］None Compiler：6

步骤3：确保 .m 文件能正确运行，利用 MATLAB 自带的工具将 .m 文件转换成 .net 组件。

步骤4：在 C# 中引入 mwarray.dll 以便在 .net 中进行矩阵运算。

步骤5：用 C# 编写一个程序，给 MATLAB 设置输入，并对 .net 组件所输出的结果进行数据类型的转换，以符合 .net 编程环境中对数据类型的要求，然后输出结果。

8.5.4　界面设计

本系统提供管理员的管线优化决策功能，通过上一节介绍的方法，可以将目前最新的理论算法和模型嵌入管理系统中，通过优化决策界面如图 8-26，实现在管径框中填入管线造价，通过 MATLAB 计算出合适的管径并将结果返回前台。

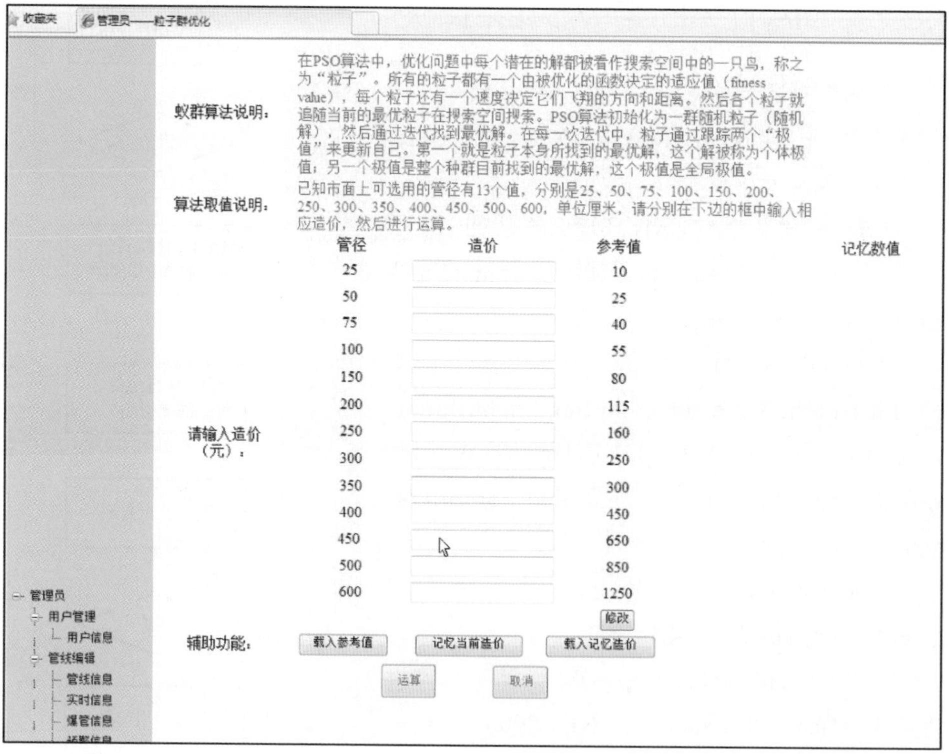

图 8-26　优化决策界面

8.5.5　操作方法及结果显示

管理人员进入相应界面之后，首先根据实际情况选择合适的模型和算法，确定之后将会出现相应的算法说明和取值说明，然后可以手动输入各种管径的造价，或者使用"载入参考值"的功能一键载入参考造价，然后再进行修改。参考造价是根据当前市面管线数据确定，超级管理员可以实时更改参考价格。本模块同时提供"记忆当前造价"的功能，点击相应按钮快速记忆造价框中数值，有助于避免重复劳动，节省操作时间。最后点击"运算"按钮，等待之后会显示建议的管径选择和相应造价，根据实际情况和所选算法的不同，运算时间也会不同。另外，如果系统软件中没有合适的模型，可以点击进入自定义界面进行模型的自定义。

（1）供水管网的单目标优化

以前文介绍的汉诺塔模型和改进型混沌粒子群算法为例，在模型选项中选择汉诺塔模型，算法选择 HMCPSO，点击确定。在出现的管线图中输入不同管径的管线造价。

在本案例中，管段共有 34 个，当前市面管径有 6 种，分别为 304.8 厘米、406.4 厘米、508 厘米、609.6 厘米、762 厘米、1016 厘米，参考造价如图 8-27 所示。最后点击确定按钮，此时系统会将数据传给 MATLAB 进行运算，等待数秒之后会将结果返回并显示建议的管径选择和相应造价（如图 8-28）。运算得到的最优管径分别为 1016、1016、1016、1016、1016、1016、1016、1016、1016、762、609.6、609.6、508、406.4、304.8、304.8、406.4、609.6、508、1016、508、304.8、1016、762、762、508、304.8、304.8、406.4、406.4、304.8、406.4、406.4、508，单位是厘米，由此计算的管网造价是 6195000 元。计算结果用红色字体显示出来。本页面除了载入参考值之外，还有记忆当前造价和载入记忆造价的辅助功能，只要点击按钮就可记忆输入框里的数值，操作方便。

（2）供水管网的多目标优化

智能决策模块的多目标优化功能具有类似界面，主要功能包括管径优化和预警分析。管径优化功能同样采用 C# 调用 MATLAB 混合编程技术，选择管网模型、优化算法及优化目标，输入相应的管径造价后，点击计算按钮，如图 8-29 所示。系统通过调用已编写好的管网多目标优化设计 MATLAB 程序，将优化结果在系统中显示出来，直接给用户提供优化方案。预警分析功能通过用户输入的管段信息，分析该管段是否存在危险，并给出相应的决策，如图 8-30 所示。

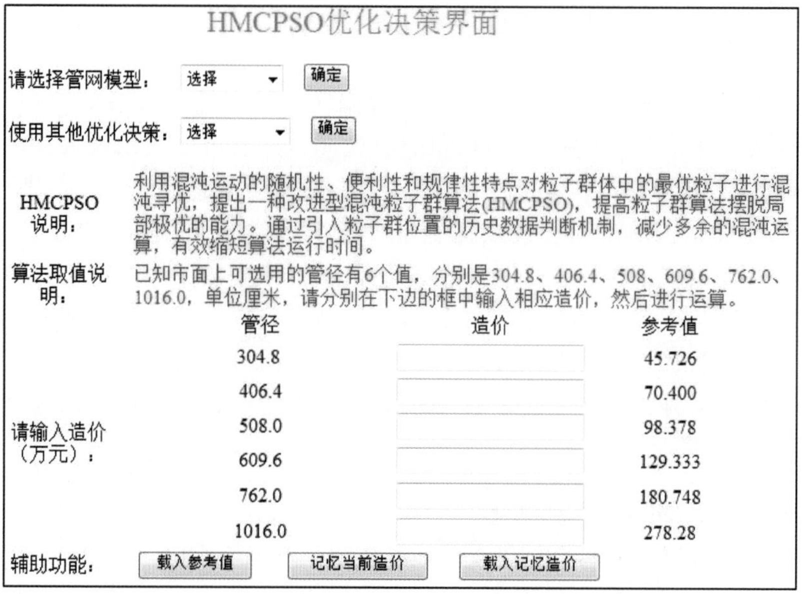

图 8-27　汉诺塔管网造价赋值界面

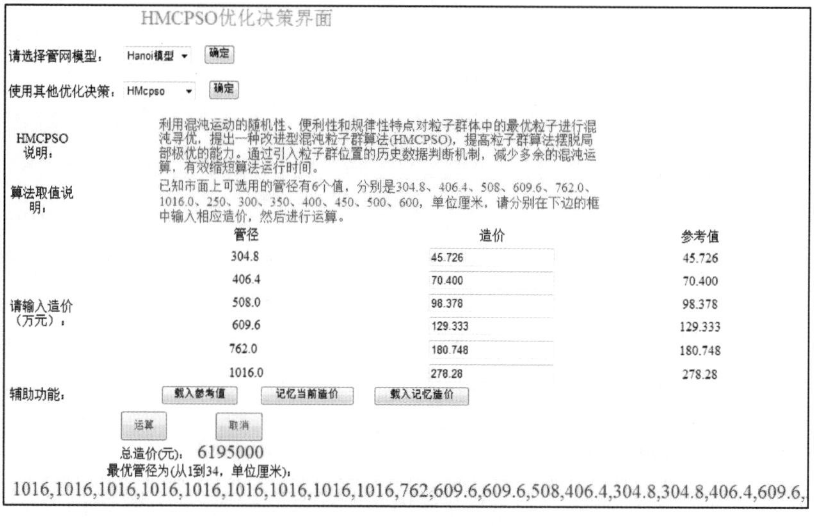

图 8-28　调用结果显示

8.5.6　预留界面与用户自定义

由于系统提供的模型不能包含所有的管网模型，因此在很多情况下用户希望自己创建自定义模型。在本系统中，该模块为用户自定义模型预留了页面和接口，如图 8-31 所示。如果系统中没有合适的模型，可以点击进入自定义界面进行模型的自定义。在自定义页面中，用户可以选择水源、管线和节点，自己创建需要的管网模型，创建完毕后点击确定保存，而管网的水压等参数需要通过后台和程序设定。本页面意在扩展优化决策模块的功能，使其具有更广泛的实用性。

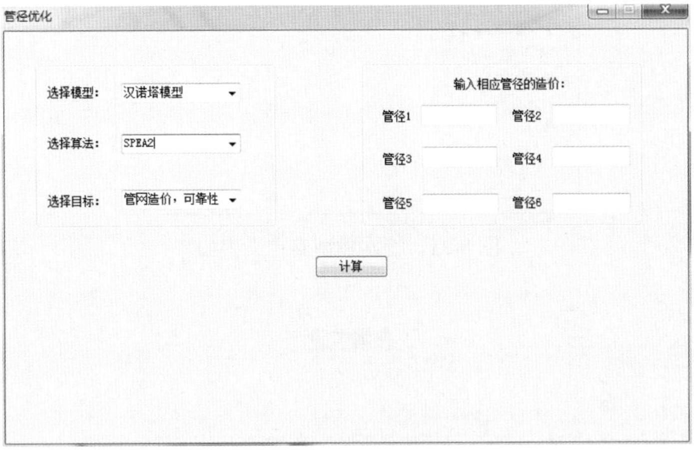

图 8-29 管网优化

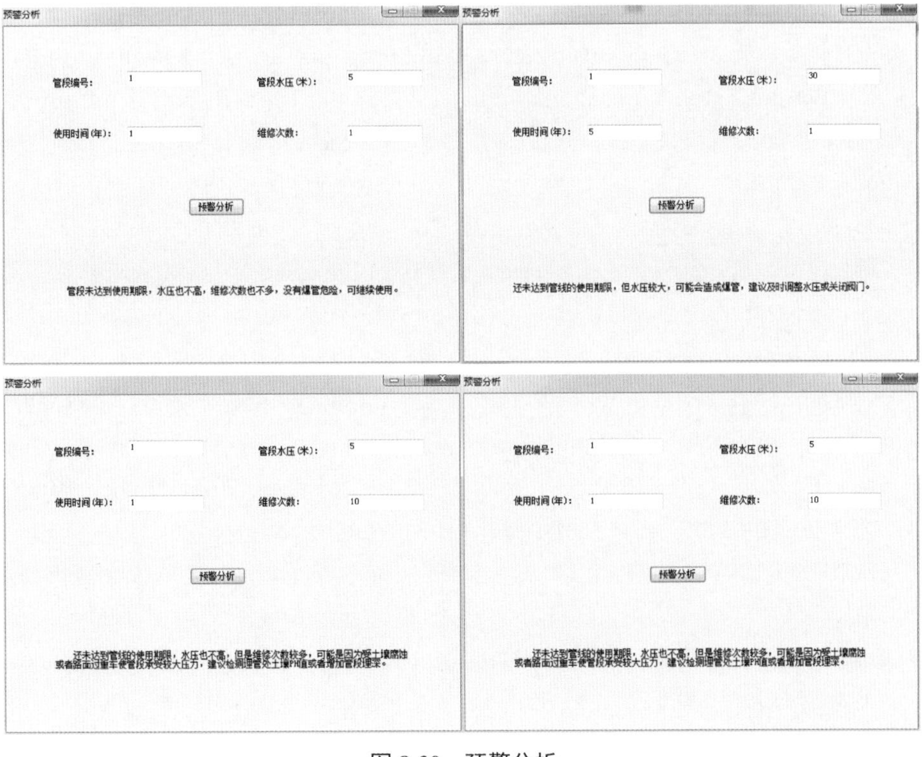

图 8-30 预警分析

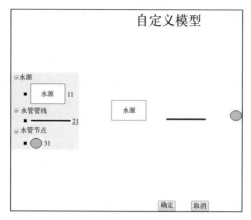

图 8-31　管网模型自定义界面

参考文献

［1］徐先伯，白丹，吴祥飞，等 . 浅谈城市供水管网智能调配系统［J］. 给水排水，2017，53（05）：121-123.

［2］Zhou L. Sponge City Design Based on Intelligent Displacement Optimization［J］. Wireless Communications and Mobile Computing，2022. DOI：10.1155 / 2022 / 2956191.

［3］Duan H F，Pan B，Wang M，et al. State-of-the-art review on the transient flow modeling and utilization for urban water supply system（UWSS）management［J］. Journal of Water Supply：Research and Technology-Aqua，2020，69（8）：858-893.

［4］盛东方，陈继平，周宇，等 . 城市供水管网信息化管理体系的构建及应用［J］. 给水排水，2021，57（01）：96-102.

［5］王博彦，戴雄奇，林峰，等 . 基于大数据的城市供水管网风险评估模型研究［J］. 给水排水，2020，56（07）：154-157.

［6］董坤乾 . 城市供水管网 GIS 系统设计及数据质量评价［D］. 广州：华南理工大学，2018.

［7］Xu Z，Lu X，Wang W，et al. Monocular Video Frame Optimization Through Feature-Based Parallax Analysis for 3D Pipe Reconstruction［J］. Photogrammetric Engineering & Remote Sensing，2022，88（7）：469-478.

［8］Yu H，Zhao Y，Fu Y. Optimization of impervious surface space layout for prevention of urban rainstorm waterlogging：A case study of Guangzhou，China［J］. International Journal of Environmental Research and Public Health，2019，16（19）：3613.

［9］Wang J，Zhao L，Zhu C，et al. Review and optimization of carrying capacity of urban drainage system based on ArcGIS and SWMM model［J］. Advances in Hydroinformatics，2018：719-726.

［10］Li J，Pei X，Wang X，et al. Transportation

mode identification with GPS trajectory data and GIS information [J]. Tsinghua Science and Technology, 2021, 26 (4): 403-416.

[11] Guzmán A, Argüello A, Quirós-Tortós J, et al. Processing and correction of secondary system models in geographic information systems [J]. IEEE Transactions on Industrial Informatics, 2018, 15 (6): 3482-3491.

[12] Zhao M, Yao X, Sun J, et al. GIS-based simulation methodology for evaluating ship encounters probability to improve maritime traffic safety [J]. IEEE Transactions on Intelligent Transportation Systems, 2018, 20 (1): 323-337.

第 9 章

分布式供水系统智能控制

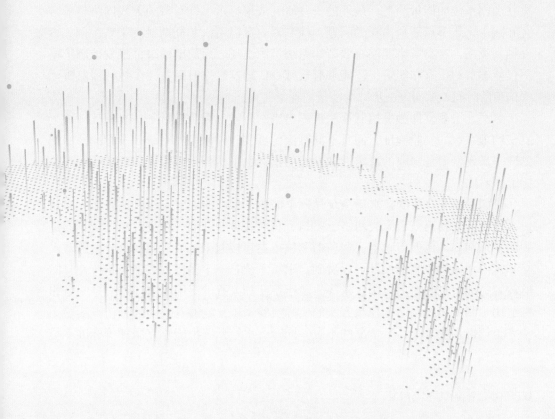

9.1

智能分布式供水系统概述

对于城市级别的智能分布式供水系统，由于整个系统范围广，节点众多，且节点安装位置需要考虑供水系统特别是供水管网的需要，因此系统非常复杂。而无线网络组网容易，维护方便，造价低廉，设计和部署具有高度的灵活性和适应性，因此利用无线网络进行信息传输的反馈控制方法是城市智能供水系统的一个较好的控制解决方案。无线网络化控制系统正是这样一个通信、计算和控制技术相结合的结果。相比较于使用有线网络，无线网络化控制系统需要特别考虑传输带宽有限和电池供电的无线节点能量有限的问题。

由于数字传感器、无线网络和数字控制器的引入，控制系统的反馈通路只能在离散时间闭合。反馈通路闭合是需要消耗系统资源的，例如：需要使用无线通道传输数据；无线节点需要使用电能运行数据采集、计算和执行控制指令等动作。因此研究反馈通路的闭合时间序列，减少不必要的闭合次数是一项具有实际意义的研究。

传统的使用周期性时间触发控制方法的控制器只是机械地每隔一定时间间隔闭合反馈回路，并不会考虑系统的需求。这种控制方法会占用较多的无线网络带宽并加剧系统的能量消耗。最近的一些研究成果显示，针对节约无线网络传输带宽和减少无线节点能量消耗的问题，控制器内可以引入非周期触发策略，例如事件触发策略，这类策略能够有效节约系统资源消耗。而周期性事件触发控制策略不仅能够节约带宽和能量，还能够有效减少传感器工作时间并减少执行器监听无线信道的时间，从而进一步减少能量消耗。

然而，很多事件触发控制算法被提出来的时候，只是进行了仿真验证，缺乏真实物理系统的实验验证，而且不同算法仿真实验时使用的系统并不相同，即便是同一系统，但是选取的稳定性和性能的指标也不尽相同，因此缺乏统一的评价标准作对比。

正如第 3 章介绍的，水箱系统是一个缩小了尺寸的实验室级别的智能分布式供水系统。它利用一个无线网络（WiFi）将所有分布在同一独立计量区域不同位置的物理组件，例如传感器、服务器和执行器连接起来。通过第 3 章介绍的对水箱系统的建模和控制器设计可以看到，水箱系统是一个多输入多输出系统，且能够较容易地通过改变用户用水量等方法给系统加入扰动。因此水箱系统是一个非常适用于测试无线网络化控制方法的实际实验系统，能够有效地弥补仿真实验无法完全模拟系统真实运行情况的不足。同时，水箱系统也能够克服评价标准不统一这一缺点：通过给定相同的稳定性指标和性能指标，并给定统一的评价标准，从而较为客观地对比不同的控制算法的优劣，并给出对每种算法的评价。

在选取事件触发控制方法的时候，主要参照了两个选取准则。首先事件触发控制方法必须采用离散时间触发策略。因为水箱系统采用的数字传感器的限制，传感器和事件触发机不能连续测量系统的状态，而只能工作在离散的时间。对于通过高频率采样近似代替连续测量的方法，由于传感器节点消耗的能量太高，因此也没有被采纳。这就要求事件触发机必须采用离散时间事件触发条件。在两个相邻的事件触发时间的间隔，系统是开环的，处于不受控状态。为了补偿采用离散时间事件触发条件带来的这种不受控，一般可以采用两种方法：可以设计一个参考系统的动态在设计参数时更加保守的事件触发条件[1]；也可以改变系统分析时的李雅普诺夫方程，如文献 [2-3] 和本章使用的方法。由于水箱系统的动态过程的特点，只能选用改变系统分析时的李雅普诺夫方程这种方法。第二个选用标准是，选用的触发控制方法设计时的方程必须有可行解，因此筛选掉了一些其他优秀的周期性事件触发控制方法，如文献 [4-8]。

基于水箱系统，本章对比了周期性时间触发控制方法[9]、周期性集中式事件触发控制方法[2]、周期性分布式同步更新事件触发控制方法和周期性分布式异步更新事件触发控制方法[10]。值得注意的是，水箱系统已经在传感器节点使用了具有较高精度的静态量化器，实现从模拟信号向数字信号的转变，以便于数据的采集和传输。由于这个静态量化器的精度较高，且应用于所有控制算法，因此由传感器中的量化器引入的量化误差在分析和对比中并没有被考虑。但是，分析和对比的时候考虑了控制算法引入的量化误差。

在实际采用周期性分布式异步更新事件触发控制方法的时候，控制算法为了减少传输数据，引入了一种广义的动态量化器[11]。实际传输的数据并不是量化后的信号，而是当前信号相对于最近历史信号的增量。在实验对比的时候，为了更好地展示、对比和分析，本章在水箱系统中应用了两种周期性分布式异步更新事件触发控制方法，即不包含和包含这个广义量化器。对于不包含这个广义量化器的控制器，反馈通路直接传输传感器检测到的数据，这种方式被命名为绝对式周期性分布式异步更新事件触发控制方法；对于包含广义量化器的控制器，反馈通路实际传输的是增量，这种方式被命名为增量式周期性分布式异步更新事件触发控制方法。在实际实验中，由于引入的高精度量化器的量化误差很小，甚至小于噪声，因此忽略这个高精度量化器引入的量化误差，认为只有增量式周期性分布式异步更新事件触发控制方法包含量化器，并存在量化误差。

无线网络化控制系统设计时另一个需要考虑的因素就是采用的传输协议。一个无线网络可能有很多节点，节点的传输可能同时发生，产生传输冲突。传输冲突会造成信号传输的延时，甚至堵塞信道并浪费传输资源。因此，传输网络需要一个传输协议用来实现对网络上传输的数据包的调度，从而避免不同节点之间的传输冲突。对于水箱系统，给出的控制稳定性要求是系统状态可控并按照一定速度收敛到液面高度参考值，因此需要反馈通道传输的延时具有上确界，即最大值。选用 TDMA 作为基础传输协议，针对不同触发控制方法的特点作出针对性的设计，从而生成定制的传输协议。基于 TDMA 方法的好处是可以为每一个传输节点都注册专有传输时间，因此不会产生传输冲突且传输延时有上确界。

对于选择的控制方法，从城市供水的实际应用角度出发，系统的性能、无线网络带宽的占用和系统能量的消耗等指标非常重要。因此，在分析对比实验结果时，选择对比水箱内液面的超调量、控制器的切换时间、节点的睡眠时间、电池消耗电量、总的执行器执行动作次数、阀门总的变化角度、事件触发次数和总的传输次数，并以这些量作为评价系统性能的指标。

9.2
控制方法

9.2.1　周期性时间触发控制方法（TTC）

对于绝大多数控制系统，系统的反馈通路闭合时间根据系统的时钟确定，即每间隔一个固定的时间长度闭合一次。这种控制方法就叫作周期性时间触发控制方法。

考虑一个线性时不变系统和一个控制器：

$$\dot{\xi}(t) = A\xi(t) + Bv(t) \tag{9-1}$$

$$v(t) = K\xi(t) \tag{9-2}$$

式中　$\xi(t) \in \mathbb{R}^n$——系统的状态向量；

　　$v(t) \in \mathbb{R}^m$——系统在 t 时刻的输入向量。

假设 $A + BK$ 是赫尔维兹（Hurwitz）矩阵，每一个传感器都可以测量并且只用于测量系统的一个状态。

在控制器中引入一个采样保持器：

$$v(t) = K\hat{\xi}(t)$$

其中

$$\hat{\xi}(t) := \xi(t_b), t \in [t_b, t_{b+1})$$

并且 $\{t_b\}_{b \in \mathbb{N}}$ 表述系统状态采样并更新时间的时间序列。将采样保持看作一个测量误差，就得到了：

$$\varepsilon(t) := \hat{\xi}(t) - \xi(t)$$

给定 T 作为采样的周期，在周期性时间触发控制器中，t_b 可以由如下公式得到：

$$\{t_b | t_b = bT, b \in \mathbb{N}, T > 0\}$$

9.2.2 周期性集中式事件触发控制方法（PETC）

当设计一个无线网络控制系统时，一个最大的挑战是如何在传输带宽和能量供应有限的情况下，保证设计要求的稳定性和性能。一个可行的解决方案就是采用事件触发控制（ETC）方法。在事件触发控制方法中，反馈通路的闭合时间，或者说控制信号的更新时间，是由一些预设的有关系统当前状态或者输出的条件所决定。这些条件可以依据系统的状态，也可以依据系统输出与采样误差之间的关系。通过设计，反馈通路可以只在需要的时候才闭合，例如给定的稳定性或性能即将无法满足的时候。然而，一般的事件触发控制方法需要传感器连续测量系统的状态并传输给事件触发机，来保证系统的事件触发机能够连续地检测事件触发条件是否被满足。如果系统的状态不能被连续地测量，为了保证系统在两个相邻测量时间间隔内的稳定性和性能，可以设计一个更为保守的考虑测量延迟的事件触发条件；也可以应用周期性事件触发控制方法。周期性事件触发控制方法结合了周期采样和事件触发控制方法，并兼具有两者的优点。

考虑一个线性时不变系统［式 (9-1)］和一个控制器［式 (9-2)］，在控制器中引入一个采样保持器：

$$v(t) = K\hat{\xi}(t)$$

其中

$$\hat{\xi}(t) := \hat{\xi}(t_b), \, t \in [t_b, t_{b+1}]$$

并且 $\{t_b\}_{b \in \mathbb{N}}$ 表述系统状态采样时间的时间序列：

$$\{t_b | t_b = bT, b \in \mathbb{N}, T > 0\}$$

值得注意的是，与时间触发控制方法相比，采样时间并不一定是反馈通路闭合时间，还需要经过事件触发机判断事件是否发生。在每一个采样时间 t_b，控制器根据接收到的最新的传感器测量值更新此前存储的系统状态：

$$\hat{\xi}(t_b) = \begin{cases} \xi(t_b), \xi_p^{\mathrm{T}}(t_b)\boldsymbol{Q}\xi_p(t_b) > 0 \\ \hat{\xi}(t_{b-1}), \xi_p^{\mathrm{T}}(t_b)\boldsymbol{Q}\xi_p(t_b) \leqslant 0 \end{cases} \tag{9-3}$$

其中，$\xi_p(t) = [\bar{\xi}^{\mathrm{T}}(t) \quad \xi^{\mathrm{T}}(t)]^{\mathrm{T}}$，$\boldsymbol{Q}$ 满足 $\boldsymbol{Q} := \begin{bmatrix} (1-\sigma)\boldsymbol{I} & -\boldsymbol{I} \\ -\boldsymbol{I} & \boldsymbol{I} \end{bmatrix}$，并且 $\sigma > 0$。

对于这个系统，如果存在 $c > 0$ 并且 $\rho > 0$，使得对于任意的初始条件 $\xi(0) \in \mathbb{R}^n$，$\forall t \in \mathbb{R}^+$，$|\xi(t)| \leqslant c e^{-\rho t} |\xi(0)|$ 都得到满足，那么这个系统是全局指数收敛稳定的，称 ρ 为收敛速率。

给定一个收敛速率 $\rho > 0$，如果存在一个矩阵 $\boldsymbol{P} \succ 0$ 和标量 $\mu_i \geqslant 0$，$i \in \{1,2\}$，使得

$$\begin{bmatrix} e^{-2\rho T} \boldsymbol{P} + (-1)^i \mu_i \boldsymbol{Q} & \boldsymbol{J}_i^{\mathrm{T}} e^{\bar{A}^{\mathrm{T}} T} \boldsymbol{P} \\ \boldsymbol{P} e^{\bar{A} T} \boldsymbol{J}_i & \boldsymbol{P} \end{bmatrix} \succ 0, i \in \{1,2\} \tag{9-4}$$

其中

$$\bar{A} := \begin{bmatrix} \boldsymbol{A} & \boldsymbol{BK} \\ \boldsymbol{0} & \boldsymbol{0} \end{bmatrix}, \boldsymbol{J}_1 := \begin{bmatrix} \boldsymbol{I} & \boldsymbol{0} \\ \boldsymbol{I} & \boldsymbol{0} \end{bmatrix}, \boldsymbol{J}_2 := \begin{bmatrix} \boldsymbol{I} & \boldsymbol{0} \\ \boldsymbol{0} & \boldsymbol{I} \end{bmatrix}$$

那么，这个系统是全局指数收敛稳定的，系统的收敛速度是 ρ。

通过式（9-3）可以看出，事件是否发生取决于当前时刻系统的整个状态变量。因此事件触发机需要与控制器安装在一起，在接收到所有无线传感器节点传输过来的系统状态后，才能决定是否有事件发生。因此这种方法被称为周期性集中式事件触发控制方法。

9.2.3 周期性分布式异步更新事件触发控制方法（ADPETC）

虽然 PETC 能够节约传输带宽和能量消耗，但是需要传感器节点在每次采集完系统状态后通过无线网络将系统状态信息发送给事件触发机。如果每个传感器节点均配备有自己的事件触发机，并由本地决定是否传输，那么事件触发控制方法在节约传输带宽上就有进一步提升的可能。这种由本地决定是否有事件发生的触发方式叫作分布式事件触发控制方法。ADETC[12] 就是这样一种分布式事件触发控制方法，可以大量节约通信带宽。但是有得必有失，这种方法要求所有的传感器节点连续地测量系统的输出量并检测事件触发条件是否满足，这会显著地提高系统的能量消耗水平。在这里，通过将周期性采样和 ADETC 结合，提出了一种周期性分布式异步更新事件触发控制方法，简称 ADPETC。此方法不仅能够保证系统在一定水平的稳定性和性能的前提下节约传输带宽，与此同时也能够减少能量消耗。

在 ADPETC 这种事件触发控制方法中，系统所有的节点，包括传感器节点、控制器节点、执行器节点，共享一个全局阈值。这个全局阈值由控制器在每次计算完新的控制信号后计算得到，并通过无线网络向所有传感器节点、执行器节点进行全局广播。阈值的计算遵循一个提前设计的阈值更新机制。而这个阈值更新机制则是设计控制系统的核心。设计的阈值更新机制充分利用了采样时刻控制器所有能够掌握的系统信息。基于这个全局阈值，每一个传感器节点和执行器节点

分别计算本地的阈值用于之后本地事件触发的决策。

在每一个采样时间，所有的传感器节点被唤醒，采集对应的系统当前输出值，并计算采样误差，即系统当前的采样值和最后一次更新的采样值的差值。之后由本地事件触发机决定本地是否有事件发生：如果采样误差大于本地阈值，则本地事件被触发。所有触发本地事件的传感器节点将本地最新采样的系统输出值通过无线网络传输给控制器。传输的数据包含两个部分，即采样误差的符号和采样误差超过本地阈值的倍数。显然，不同传感器节点之间的传输是完全非同步的，即一个传感器节点的传输只基于本地信息，完全独立于其他传感器节点。控制器基于传输的数据、存储的上一次更新的系统输出值和全局阈值，估计系统当前的输出值计算控制器输出。对于动态控制器，即有自己的控制器状态和存储器的控制器，控制器输出的采样和更新也可以采用相同的机制。通过这种方法，控制系统对无线网络传输带宽的占用和能量消耗可以同时降低。

考虑一个线性时不变系统：

$$\begin{cases} \dot{\xi}_p(t) = A_p \xi_p(t) + B_p \hat{v}(t) + E w(t) \\ y(t) = C_p \xi_p(t) \end{cases} \quad (9\text{-}5)$$

式中　$\xi_p(t) \in \mathbb{R}^{n_p}$ ——系统的状态向量；

　　　$y(t) \in \mathbb{R}^{n_y}$ ——系统的输出向量；

　　　$\overline{v}(t) \in \mathbb{R}^{n_v}$ ——系统的输入向量；

　　　$w(t) \in \mathbb{R}^{n_w}$ ——未知的扰动。

这个系统由一个离散时间控制器控制：

$$\begin{cases} \xi_c(t_{k+1}) = A_c \xi_c(t_k) + B_c \hat{y}(t_k) \\ v(t_k) = C_c \xi_c(t_k) + D_c \hat{y}(t_k) \end{cases} \quad (9\text{-}6)$$

式中　$\xi_c(t_k) \in \mathbb{R}^{n_c}$ ——控制器的状态向量；

　　　$v(t_k) \in \mathbb{R}^{n_v}$ ——控制器的输出向量；

　　　$\hat{y}(t_k) \in \mathbb{R}^{n_y}$ ——控制器的输入向量。

定义 $h > 0$ 为系统的采样时间。给出一个周期采样时间序列：

$$\mathcal{T} := \{t_k \mid t_k := kh, k \in \mathbb{N}\}$$

定义 $\tau(t)$ 为系统自最后一次采样后经过的时间，即

$$\tau(t) := t - t_k, t \in [t_k, t_{k+1})$$

针对被控系统和动态控制器组合在一起的系统，定义两个向量，分别代表系统的输入和输出：

$$\boldsymbol{u}(t) := \begin{bmatrix} \boldsymbol{y}^{\mathrm{T}}(t) & \boldsymbol{v}^{\mathrm{T}}(t) \end{bmatrix}^{\mathrm{T}} \in \mathbb{R}^{n_u}$$

$$\hat{\boldsymbol{u}}(t_k) := \begin{bmatrix} \hat{\boldsymbol{y}}^{\mathrm{T}}(t_k) & \hat{\boldsymbol{v}}^{\mathrm{T}}(t_k) \end{bmatrix}^{\mathrm{T}} \in \mathbb{R}^{n_u}$$

其中，$n_u := n_y + n_v$。$u^i(t_k)$ 和 $\hat{u}^i(t_k)$ 分别是向量 $\boldsymbol{u}(t_k)$ 和 $\hat{\boldsymbol{u}}(t_k)$ 的第 i 个元素。在每一个采样时间 $t_k \in \mathcal{T}$，作用在系统上的输入 $\hat{\boldsymbol{u}}(t_k)$ 由以下公式决定：

$$\hat{u}^i(t_k) := \begin{cases} \tilde{q}\big(u^i(t_k)\big), t_k \text{本地事件有触发} \\ \hat{u}^i(t_{k-1}), t_k \text{本地事件无触发} \end{cases} \tag{9-7}$$

其中，$\tilde{q}(s)$ 是经过量化采样后的信号 s。因此，在每一个采样时间，只有触发了事件的输出分量需要通过无线网络传输传感器采集的信号或者执行器需要的执行信号。在两个采样时间之间，则引入一个零阶保持器（Zero-Order Holder，ZOH），即

$$\hat{\boldsymbol{u}}(t) = \hat{\boldsymbol{u}}(t_k), \forall t \in [t_k, t_{k+1})$$

引入一个指示系统性能的向量 $\boldsymbol{z} \in \mathbb{R}^{n_z}$：

$$\boldsymbol{z}(t) = g(\boldsymbol{\xi}(t), \boldsymbol{w}(t)) \tag{9-8}$$

其中

$$\boldsymbol{\xi}(t) := \begin{bmatrix} \boldsymbol{\xi}_p^{\mathrm{T}}(t) & \boldsymbol{\xi}_c^{\mathrm{T}}(t) & \hat{\boldsymbol{y}}^{\mathrm{T}}(t) & \hat{\boldsymbol{v}}^{\mathrm{T}}(t) \end{bmatrix}^{\mathrm{T}} \in \mathbb{R}^{n_\xi}$$

$$n_\xi := n_p + n_c + n_y + n_v$$

此处 $g(s)$ 是一个依据需求而设计的方程。

无线网络化控制系统的结构如图 9-1 所示，图中展示了事件触发机（ETM）安装的位置。在这个结构中假设控制器、传感器和执行器物理上分散分布，即没有任何两个及以上节点安装在一起。

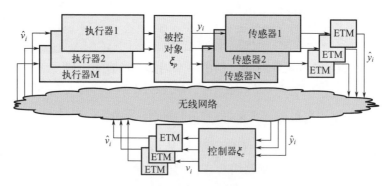

图 9-1　无线网络化控制系统的结构

对于式（9-7）中提到的本地事件触发条件，当如下的不等式成立时，一个事件将被触发：

$$\left| \hat{u}^i(t_{k-1}) - u^i(t_k) \right| \geqslant \sqrt{\eta_i(t_k)}, i \in \{1, \cdots, n_u\} \tag{9-9}$$

其中，$\eta_i(t_k)$ 是一个本地的阈值，其计算方法如下：

$$\eta_i(t) := \theta_i^2 \eta^2(t)$$

其中，θ_i 是一个设计的分布参数，满足 $|\theta| = 1$；$\eta: \mathbb{R}_0^+ \to \mathbb{R}^+$ 是全局阈值，其计算方法之后会详细讨论。在一个采样时刻 t_k，如果有事件被触发，$\hat{u}(t_k)$ 由如下方法更新：

$$\hat{u}^i(t_k) = \tilde{q}(u^i(t_k)) = q_\eta\left(u^i(t_k), \hat{u}^i(t_{k-1})\right)$$

$$:= \hat{u}^i(t_{k-1}) - \mathrm{sgn}\left(\hat{u}^i(t_{k-1}) - u^i(t_k)\right) m^i(t_k)\sqrt{\eta_i(t_k)} \tag{9-10}$$

其中

$$m^i(t_k) := \left\lfloor \frac{\left| \hat{u}^i(t_{k-1}) - u^i(t_k) \right|}{\sqrt{\eta_i(t_k)}} \right\rfloor$$

更新之后的采样误差为：

$$e_u^i(t_k) := \hat{u}^i(t_k) - u^i(t_k)$$

$$= -\mathrm{sgn}\left(\hat{u}^i(t_{k-1}) - u^i(t_k)\right)\left(m^i(t_k) - \frac{\left\lfloor \hat{u}^i(t_{k-1}) - u^i(t_k) \right\rfloor}{\sqrt{\eta_i(t_k)}} \right)\sqrt{\eta_i(t_k)} \tag{9-11}$$

可以轻松地观察到 $\left| e_u^i(t_k) \right| < \sqrt{\eta_i(t_k)}$。也就是说，当本地有事件被触发，在经过式（9-10）所示的更新后，不等式（9-9）所示的事件触发条件不再成立。之后的结果会展示，$\forall i \in \{1, \cdots, n_u\}, k \in \mathbb{N}, m^i(t_k) \leqslant \bar{m}_x < \infty$。因此，在实际应用中，针对每个输入信号的更新，只需要传输 $\mathrm{sgn}(\hat{u}^i(t_{k-1}) - u^i(t_k))$ 和 $m^i(t_k)$。因此对于每一个传感器或者执行器发送或者接收的数据包，只需要 $\log_2(m^i(t_k)) + 1$ 个字节即可包含全部信息。

定义

$$\Gamma_{\mathcal{J}} := \mathrm{diag}\left(\Gamma_{\mathcal{J}}^y, \Gamma_{\mathcal{J}}^v\right) = \mathrm{diag}\left(\gamma_{\mathcal{J}}^1, \cdots, \gamma_{\mathcal{J}}^{n_u}\right)$$

其中，$\mathcal{J}$ 是一个包含有索引的集合，对 $\boldsymbol{u}(t)$：$\mathcal{J} \subseteq \bar{\mathcal{J}} = \{1, \cdots, n_u\}$ 指示本地事

件的触发。定义 $\mathcal{J}_c := \bar{\mathcal{J}} \setminus \mathcal{J}$。对于任意 $l \in \{1, \cdots, n_u\}$，如果 $l \in \mathcal{J}$，那么 $\gamma_{\mathcal{J}}^l = 1$；如果 $l \in \mathcal{J}_c$，那么 $\gamma_{\mathcal{J}}^l = 0$。进一步，使用 $\Gamma_{\mathcal{J}} = \Gamma_{\{\mathcal{J}\}}$。定义：

$$C := \begin{bmatrix} C_p & 0 \\ 0 & C_c \end{bmatrix}, D := \begin{bmatrix} 0 & 0 \\ D_c & 0 \end{bmatrix}$$

本地的事件触发条件［式（9-9）］可以改写成如下的集合形式：

$$i \in \mathcal{J} \text{当且仅当} \xi^{\mathrm{T}}(t_k) \boldsymbol{Q}_i \xi(t_k) \geqslant \eta_i(t_k) \tag{9-12}$$

其中

$$\boldsymbol{Q}_i = \begin{bmatrix} \boldsymbol{C}^{\mathrm{T}} \Gamma_i \boldsymbol{C} & \boldsymbol{C}^{\mathrm{T}} \Gamma_i \boldsymbol{D} - \boldsymbol{C}^{\mathrm{T}} \Gamma_i \\ \boldsymbol{D}^{\mathrm{T}} \Gamma_i \boldsymbol{C} - \Gamma_i \boldsymbol{C} & (\boldsymbol{D} - I)^{\mathrm{T}} \Gamma_i (\boldsymbol{D} - I) \end{bmatrix}$$

至此，由式（9-5）～式（9-8）、式（9-12）表述的采用 ADPETC 的系统可以改写成如下混杂系统形式：

$$\begin{bmatrix} \dot{\xi}(t) \\ \dot{\tau}(t) \end{bmatrix} = \begin{bmatrix} \bar{A}\xi(t) + \bar{B}w(t) \\ 1 \end{bmatrix}, \tau(t) \in [0, h)$$

$$\begin{bmatrix} \xi(t_k^+) \\ \tau(t_k^+) \end{bmatrix} = \begin{bmatrix} \boldsymbol{J}_{\mathcal{J}} \xi(t_k) + \varDelta_{\mathcal{J}}(t_k)\eta(t_k) \\ 0 \end{bmatrix}, \tau(t) = h \tag{9-13}$$

$$z(t) = g(\xi(t), w(t))$$

其中，$\bar{B} = \begin{bmatrix} E^{\mathrm{T}} & 0 & 0 & 0 \end{bmatrix}^{\mathrm{T}}$，并且

$$\bar{A} = \begin{bmatrix} A_p & 0 & 0 & B_p \\ 0 & 0 & 0 & 0 \\ 0 & 0 & 0 & 0 \\ 0 & 0 & 0 & 0 \end{bmatrix}, \varDelta_{\mathcal{J}}(t_k) = \begin{bmatrix} 0 \\ B_c \Gamma_{\mathcal{J}}^y \in_y (t_k)\Theta_y \\ \Gamma_{\mathcal{J}}^y \in_y (t_k)\Theta_y \\ \Gamma_{\mathcal{J}}^v \in_v (t_k)\Theta_v \end{bmatrix}$$

$$\boldsymbol{J}_{\mathcal{J}} = \begin{bmatrix} I & 0 & 0 & 0 \\ B_c \Gamma_{\mathcal{J}}^y C_p & A_c & B_c (I - \Gamma_{\mathcal{J}}^y) & 0 \\ \Gamma_{\mathcal{J}}^y C_p & 0 & (I - \Gamma_{\mathcal{J}}^y) & 0 \\ 0 & \Gamma_{\mathcal{J}}^v C_c & \Gamma_{\mathcal{J}}^v D_c & (I - \Gamma_{\mathcal{J}}^v) \end{bmatrix}$$

其中，矩阵中的 I 为维度合适的单位矩阵。

$$\epsilon_y(t_k) := \mathrm{diag}\left(\frac{e_u^1(t_k)}{\sqrt{\eta_1(t_k)}}, \cdots, \frac{e_u^{n_y}(t_k)}{\sqrt{\eta_{n_y}(t_k)}}\right)$$

$$\epsilon_v(t_k) := \mathrm{diag}\left(\frac{e_u^{n_y+1}(t_k)}{\sqrt{\eta_{n_y+1}(t_k)}}, \cdots, \frac{e_u^{n_y+n_v}(t_k)}{\sqrt{\eta_{n_y+n_v}(t_k)}}\right)$$

$$\boldsymbol{\Theta}_y := \begin{bmatrix} \theta_1 & \cdots & \theta_{n_y} \end{bmatrix}^{\mathrm{T}}$$

$$\boldsymbol{\Theta}_v := \begin{bmatrix} \theta_{n_y+1} & \cdots & \theta_{n_y+n_v} \end{bmatrix}^{\mathrm{T}}$$

其中的 $\Delta_\mathcal{J}(t_k)\eta(t_k)$ 表示输入信号更新之后的量化误差，由式（9-10）、式（9-11）可得 $\dfrac{e_u^i(t_k)}{\sqrt{\eta_i(t_k)}} \in (-1,1)$。

根据文献［12］的引理 9，对于一个应用 ADETC 控制方法的系统，当系统的扰动 $w=0$ 时，如果要保证系统是全局渐进收敛稳定的，那么阈值 $\eta(t)$ 应该是一个单调递减的方程且 $\lim\limits_{t\to\infty}\eta(t)=0$。然而这种 ADETC 控制方法没有考虑系统存在扰动的情况。对于存在扰动的系统，$w \neq 0$，如果 $\eta(t)$ 取值非常小，此时 ADETC 控制方法受到系统扰动的影响会非常大，即系统对干扰具有非常弱的鲁棒性。因此对 $\eta(t_k)$ 规定了一个最小值 $\eta_{\min} > 0$，即 $\eta(t_k) \geqslant \eta_{\min}, \forall t_k \in T$。$\eta(t)$ 的更新在控制器计算，因此为充分利用控制器内的信息，使用控制器的状态 $\xi_c(t_k)$、系统输入值 $\hat{y}(t_k)$ 和 $\hat{v}(t_k)$ 来计算 $\eta(t)$。

值得注意的是，通过对 η 引入一个最小值 $\eta_{\min}$，$\lim\limits_{t\to\infty}\eta(t) \neq 0$，系统的状态 $\xi(t)$ 即使在系统的扰动 $w=0$ 时，也只能收敛到一个集合，而不是一个稳定点。因此如果系统的性能方程 z 是一个线性方程时，会无法取得系统的 $\mathcal{L}_2$ 增益。这是因为 $\xi \notin \mathcal{L}_2$ 导致 $z \notin \mathcal{L}_2$。针对这个问题，引入了一个非线性的系统性能方程，使得系统状态在稳定集合边界上时，z 的取值即为 0。

定义一个集合 $\mathcal{X}$ 使得 $(\boldsymbol{x},r) \in \mathcal{X} \subseteq \mathbb{R}^{n_\xi} \times [0,h]$，其中 $\boldsymbol{x}=\xi(t)$ 是系统的一个解，$r=\tau(t)$，$t \in \mathbb{R}_0^+$。$\mathcal{A} \subseteq \mathcal{X}$ 是一个包含原点的紧凑集。给出系统的性能方程：

$$z_\mathcal{A}(t) := \begin{cases} \bar{\boldsymbol{C}}\xi(t) + \bar{\boldsymbol{D}}w(t), \forall(\xi(t),\tau(t))\mathcal{X} \setminus \mathcal{A} \\ 0, \forall(\xi(t),\tau(t)) \in \mathcal{A} \end{cases} \tag{9-14}$$

其中，$\bar{\boldsymbol{C}}$ 和 $\bar{\boldsymbol{D}}$ 为设计的维数合适的矩阵。

接下来分析系统的稳定性和 $\mathcal{L}_2$ 性能。针对系统的性能 $z_\mathcal{A}(t)$，定义一个参考方程 $\tilde{z}(t)$ 如下：

$$\tilde{z}(t) := \bar{\boldsymbol{C}}\xi(t) + \bar{\boldsymbol{D}}w(t), \forall(\xi(t),\tau(t)) \in \mathcal{X} \tag{9-15}$$

针对给出的混杂系统模型，考虑一个备选的李雅普诺夫方程如下：

$$V(x,r) = x^{\mathrm{T}}P(r)x \tag{9-16}$$

其中，$x \in \mathbb{R}^{n_\xi}$，$r \in [0,h]$，$P:[0,h] \to \mathbb{R}^{n_\xi \times n_\xi}$ 满足一个里卡提（Riccati）微分方程：

$$\frac{\mathrm{d}}{\mathrm{d}r}P = -\bar{A}^{\mathrm{T}}P - P\bar{A} - 2\rho P - \gamma^{-2}\bar{C}^{\mathrm{T}}\bar{C} - G^{\mathrm{T}}MG \tag{9-17}$$

在这个微分方程中，$M := (I - \gamma^{-2}\bar{D}^{\mathrm{T}}\bar{D})^{-1}$；$G := \bar{B}^{\mathrm{T}}P + \gamma^{-2}\bar{D}^{\mathrm{T}}\bar{C}$，其中的 $\bar{A}$、$\bar{B}$、$\bar{C}$、$\bar{D}$ 已经在前述中定义，ρ 和 γ 是预先定义的参数。对于 $V(\xi(t),\tau(t))$，后续会使用其简写形式 $V(t)$。构建如下的汉密尔顿矩阵：

$$H := \begin{bmatrix} H_{11} & H_{12} \\ H_{21} & H_{22} \end{bmatrix}, F(r) := \mathrm{e}^{-Hr} = \begin{bmatrix} F_{11}(r) & F_{12}(r) \\ F_{21}(r) & F_{22}(r) \end{bmatrix}$$

其中

$$\begin{cases} H_{11} := \bar{A} + \rho I + \gamma^{-2}\bar{B}M\bar{D}^{\mathrm{T}}\bar{C} \\ H_{12} := \bar{B}M\bar{B}^{\mathrm{T}} \\ H_{21} := -\bar{C}^{\mathrm{T}}(\gamma^2 I - \bar{D}\bar{D}^{\mathrm{T}})^{-1}\bar{C} \\ H_{22} := -(\bar{A} + \rho I + \gamma^{-2}\bar{B}M\bar{D}^{\mathrm{T}}\bar{C})^{\mathrm{T}} \end{cases}$$

假设 9-1：对于 $\forall r \in [0,h]$，$F_{11}(r)$ 均可逆。

考虑到 $F_{11}(0) = I$ 和 $F_{11}(r)$ 均为连续方程，如果 h 的取值足够小，假设 9-1 总能够成立。根据文献 [3] 的引理 A.1，如果假设 9-1 成立，那么 $-F_{11}^{-1}(h)F_{12}(h)$ 是半正定的。定义矩阵 $\bar{S}$ 满足：

$$\bar{S}\bar{S}^{\mathrm{T}} := -F_{11}^{-1}(h)F_{12}(h)$$

接下来设计全局阈值更新律。在每一个采样时间 t_k^+，即当混杂系统[式（9-13）]发生跳跃后，控制器立即运行如下的全局阈值更新律：

$$\eta(t_k^+) = \mu^{-n_\mu(t_k^+)}\eta_{\min} \tag{9-18}$$

其中

$$n_\mu(t_k^+) := \max\left\{ 0, \left\lceil -\log_\mu\left(\frac{|\xi'(t_k^+)|}{\varrho\eta_{\min}}\right) - 1 \right\rceil \right\}$$

式中，$\eta_{\min}$ 是一个预先设计的最小阈值；$\varrho > 0$ 是一个预先设计的取值有限的参数；$\mu := \in (0,1)$ 也是一个预先设计的参数。在采样时刻 t_k^+，将控制器掌握的所有信息汇总成为一个向量，这个向量可以表示为：

$$\xi'\left(t_k^+\right) := \begin{bmatrix} \xi_c^{\mathrm{T}}\left(t_k^+\right) & \hat{\boldsymbol{y}}^{\mathrm{T}}\left(t_k^+\right) & \hat{\boldsymbol{v}}^{\mathrm{T}}\left(t_k^+\right) \end{bmatrix}^{\mathrm{T}}$$

引理 9-1:考虑系统［式（9-13）］,在运行全局阈值更新律［式（9-18）］之后,如果 $\eta\left(t_k^+\right) \neq \eta_{\min}$,那么

$$\varrho\eta\left(t_k^+\right) < \left|\xi'\left(t_k^+\right)\right| \leqslant \mu^{-1}\varrho\eta\left(t_k^+\right) \tag{9-19}$$

接下来分析混杂系统的跳跃部分。

引理 9-2:考虑系统［式（9-13）］,假设 9-1 成立。如果 $\gamma^2 > \lambda_{\max}\left(\overline{\boldsymbol{D}}^{\mathrm{T}}\overline{\boldsymbol{D}}\right)$, $\exists \boldsymbol{P}(h) \succ 0$ 满足 $\boldsymbol{I} - \overline{\boldsymbol{S}}^{\mathrm{T}}\boldsymbol{P}(h)\overline{\boldsymbol{S}} > 0$,并且存在标量 $\varrho > 0$、$\epsilon > 0$,使得如下的线性矩阵不等式（Linear Matrix Inequality,LMI）成立:

$$\begin{bmatrix} \epsilon\boldsymbol{I} & \tilde{\boldsymbol{F}}_1 & \tilde{\boldsymbol{F}}_2 & -\epsilon\boldsymbol{J}_{\bar{\mathcal{J}}} \\ \tilde{\boldsymbol{F}}_1^{\mathrm{T}} & \tilde{\boldsymbol{F}}_3 & \boldsymbol{0} & \boldsymbol{0} \\ \tilde{\boldsymbol{F}}_2^{\mathrm{T}} & \boldsymbol{0} & \tilde{\boldsymbol{F}}_2 & \boldsymbol{0} \\ -\epsilon\boldsymbol{J}_{\bar{\mathcal{J}}}^{\mathrm{T}} & \boldsymbol{0} & \boldsymbol{0} & \boldsymbol{P}(h) + \epsilon\boldsymbol{J}_{\bar{\mathcal{J}}}^{\mathrm{T}}\boldsymbol{J}_{\bar{\mathcal{J}}} - \epsilon\dfrac{\left|\overline{\Delta}_{\bar{\mathcal{J}}}\right|^2}{\varrho^2\boldsymbol{I}} \end{bmatrix} \succeq 0 \tag{9-20}$$

其中

$$\tilde{\boldsymbol{F}}_1 := \boldsymbol{F}_{11}^{-\mathrm{T}}(h)\boldsymbol{P}(h)\overline{\boldsymbol{S}}$$

$$\tilde{\boldsymbol{F}}_2 := \boldsymbol{F}_{11}^{-\mathrm{T}}(h)\boldsymbol{P}(h)\boldsymbol{F}_{11}^{-1}(h) + \boldsymbol{F}_{21}(h)\boldsymbol{F}_{11}^{-1}(h)$$

$$\tilde{\boldsymbol{F}}_3 := \boldsymbol{I} - \overline{\boldsymbol{S}}^{\mathrm{T}}\boldsymbol{P}(h)\overline{\boldsymbol{S}}$$

$$\overline{\Delta}_{\mathcal{J}} := \Delta_{\mathcal{J}}(t_k)\big|_{\epsilon_y(t_k)=\boldsymbol{I},\epsilon_v(t_k)=\boldsymbol{I}}$$

那么对于 $\forall t_k \in T$,$\left|\xi(t_k)\right| > \varrho\eta(t_k)$ 成立。同时 $V\left(\xi\left(t_k^+\right),0\right) \leqslant V\left(\xi(t_k),h\right)$ 也成立。

值得注意的是,ϱ 在所示的 LMI 中以非线性的形式存在,因此不能通过寻找这个 LMI 的可行解直接求得。作为代替,可以采用一个线性搜索算法来找到可行的 h 和 ϱ。

定义两个集合:

$$\mathcal{C}_H = \{(\boldsymbol{x},r) \,|\, (\boldsymbol{x},r) \in \mathcal{X}, r \in [0,h)\}$$

$$\mathcal{D}_H = \{(\boldsymbol{x},r) \,|\, (\boldsymbol{x},r) \in \mathcal{X}, r = h\}$$

和一个集合 $\underline{\mathcal{A}}$:

$$\underline{\mathcal{A}} := \left\{(\boldsymbol{x},r)\big|(\boldsymbol{x},r) \in \mathcal{X}, V(\boldsymbol{x},r) \leqslant \overline{\lambda}\,\overline{\varrho}^2\eta_{\min}^2\right\}$$

其中

$$\overline{\lambda} := \max\{\lambda_{\max}(\boldsymbol{P}(r)), \forall r \in [0,h]\}$$

$$\bar{\varrho} := \max\left\{ |\boldsymbol{J}_{\mathcal{J}}|\varrho + |\bar{\varDelta}_{\mathcal{J}}|, \forall \mathcal{J} \subseteq \bar{\mathcal{J}} \right\}$$

选择一个足够小的 $\eta_{\min}$ 可以保证 $\underline{\mathcal{A}} \subseteq \mathcal{A}$。对于系统 [式（9-13）、式（9-15）、式（9-18）]，定义一个新的李雅普诺夫方程：

$$W(\boldsymbol{x}, r) := \max\left\{ V(\boldsymbol{x}, r) - \bar{\lambda}\bar{\varrho}^2\eta_{\min}^2, 0 \right\} \tag{9-21}$$

在本章中，偶尔使用简写形式 $W(t)$ 代替 $W(\boldsymbol{\xi}(t), \tau(t))$。最后，定义：

$$z_{\underline{\mathcal{A}}}(t) := \begin{cases} \bar{\boldsymbol{C}}\boldsymbol{\xi}(t) + \bar{\boldsymbol{D}}\boldsymbol{w}(t), \forall (\boldsymbol{\xi}(t), \tau(t)) \in \mathcal{X} \setminus \underline{\mathcal{A}} \\ 0, \forall (\boldsymbol{\xi}(t), \tau(t)) \in \underline{\mathcal{A}} \end{cases} \tag{9-22}$$

可以明显地看出，如果 $\underline{\mathcal{A}} \subseteq \mathcal{A}$，那么 $|z_{\underline{\mathcal{A}}}(t)| \geqslant |z_{\mathcal{A}}(t)| \geqslant 0$。

定理 9-1：考虑系统 [式（9-13）、式（9-14）、式（9-16）、式（9-17）、式（9-18）、式（9-21）、式（9-22）]，如果 $\rho > 0$，$\gamma^2 > \lambda_{\max}(\bar{\boldsymbol{D}}^{\mathrm{T}}\bar{\boldsymbol{D}})$，如果引理 9-2 中的命题全部成立，并且 $\eta_{\min}$ 选取一个值使得 $\underline{\mathcal{A}} \subseteq \mathcal{A}$，那么当扰动 $\boldsymbol{w} = 0$ 时，系统状态全局渐进收敛至集合 $\mathcal{A}$；当扰动 $\boldsymbol{w} \neq 0$ 时，系统从 $\boldsymbol{w}$ 到 $z_{\mathcal{A}}$ 的 $\mathcal{L}_2$ 增益小于等于 γ，即 $|z_{\mathcal{A}}|_{\mathcal{L}_2} \leqslant \delta(\boldsymbol{\xi}(0)) + \gamma|\boldsymbol{w}|_{\mathcal{L}_2}$，其中 $\delta : \mathbb{R}^{n_{\xi}} \to \mathbb{R}^+$ 是一个 $\mathcal{K}_{\infty}$ 方程。

在实际系统中，传感器发送的数据实际上是 $m^i(t_k)$ 和误差的方向。因此为了设计一个适用的传输协议，需要计算 $m^i(t_k)$ 的上确界，即 $\bar{m}_x \geqslant m^i(t_k)$，$\forall t_k \in \mathcal{T}$。

命题 9-1：考虑系统 [式（9-13）、式（9-14）、式（9-16）、式（9-17）、式（9-18）、式（9-21）、式（9-22）]，如果 $\boldsymbol{w}$ 有界，即 $\boldsymbol{w} \in \mathcal{L}_2 \cap \mathcal{L}_{\infty}$，且定理 9-1 的命题均成立，那么：

$$\bar{m}_x = \max\{\bar{m}_x^i \,|\, i \in \{1, \cdots, n_u\}\} \tag{9-23}$$

其中

$$\bar{m}_x^i = \frac{(1 + \|[\boldsymbol{C}\,\boldsymbol{D}]\|)}{\theta_i}\sqrt{\frac{W(0)}{\eta_{\min}^2\underline{\lambda}} + \frac{|\boldsymbol{w}|_{\mathcal{L}_{\infty}}^2}{2\rho\eta_{\min}^2\underline{\lambda}} + \frac{\bar{\lambda}\bar{\varrho}^2}{\underline{\lambda}}} \geqslant m^i(t_k), \forall t_k \in \mathcal{T}$$

$$\underline{\lambda} = \min\{\lambda_{\min}(\boldsymbol{P}(r)), \forall r \in [0, h]\}$$

类似地，$n_u(t)$ 的上确界定义为 $\bar{m}_{\mu}$，可以由如下命题得到。

命题 9-2：考虑系统 [式（9-13）、式（9-14）、式（9-16）、式（9-17）、式（9-18）、式（9-21）、式（9-22）]，如果 $\boldsymbol{w}$ 有界，且定理 9-1 的命题都成立，那么 $\bar{m}_{\mu}$ 可以通过如下公式计算：

$$\bar{m}_{\mu} = \max\left\{ 0, -\log_{\mu}\left(\frac{(1 + \|[\boldsymbol{C}\,\boldsymbol{D}]\|)}{\varrho}\sqrt{\frac{W(0)}{\eta_{\min}^2\underline{\lambda}} + \frac{|\boldsymbol{w}|_{\mathcal{L}_{\infty}}^2}{2\rho\eta_{\min}^2\underline{\lambda}} + \frac{\bar{\lambda}\bar{\varrho}^2}{\underline{\lambda}}} \right) \right\} \tag{9-24}$$

对于从 i 节点发送的数据包，数据包的长度为 $\lceil \log_2 m^i(t_k) \rceil + 1$，其中额外的 1bit 用于指示误差的正负号。

在实际采用周期性分布式异步更新事件触发控制方法的时候，由于传感器计算的 $\mathrm{sgn}\left(\hat{\xi}_i(t_{k-1}) - \xi_i(t_k)\right)$ 与 $m_i(t_k)$ 都需要传输至控制器，因此，一个额外的广义动态量化器就被加入到系统的反馈通路中。在每个传感器节点，这个量化器的最大量化误差是 $\sqrt{\eta_i(t_k)}$。在使用水箱系统进行实验对比的时候，为了更好地展示、对比和分析，实际的实验应用了两种 ADPETC，即不包含和包含这个广义量化器。对于不包含这个广义量化器的控制器，系统直接传输传感器检测到的数据，这种方式被命名为绝对式周期性分布式异步更新事件触发控制方法（ADPETCabs），即 $\hat{\xi}_i(t_k) = \xi_i(t_k)$；对于包含广义量化器的控制器，反馈通路实际传输的是增量，这种方式被命名为增量式周期性分布式异步更新事件触发控制方法（ADPETCref）。在实际实验中，由于引入的高精度量化器的量化误差很小，甚至小于噪声，因此忽略这个高精度量化器引入的量化误差，认为只有 ADPETCref 包含量化器，并存在量化误差。

本节展示了一种 ADPETC 控制方法，这种控制方法结合了分布式事件触发方法、非同步采样值更新方法、动态缩放量化器，可以使控制系统在每次事件被触发时，只传输很少的数据用于更新采样值。相比较于周期性采样时间触发控制方法，这种方法能够大大减少传输的总次数；相比较于连续采样事件触发控制方法，这种方法能够减少传感器工作的时间。此外，每次用于更新采样值和更新全局阈值的数据包需要的最大数据量也已经给出。这个上确界能够有助于实际系统中设计适用的无线传输协议。

9.2.4 周期性分布式同步更新事件触发控制方法（SDPETC）

上一节介绍了一种周期性分布式异步更新事件触发控制方法 ADPETC。这种控制方法是异步更新的，即系统输入向量每一个元素的更新都是独立进行，彼此之间并不影响。这种方法能够显著地减少控制系统对于无线网络传输带宽的占用和系统能量的消耗。在这类方法之外，还有一类分布式事件触发方法，即分布式同步更新事件触发控制（Synchronous Decentralized Event-Triggered Control，SDETC）。虽然理论上分析能得出，若想达到相同的稳定性和性能，相比较于 ADETC，SDETC 要占用更多的带宽，并消耗更多的能量，但是这种方法依旧有自己独特的特点，且在实际物理系统实验中的表现可能略有不同。为验证其在实际物理系统中的表现，包括稳定性、性能、传输带宽占用和能量消耗等，依旧将其适配并部署在了水箱系统中。为了方便对比，本小节提出了一种包含有周期采用机制的 SDETC 方法，即周期性分布式同步更新事件触发控制（Synchronous Decentralized Periodic Event-Triggered Control SDPETC）方法，与 ADPETC 方法相对应。

本章提出的 SDPETC 方法是文献［13］中提出的 SDETC 方法的一个扩展，即引入一个周期采样方法，使得控制器对系统输出的采样和对应的事件触发决策按照一个固定时间间隔周期运行。在 SDPETC 中，一个核心的参数是分布式自适应参数。这个参数依据系统当前的状态、系统的动态过程和对下一次事件触发时间的估计共同计算得到。当有一个事件被触发，在控制器接收到所有更新的采样值之后，这个分布式自适应参数就会被重新计算。之后控制器会向所有的传感器节点广播计算更新后的自适应参数。所有传感器节点会周期性地从休眠状态唤醒，对系统的输出进行采样，运行本地的事件触发机，从而判断是否有事件发生。本地事件触发条件由一个预先给定的性能参数和本地自适应参数共同决定。如果有任何的传感器节点触发了事件，那么所有的传感器节点都要将最新采集的系统状态同步传输给控制器，这也是名称中"同步"的来源。控制器依据新采集的状态计算给执行器的控制信号和给传感器的自适应参数。

相比较于 PETC，SDPETC 不需要传感器周期性地向集中的事件触发机发送数据，因为采用的事件触发机是分布式的，即本地的事件触发机与传感器结合在了一起，所以需要传输的数据总量得以减少。相比较于 ADPETC 在设计参数时需要解一簇 LMI，SDPETC 只需要解 3 个 LMI，且不随着系统的维数增长而增长。

考虑一个线性时不变系统［式（9-1）］和对应的控制器［式（9-2）］，控制器中应用了一个采样保持器：

$$v(t) = K \hat{\xi}(t),$$

其中

$$\hat{\xi}(t) := \xi(t_b), t \in [t_b, t_{b+1})$$

且 $\{t_b\}_{b \in \mathbb{N}}$ 表示系统状态的更新时间。将系统的采样和保持效应看作一个测量误差，从而得到：

$$\varepsilon(t) := \hat{\xi}(t) - \xi(t)$$

系统的周期采样时间序列为：

$$\mathcal{T} := \{t_k | t_k := kh, k \in \mathbb{N}, h > 0\}$$

其中，h 是一个设计的采样周期。定义 $\tau(t)$ 为系统自上一次采样后经过的时间，即

$$\tau(t) := t - t_k, t \in [t_k, t_{k+1})$$

在每一个采样时间，系统的状态按照如下的更新律更新：

$$\forall t_k \in \mathcal{T}, \hat{\xi}(t_k) = \begin{cases} \xi(t_k), \text{产生事件} \\ \hat{\xi}(t_{k-1}), \text{不产生事件} \end{cases}$$

到目前为止，系统的描述与 PETC 很相似，之后开始不同。SDPETC 的状态更新方法和对应的分布式事件触发条件给出如下：

$$\hat{\xi}(t_k) = \begin{cases} \xi(t_k), \exists i : \varepsilon_i^2(t_k) - \sigma\xi_i^2(t_k) > \theta_i \\ \hat{\xi}(t_{k-1}), \forall i : \varepsilon_i^2(t_k) - \sigma\xi_i^2(t_k) \leqslant \theta_i \end{cases} \tag{9-25}$$

其中，$\varepsilon_i(t_k)$ 和 $\xi_i(t_k)$ 分别代表向量 $\varepsilon(t_k)$ 和 $\xi(t_k)$ 的第 i 个元素；σ 是一个预先给出的标量；$\{\theta_i\}_{i \leqslant n}$ 是自适应参数。根据式（9-25），可以定义系统触发事件的时间序列为：

$$\{t_b\}_{b \in \mathbb{N}} := \left\{ t_k \middle| t_k \in \mathcal{T}, \exists i, \varepsilon_i^2(t_k) - \sigma\xi_i^2(t_k) > \theta_i \right\}$$

自适应参数可以通过在每一个事件触发时间 t_b，$b \in \mathbb{N}$，求解如下方程组计算得到：

$$\begin{cases} \hat{G}_i(t_b + t_e) = \hat{\varepsilon}_i^2(t_b + t_e) - \sigma\hat{\xi}_i^2(t_b + t_e) - \theta_i(b) \\ \hat{G}_i(t_b + t_e) = \hat{G}_j(t_b + t_e), \forall i, j \in \{1, 2, \cdots, n\} \\ \quad\quad \sum_{i=1}^{n} \theta_i(b) = 0 \end{cases} \tag{9-26}$$

其中，对于 $t \in [t_b, t_{b+1})$：

$$\begin{cases} \hat{\xi}_i(t) = \xi_i(t_b) + \dot{\xi}_i(t_b)(t - t_b) + \frac{1}{2}\ddot{\xi}_i(t_b)(t - t_b)^2 + \cdots + \frac{1}{q!}\xi_i^{(q)}(t_b)(t - t_b)^q \\ \hat{\varepsilon}_i(t) = 0 - \dot{\xi}_i(t_b)(t - t_b) - \frac{1}{2}\ddot{\xi}_i(t_b)(t - t_b)^2 - \cdots - \frac{1}{q!}\xi_i^{(q)}(t_b)(t - t_b)^q \end{cases}$$

只要 $\sum_{i=1}^{n}\theta_i = 0$ 能够被满足，系统的状态就可以保证稳定，而不必考虑 θ 的取值或者应用的更新律。定义 $G_i(t) = \varepsilon_i^2(t) - \sigma\xi_i^2(t) - \theta_i(b)$，成为系统的决策间隙；定义 $\hat{G}_i(t)$ 为这个决策间隙的预测，这个预测通过对 $G_i(t)$ 应用泰勒展开得到。

理想情况下，希望设计的 θ_i 能够保证在事件触发的时间 t_b，$b \in \mathbb{N}$，$G_i(t_b) = G_j(t_b)$，$\forall i, j \in \{1, 2, \cdots, n\}$。在这种情况下，系统的事件触发机制与集中式事件触发机制等同，即 $\varepsilon^2(t_k) - \sigma\xi^2(t_k) \succ 0$，而不会将事件触发条件变得保守。然

而，实际上并不能提前得到事件触发的时间 t_b，因此期望求得精确的 $\varepsilon(t_b)$ 和 $\xi(t_b)$ 的预测值，通常情况下是难以实现的。提出式（9-26）所示的机制的目的就是通过 $\hat{G}_i$ 估计 G_i，通过 t_e 估计 t_{b+1}，使得 $G_i(t_{b+1}) = G_j(t_{b+1})$，$\forall i, j \in \{1, 2, \cdots, n\}$。通过这种方法实现的分布式事件触发机制，会将事件触发条件变得保守，但设计的时候还是希望这个保守量尽量减少，使得分布式事件触发控制方法的两次事件之间的间隔尽量接近集中式事件触发控制方法两次事件之间的间隔。

映射 $t_e : \mathbb{N} \to \mathbb{R}^+$ 可以选取为 $t_e(b) = h$ 或者选取为 $t_e(b) = t_b - t_{b-1}$。因此，通过在控制器中集中计算当前的 $\theta_i(b)$ 并传输给每一个传感器节点，传感器节点就可以在本地监测本地事件是否被触发。当本地有事件发生时，对应的传感器节点就会通知给控制器，控制器就向所有的传感器节点广播这个事件的发生，并接收所有传感器节点最新的采样值用于计算和更新控制信号。

接下来对系统的稳定性进行分析。首先将系统重写为混杂系统形式：

$$\begin{bmatrix} \dot{\xi}_d(t) \\ \dot{\tau}(t) \end{bmatrix} = \begin{bmatrix} \overline{A}\xi_d(t) \\ 1 \end{bmatrix}, \quad \tau(t) \in [0, h)$$

$$\begin{bmatrix} \xi_d(t_k^+) \\ \tau(t_k^+) \end{bmatrix} = \begin{cases} \begin{bmatrix} J_1\xi_d(t_k) \\ 0 \end{bmatrix}, \text{有事件产生且}\, \tau(t) = h \\ \begin{bmatrix} J_2\xi_d(t_k) \\ 0 \end{bmatrix}, \text{没有事件产生且}\, \tau(t) = h \end{cases} \tag{9-27}$$

其中，$\xi_d(t) = \begin{bmatrix} \xi^{\mathrm{T}}(t) & \hat{\xi}^{\mathrm{T}}(t) \end{bmatrix}^{\mathrm{T}}$，并且

$$\overline{A} := \begin{bmatrix} A & BK \\ 0 & 0 \end{bmatrix}, J_1 := \begin{bmatrix} I & 0 \\ I & 0 \end{bmatrix}, J_2 := \begin{bmatrix} I & 0 \\ 0 & I \end{bmatrix}$$

式中的 I 为维度合适的单位矩阵。接下来给出稳定性定理。

定理 9-2：对于系统［式（9-25）～式（9-27）］，给定一个收敛速率 $\rho > 0$，如果存在一个矩阵 $P \succ 0$，标量 $\mu_1, \mu_2, \mu_3 \geq 0$，使得

$$\begin{cases} \begin{bmatrix} \mathrm{e}^{-2\rho h}P - \mu_1 Q & J_1^{\mathrm{T}}\mathrm{e}^{\overline{A}^{\mathrm{T}}h}P \\ P\mathrm{e}^{\overline{A}h}J_1 & P \end{bmatrix} \succ 0 \\ \begin{bmatrix} \mathrm{e}^{-2\rho h}P + \mu_2 Q & J_2^{\mathrm{T}}\mathrm{e}^{\overline{A}^{\mathrm{T}}h}P \\ P\mathrm{e}^{\overline{A}h}J_2 & P \end{bmatrix} \succ 0 \\ \begin{bmatrix} \mathrm{e}^{-2\rho h}P + \mu_3 Q & J_1^{\mathrm{T}}\mathrm{e}^{\overline{A}^{\mathrm{T}}h}P \\ P\mathrm{e}^{\overline{A}h}J_1 & P \end{bmatrix} \succ 0 \end{cases} \tag{9-28}$$

成立，那么这个系统的状态全局指数收敛，收敛速率为 ρ。

在这个部分，介绍了一种事件触发控制方法，名为 SDPETC。这种方法结合了 SDETC 和周期采样方法。在这种事件触发控制方法中，传感器被要求周期性地对系统的输出量进行采样而不是连续采样。这种离散化的采样使得传感器的工作时间得以减少。与此同时，通过一个自适应参数，集中式的事件触发条件被分布化并与传感器设计在了一起。因此，事件可以完全由本地信息触发。这就保证了消耗的能量和需要的传输量同时降低。

9.3
传输协议设计

此部分阐述了三种基于 TDMA 的，分别针对 TTC、PETC、SDPETC 和 ADPETC 的控制和传输特性专门设计的传输协议，分别为用于 TTC、PETC 的集中式事件触发的时分多址传输协议（C-TDMA）、SDPETC 的同步更新事件触发的时分多址传输协议（SDC-TDMA）和 ADPETC 的异步更新事件触发的时分多址传输协议（ADC-TDMA）。

这些专门设计的新型传输协议具有如下的优势：

① 通过详细分析对应的事件触发控制方法，能够充分利用系统的通信特性，使得通信最优化；

② 每一个周期内，均能保证执行器节点监听无线信道的时间最短（无线节点接收数据前需要监听无线信道），从而节约能量；

③ 每一个时刻仅允许一个无线节点与基站节点之间进行传输，从而避免不同无线节点之间的传输冲突。

对于一个城市智能供水系统，其网络结构如图 9-2 所示。在这个网络结构中，所有的传感器和执行器节点被划分为不同的簇。每一个簇对应一个实际的供水区域，即 DMA。同一个簇的所有传感器、执行器和基站节点被包含进一个控制回路。在同一个簇内的传感器、执行器节点与基站节点实现一对一传输，并在每次成功传输后发送确认传输成功的信息。

基于这种传输要求，同一个簇的无线网络采用星形网络拓扑结构，基站节点作为星形网络拓扑结构的中心节点，所有同一簇内的无线节点都可以与本簇的基站进行通信。控制系统反馈通路的控制器就运行在基站节点上。

在本章中，基站节点和控制器节点有时互换使用，具有相同的意义。本书讨论的无线网络控制系统的传输调度方法仅仅应用于簇内，不同簇之间的信息交换不在本书讨论的范围内。水箱系统就是这样一个缩小了物理系统尺寸，减少了传感器和执行器节点的簇。

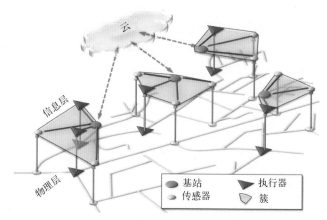

图 9-2　城市智能供水系统网络结构

9.3.1　简单 TDMA 传输协议

TDMA 是一个针对共享网络的传输通路准入方法。TDMA 可以实现多个节点共用一个传输通路，而不产生传输冲突。具体来讲，TDMA 传输协议将传输通路的传输时间分为不同的时间段 T_i，每一个时间段的长度均为 T。这个时间段叫作超级帧。每一个超级帧被进一步细分为更小的时间片 S_j，并满足 $\sum_{j=1}^{N} S_j \leqslant T$，其中 N 是共享同一个网络传输信道的所有传感器和执行器节点的数量。超级帧的长度可以是等长的，以便充分利用信道资源；也可以是不等长的，依据传输需要而缩短长度，从而允许新加入的节点使用相同的网络。在每一个时间片，只有一个指定的传感器或者执行器节点 N_j 被允许与基站节点传输：发送（tx）或者接收（rx）一段数据。在 S_j 以外的时间片，N_j 节点进入休眠模式或者按照设计执行其他任务，但不再占用网络带宽。为了避免由于 N_j 节点时钟漂移产生的传输时长超过自己的时间片结束边界导致的传输冲突，在每一个 S_j 结束前都插入一个看守时间片用来强制结束通信。图 9-3 展示了一个简单 TDMA 传输协议的超级帧。

由于每一个超级帧给所有传感器和执行器节点都注册了一个独占的用于与基站节点通信的时间片，因此一个基于 TDMA 的传输协议能够保证传输延时的上边界，即延时不会超过一个超级帧的长度。而传输延时的上边界的存在对于设计很多网络化控制器是必需的。另一方面，基于 TDMA 的传输系统要求所有节点时钟

必须同步，否则会产生传输冲突。较高的
时钟同步精度要求是应用基于 TDMA 的传
输系统的最大不足。目前常用的同步方法
有使用全球定位系统（GPS）和使用时钟
同步服务。使用 GPS 进行时钟同步能够在
较低功耗且不增加传输压力的情况下保证
时钟误差不超过 1ms。这种时钟同步技术
由于较好的鲁棒性和性能，被广泛应用在
范围较大环境开放的系统中，例如智能供

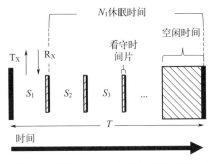

图 9-3 简单 TDMA 传输协议的超级帧

水系统。但是对室内节点，GPS 信号较弱，而部署时钟同步服务，即每间隔一段
时间运行一次时钟同步来同步所有节点的时钟的服务则是一种更好的选择，但是
会产生额外的能量消耗和传输带宽消耗。

9.3.2 C-TDMA 传输协议

C-TDMA 传输协议是一种针对 TTC 和 PETC 设计的基于 TDMA 的传输协议。
在每个超级帧开始的时候，所有的传感器从休眠状态苏醒并同步采样系统状态，
之后的时间片如图 9-4 所示。这些时间片由一个控制信号计算延时划分为两部分：
X- 时间片和 U- 时间片。

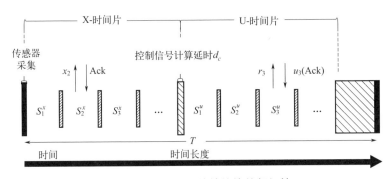

图 9-4 C-TDMA 传输协议的超级帧

（1）测量时间片 S_j^x，又称 X- 时间片

每一个传感器或执行器节点 N_j 在时间片 S_j^x 内向控制器传输本地采集到的系
统状态 x_j。在每一个时间片，只需要成功发送一次信息，因此，时间片 S_j^x 的长度
的选取完全取决于 x_j 的长度（例如每一个传感器一次发送 2 字节）和重复发送的
次数。重复发送次数越多，则系统的可靠性越高，但是相应地，占用的带宽资源
也越多，超级帧越长，传输延时也越大。

（2）延时 d_c

在依次接收到所有采样的系统状态 x_j，$\forall j \in \mathbb{N}$ 后，考虑到需要依据新接收到的系统状态和控制器的控制律为每一个执行器节点 N_j 计算新的控制输入 u_j，而这个计算需要一个时间，因此在超级帧中插入一个延迟时间用来等待计算结果。这个延迟时间的长度取决于控制器的结构、控制算法的计算复杂度和计算单元的计算能力。

（3）执行器时间片 S_j^u，又称 U- 时间片

作为最后一组的 U- 时间片与执行器节点 N_j 从控制器返回控制输入的通信有关。在每一个时间片 S_j^u，首先由第 N_j 个节点向控制器发送一个请求控制输入 u_j 的请求信息 r_j。控制器收到这个请求后，将控制输入 u_j 封装入返回的应答消息，也就是说由执行器节点向控制器发送一次通信作为控制输入传输的请求，由控制器返回的确认收到的消息包含控制输入值。使用 r_j 请求发送控制输入的通信方法有两个巨大的优势：减轻控制器端的工作负荷；减少 N_j 节点监听信道的时间。如果不采用这种方式，就需要由控制器连续定向发送或者广播控制输入 u_j，这会影响控制器的其他任务的执行；与此同时，N_j 节点不得不连续工作在监听模式，并完整地监听 S_j^u 时间片直到一个控制输入被成功传输完毕。实验结果表明，对于发送和监听消耗相同能量的无线模块，请求控制信号的方法能够节约更多的能量。S_j^u 的长度取决于 u_j 信号的长度。

根据上面的分析，一个超级帧的最小长度 $T_{\min}$ 由 X- 时间片、U- 时间片、d_c 的长度和节点的数量决定。此外，这个计算的 $T_{\min}$ 也可以看作是控制系统的最大传输延时。

TTC 和 PETC 都是集中式的控制方法，控制器运行在基站节点内，PETC 的事件触发机也运行在基站节点内。在使用这两种控制方法的时候，控制系统需要所有传感器每隔 T_i 时间利用 X- 时间片传输采集到的系统当前的状态给基站节点。之后的行为略有不同。在 TTC 的控制系统中，控制器每隔 T_i 时间利用 U- 时间片向所有执行器节点发送最新计算的控制信号 u_j。而在 PETC 的控制系统中，基站节点首先运行事件触发机，如果满足事件触发条件，则有事件发生，新的控制输入 u_j 才被计算出来并传输给执行器；否则的话，就不会继续接下来的计算和传输。这样就使得 PETC 的控制系统能够减少对执行器的控制输入量的传输，并通过减少执行器运行减少能量消耗。值得注意的是，PETC 相对于 TTC，其控制律是相同的，仅仅多了一个事件触发条件判断过程，因此，并没有增加很多的基站节点计算时间。

9.3.3　SDC-TDMA 传输协议

SDPETC 是一种分布式事件触发控制方法，系统的每一个传感器节点均配备有一个本地的事件触发机，它决定了在 T_i 时刻，本地测得的系统状态是否需要传输。在这种方法中，每隔 T_i 时间，都需要运行一次事件触发机。当某一个事件触发机有事件产生，则反馈通路闭合一次。每一次计算控制输入 u_j 和参数 θ_i 都需要系统当前所有状态的信息。例如，考虑一个拥有三个节点的系统，三个节点分别为 $\{N_1, N_2, N_3\}$，假如在这三个节点中，只有 $\{N_2, N_3\}$ 两个节点检测到了事件发生。此时控制器会要求所有三个节点都将采集到的系统状态发送到控制器，用于计算控制输入。对于这个系统，在一个基于 TDMA 的传输协议中，每一个节点都被指定一个时间片 S_j。如果采用 C-TDMA，N_1 节点由于没有事件发生，且没有与其他节点之间的信息交换，并不知道 N_2 和 N_3 节点触发了事件，因此不能将本地测得的系统状态传输给控制器。为了解决这一问题，相比较于 C-TDMA，SDC-TDMA 传输协议引入了一组新的时间片 S_j^v，或者叫 V- 时间片。SDC-TDMA 传输协议的超级帧如图 9-5 所示。

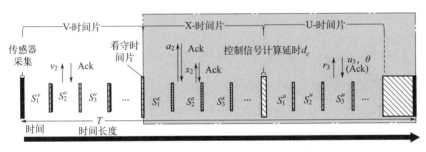

图 9-5　SDC-TDMA 传输协议的超级帧

（1）触发时间片 S_j^v，又称 V- 时间片

在每一个超级帧开始的时候，每个节点采集本地的系统状态并运行本地的事件触发机。如果事件触发机满足条件，则事件被触发，并利用 N_j 对应的 S_j^v 时间片向控制器发送 v_j，一个布尔信号，指示本地有事件被触发。

（2）测量时间片 S_j^x，又称 X- 时间片

在每一个时间片 S_j^x 的开始时刻，对应的节点 N_j 通过发送一个申请信号 a_j 向控制器询问在同一个超级帧的 V- 时间片，控制器有没有收到任何事件发生信号。如果没有发生事件，所有的传感器节点立即转入休眠模式，并等待下一个时间段 T_{i+1}。如果有事件发生，每一个传感器节点向控制器发送系统状态 x_j。

（3）延时 d_c 和执行器时间片 S_j^u，又称 U- 时间片

与 C-TDMA 传输协议相似，在一个延迟时间 d_c 后，每一个节点向控制器发送控制输入 u_j 请求。控制器将计算好的 u_j 和新的阈值参数 θ_j 封装在 U- 时间片的应答信息中并返回给对应节点。

根据前述的分析可以看到，由于引入了 V- 时间片，SDC-TDMA 传输协议牺牲了信道的不被占用的时长，增加了最小时间间隔 $T_{\min}$ 的长度，增大了系统的延时。当然，在没有事件被触发的超级帧内，由于没有使用 U- 时间片传输系统状态 x_j，因此通信时间可以有较为明显的减少。

9.3.4　ADC-TDMA 传输协议

与 SDPETC 相似，ADPETC 也是分布式的事件触发控制方法，因此事件是否发生由本地的事件触发机决定。不同的是，由于此种方法的异步更新特性，每一个时间周期 T_i 内，并不是所有的节点 N_j 都需要将本地的系统状态 x_j 传输至控制器，因此 ADPETC 能够进一步减少通信的数量。使用 ADPETC 的控制系统会有一个额外的开销，即基站节点需要向所有的 N_j 节点广播 η_j 的更新信息。

ADC-TDMA 传输协议超级帧的结构有点类似于 C-TDMA 的超级帧的结构，如图 9-6 所示。ADC-TDMA 也包含传感器检测系统状态的任务、X- 时间片、d_c 延时和 U- 时间片。在一个 S_j^x 时间片，节点 N_j 运行本地的事件触发机。如果没有事件被触发，那么 N_j 节点跳过传输部分并进入休眠模式直到 S_j^u 时间片的到来。值得一提的是，N_j 节点向控制器传输系统状态 x_j 的时候，在 ADPETCabs 中，传输的是 x_j 本身；而在 ADPETCref 中，传输的是增量 m_j。之后，控制器使用发生事件的节点的最新系统状态和没有发生事件的节点的最新的历史系统状态，依据控制律计算控制输入并更新本地和全局的阈值 η。

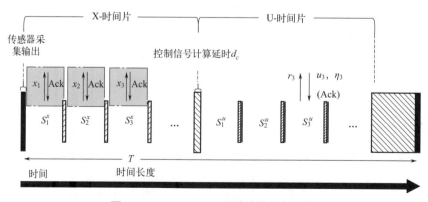

图 9-6　ADC-TDMA 传输协议的超级帧

在 U- 时间片中，每一个节点都需要发送一个请求信号 r_j 给控制器，用于确认是否有其他任何节点产生了事件信息。因此，有任何一个节点触发了事件，会导致传感器和执行器节点需要接收更新后的 u_j 和 η_j。u_j 和 η_j 信号的传输均通过向应答信息封装数据的方式实现。

9.4
运行结果与分析

对于给出的事件触发控制方法，一旦对应的线性矩阵不等式，例如式 (9-4)、式 (9-20)、式 (9-28)，存在可行解，那么无论 $A=0$ 或是 $A \neq 0$，系统都是稳定的。值得注意的是，对于不同的触发控制方法，系统的线性化模型、切换控制器的切换条件和由于硬件产生的输入信号量化都是相同的，因此彼此之间的对比是公平的。

在水箱系统上，选取了超过 40 种不同的运行条件，例如不同的触发控制方法和对应的通信协议，对每一个运行条件都重复运行实验 10 次。在每个实验中，都遵循相同的控制目的，即维持供水水箱液面稳定在给定值。每个实验都进行 $7 \sim 10 \text{min}$，整个实验过程包括水箱液面高度初始化，实验运行，采集和存储来源于传感器、执行器和控制器的数据。在这一节内容，将总结通过这超过 400 个实验取得的结论。

9.4.1 参数选取

通过对每个传感器和执行器节点的 Intel Edison 嵌入式开发板集成的 WiFi 模块写入针对每个不同通信协议编写的程序，从而实现对不同通信协议的部署。表 9-1 展示了配置的通信系统的参数。其中预设的数据包长度、通信时间片时间长度和看守时间片长度都是基于选定的基础硬件，通过一系列的实验确定的。

基于表 9-1 的时间参数和对传输时间片的分析，可以得到：对于 C-TDMA 和 ADC-TDMA 两种传输协议，最短的 $T_{\min}$ 需要 406ms；而对于 SDC-TDMA，由于额外的 V- 时间片，最短的 $T_{\min}$ 则需要 564ms。因此，针对 TTC、PETC 和 ADPETC（包括绝对值传输和增量传输），选择了三种时间间隔，即 $T=0.5\text{s}$、1s 和 2s；而对于 SDPETC，选择了两种时间间隔，即 $T=1\text{s}$ 和 2s。选取的时间间隔和其他事件触发控制器参数如表 9-2 所示。其中 σ 和 ϱ 是事件触发控制器的参数，其选取通过寻找对应的线性矩阵不等式的可行解求得，μ 则通过实验手动选取。对于以上所有列在表 9-2 中的时间 T，假设 9-1 都成立。

表 9-1 通信系统参数的选取

类型	参数	取值	描述
数据包长度	x_j	36Bytes	节点 ID
			时间标签
			入水压力
			出水压力
			流速
			总流量
			液面高度
			能量消耗
			涡轮产生能量
	Ack$|r_j$, a_j	1Bytes	0 或者 1| 节点 ID
	u_j, η_j, θ_j	2Bytes	控制信号和参数
	m_j	4Bytes	状态增量
时长	S_j^x	80ms	X- 时间片长度
	S_j^u, S_j^v	50ms	U- 时间片和 V- 时间片长度
	d_c	10ms	控制信号计算时长
	d_g	5ms	触发条件决策时长
	看守时间片	1ms	强制任务结束时间

实验共分两组。第一组实验关注事件触发控制器三个参数，即 σ 、 μ 、 ϱ 对于系统性能的影响。此时，对于所有列在表 9-2 中的不同的事件触发控制器参数组合，均使用同一个定长的时间间隔 T=1s。另一组实验则对比不同长度的时间间隔 T 对于系统行为的影响。在此组实验中，保持 $\sigma = 0.2$ 、 $\mu = 0.95$ 、 $\varrho = 85$ 不变，分别选取 T=0.5s、T=2s 重复运行实验。这组实验的参数在表 9-2 中使用粗体标出。为了保证实验结果的可信度，每个参数组合的实验均重复了 10 次。实验结果使用平均值处理。通过实验发现，实验开始后运行 110s 能够保证系统切换至模式 1，并保证系统进入稳态。定义这个 110s 时间为 t_{end}=110s，并定义系统进入稳态的时间为 T_{exp}。在系统开始运行到结束的所有传感器和控制器采集的数据将被系统记录并用于分析。

表 9-2 控制系统的参数

控制方法	T/s	参数	取值
TTC	**0.5**，1，**2**	—	—
PETC	**0.5**，1，**2**	σ	0.05，0.1，**0.2**
SDPETC	1，**2**		
ADPETC (abs & rel)	**0.5**，1，**2**	μ	0.75，**0.95**
		ϱ	**85**，120

9.4.2 评价指标

针对 TTC、PETC、SDPETC、ADPETCabs 和 ADPETCref 进行的实验，本章选择如下几个评价指标进行分析对比。

① 水位超调量：在系统运行的瞬态过程中液面高度达到的最大值。这个指标能够显示出液面高度的最大值，这个值与供水系统的安全作业息息相关，例如液面最大高度不得高于供水水箱箱壁的高度，否则会导致溢出。

② 切换时间（t_{sm}）：系统开始运行的时间 t_0 到第一次切换控制器的时间 t_{sm}。通过这个时间指标可以预测系统进入稳态的时间。一般来讲，系统进入稳态的时间较难测定，而通过第3章控制器的设计与分析部分，可以发现控制器的切换时间容易测定，且可以在一定程度上指示系统进入稳态的时间。

③ 休眠时间：系统所有节点的休眠时间的总和。这个指标能够显示传感器和执行器节点对无线网络带宽的占用和节点能量的消耗。

④ 能量消耗：针对能量消耗，水箱系统安装了一个定制的能量传感器模块，这个模块可以以 10kHz 的频率检测节点的输入电流 c_n，结果以毫安的形式记录。根据记录的数据，系统在一个时间段 Δt 内的能量消耗就可以通过如下公式得到：

$$E(\Delta t) = \langle C \rangle_{\Delta t} \times \frac{\Delta t}{3600}$$

其中，$\langle C \rangle_{\Delta t}$ 是 Δt 时间段内系统的平均电流。通过使用一个硬件实现的均值进行计算，来保证电流测量的连续性。系统的能量消耗包括：由于通信产生的能量消耗、传感器检测产生的能量消耗、执行器运动产生的能量消耗和休眠时产生的能量消耗。在此引用了两个能量消耗评价指标：系统所有状态的能量消耗和不考虑休眠的能量消耗。

基于这个能量消耗的评价指标，不同硬件结构、传输协议和控制方法下，水箱系统无线节点的供电电池的生命周期就可以展示出来并进行对比。

⑤ 执行器动作次数：阀门角度改变次数之和，即

$$\sum_{\forall t_k \in [t_0, t_{end}]} \sum_{j=1}^{3} \mathcal{Y}_J(t_k)$$

其中

$$\mathcal{Y}_J(t_k) = \begin{cases} 1, \alpha_j^{in}(t_k) \neq \alpha_j^{in}(t_{k-1}) \\ 0, 其他 \end{cases}$$

其中，t_k 是系统的离散运行时间。执行器总的动作次数显示了执行器的寿命。而执行器的寿命在工业领域是一项非常重要的指标。例如，在水管网络系统中，如果阀门的执行动作量加大了，就有可能导致机械部件的磨损和疲劳损伤，进而提高系统维护养护的频率和费用。

⑥ 阀门总的行程：阀门总的行程是将相邻两次执行动作导致的阀门开关角度的差值，以绝对值的形式求和得到，即

$$\sum_{\forall t_k \in [t_0, t_{\text{end}}]} \sum_{j=1}^{3} \left| \alpha_j^{in}(t_k) - \alpha_j^{in}(t_{k-1}) \right|$$

结合执行器动作次数，阀门总的行程可以用来预测物理系统的生命周期。

⑦ 事件触发次数：事件触发条件被满足的总的次数。对于每一次事件触发，控制器都需要计算并向所有三个节点发布最新的控制输入 u_j，每次总计 3 个信号。因此控制输入的总的传输次数等于事件触发次数的 3 倍。事件触发次数这个评价指标显示了执行器节点需要使用的无线网络传输量。值得注意的是，事件触发次数和执行器动作次数是两个不同的值，因为控制器可能连续给出相同的控制输入。

⑧ 系统状态传输量：向控制器传输的系统状态 x_j 的总的数量。这个指标显示了传感器需要使用的无线网络传输量。事件触发次数和系统状态传输量合在一起显示了系统需要使用的总的无线网络传输量，或者称为无线网络带宽占用量。

9.4.3 运行结果与分析

图 9-7 展示了一组实验结果。展示的数据来源于从传感器和执行器节点以及基站节点收集的数据。接下来将详细分析：不同的硬件结构与系统休眠时消耗的能量的对比；不同的事件触发控制器参数和采样时间间隔对系统性能的影响；事件触发控制系统与时间触发控制系统在总的能量消耗上的对比。

（1）能量消耗与系统休眠时间的关系

由于硬件结构的原因，水箱系统的传感器和执行器节点在休眠模式会消耗更多的能量。这是因为当系统进入休眠模式时，控制系统就会让出传感器和执行器节点操作系统调用任务的优先权，此时操作系统会运行后台任务，而这些后台任务会消耗更多的能量。为了在现有硬件条件下对比其他硬件结构在休眠模式下所能达到的最低能量消耗，提供了两个能量消耗指标，即最高能量消耗和最低能量消耗。最高能量消耗由实验结果取得，即为节点的实际能量消耗；最低能量消耗则是对支持深度休眠模式的硬件的最低能量消耗的预测。这个最低能量消耗通过最高能量消耗减去控制系统休眠时消耗的能量得到。在图 9-8（c）、（d）中可以清晰地观察到系统的能量消耗的范围。结果显示，在所有的情形当中，随着休眠时间的增长，最高能量消耗也会成比例地增加，而最低能量消耗则会成比例地减少。值得注意的是，SDPETC 由于引入了 V- 时间片导致能量消耗会高于其他方法。然而图 9-8（c）、（d）显示的结果却是相反的，即最高能量消耗更低，最低能量消耗更高。这个就是选用的无线节点嵌入式硬件的能量消耗的特性导致的，即休眠模

式消耗更多的能量。总体来讲，相比较于其他的方法，ADPETCabs 和 ADPETCrel 消耗的能量最少。对于使用相同通信协议的 PETC 和 TTC 两种方法，PETC 的表现稍稍好于 TTC，这是由于 PETC 能够减少执行器的执行动作。之后会详细展示定量的对比结果。

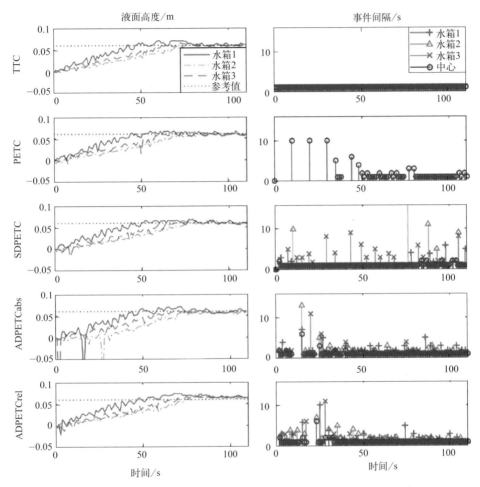

图 9-7　部分实验结果（在 SDPETC 中，水箱 2 的最大事件触发间隔是 66s）

（2）事件触发参数的影响

图 9-8 显示了不同的事件触发控制器参数，即 σ、ρ、μ 在相同的采样时间间隔下即 T=1s 时对实验结果的影响。实验结果与前述的理论分析结果相吻合。在 PETC 和 SDPETC 两种方法中，一个较小的 σ 会使控制系统更加保守，导致事件触发条件被更加频繁地满足而触发更多的事件，如图 9-8（g）所示；进而导致更多的执行器运行次数，如图 9-8（e）所示；最终导致能量消耗的增加，如图 9-8（d）所示。基于同样的原因，在分布式的 SDPETC 控制方法中，随着 σ 增大，系

统状态的传输量会相应减少，如图 9-8（h）所示。

在 ADPETC 中，较大的 ϱ 会使控制系统更加保守，这与 PETC 中较小的 σ 的效果类似。通过图 9-8（e）、（g）可以清晰地看到，较大的 ϱ 会导致更多的执行器动作并触发更多的事件。一个较大的 μ 可以导致阈值升级更加频繁，但是会使阈值变得不那么保守，最终导致允许的采样误差可以稍大一点。此外，从图 9-8（g）可以看出，相比于 σ 和 ϱ 而言，μ 的选择对于系统触发事件的影响更大。

（3）采样时间间隔的影响

图 9-9 显示了在给定相同的 σ、ρ、μ 情况下，不同长度的采样时间对系统的影响。通过图 9-9 可以清楚地看到，一个较小的采样时间 T 会导致控制系统较好的性能，但是会增加能量消耗。由于执行器量化对系统水位会有影响，但系统的水位超调量几乎没有变化。一个较长的采样时间间隔会导致较长的收敛时间和较长的休眠时间。类似地，最高能量消耗也显示了这种影响：由于操作系统在休眠时刻运行后台任务会导致更多的能量消耗，因此较长的休眠时间会导致较高的能量消耗量。相反地，系统最低能量消耗显示了一个支持深度休眠的硬件系统在较长的采样时间间隔 T 下，由于较长的休眠时间，系统的能量消耗能够明显地降低。

（4）相比于 TTC 节约的能量

表 9-3 和表 9-4 显示了不同的事件触发控制方法相比于 TTC 的能量消耗的对比。表 9-3 显示的是在 $period_1 = [0, t_{end}]$ 周期内，即总的实验时间内的能量消耗的对比；而表 9-4 显示的是在 $period_2 = [0, t_{sm}]$ 周期内，即实验开始到系统切换的时间内能量消耗的对比。

表 9-3　Period₁ 周期内，与 TTC 控制系统能量消耗对比　　　　　　单位：%

方法	PETC	SDPETC	ADPETCabs	ADPETCref
水位超调量	3.18	1.24	2.44	-19.72
切换时间	-0.69	-0.55	3.47	-20.53
休眠时间	0.97	11.03	4.74	3.28
能量消耗	1.1	-57.6	6.9	13.2
执行器动作次数	18.6	8.2	27.2	9.7
阀门总的行程	-1.7	1.5	7.5	30.5
事件触发次数	42.8	21.5	44.8	51.8
系统状态传输量	0	21.5	51.6	56.0

注：能量消耗选取总的实验时间，即 $[0, t_{end}]$，选定事件触发控制器参数 $\sigma = 0.2$，$\rho = 85$，$\mu = 0.95$。

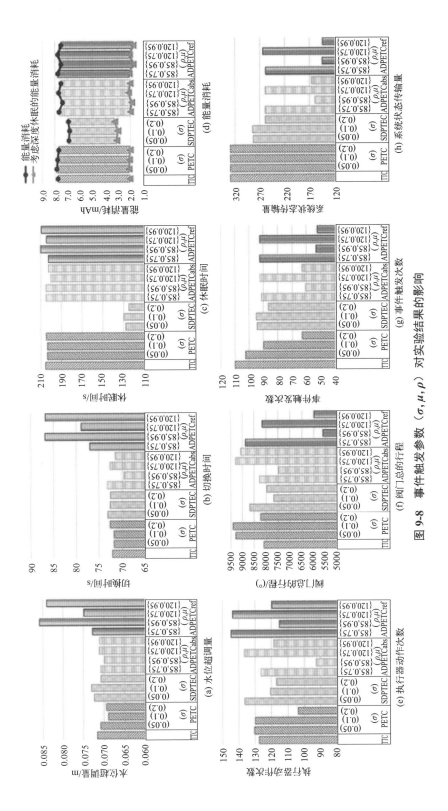

图 9-8　事件触发参数 (σ, μ, ρ) 对实验结果的影响

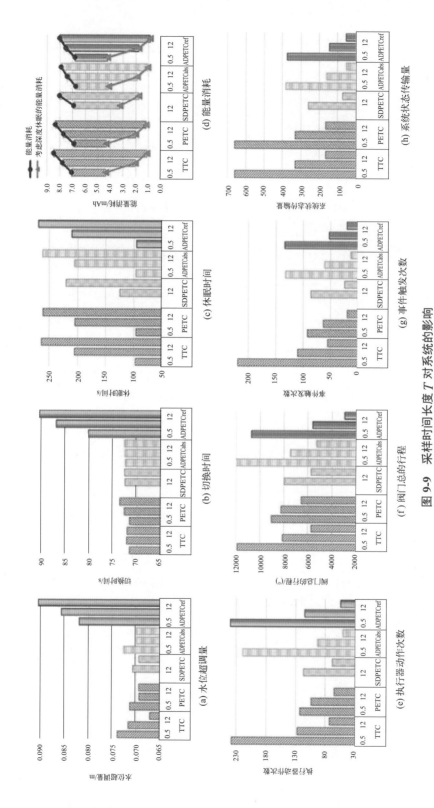

图 9-9　采样时间长度 T 对系统的影响

表 9-4 $period_2$ 周期内，与 TTC 控制系统能量消耗对比   单位：%

方法	PETC	SDPETC	ADPETCabs	ADPETCref
水位超调量	3.15	1.67	3.02	−19.72
切换时间	−0.69	−0.55	3.47	−20.53
休眠时间	1.34	10.97	9.22	−15.23
能量消耗	2.4	−66.9	11.9	−4.5
执行器动作次数	30.3	10.4	34.7	14.4
阀门总的行程	17.3	8.3	24.1	22.6
事件触发次数	55.2	14.6	57.0	49.1
系统状态传输量	−0.7	14.6	63.9	54.5

注：能量消耗选取实验开始至切换的时间，即 $[0, t_{sm}]$，选定事件触发控制器参数 $\sigma = 0.2$，$\rho = 85$，$\mu = 0.95$。

在 $period_1$ 时间范围内，PETC 与 TTC 表现相似，不同的地方在于 PETC 相比于 TTC 减少了 18.6% 的执行器动作和 42.8% 的事件触发次数（规定 TTC 每个采样时刻都触发事件）。除了以上节约的部分，PETC 会比 TTC 产生更多的阀门行程。通过观察最小能量消耗和事件触发数量之间的关系，SDPETC 相比于 PETC 而言更加保守，即产生更多的事件。由于分布式传输结构的引入，SDPETC 会减少阀门总行程和系统状态的传输量。ADPETCabs 在所有的控制方法中的表现是最好的。由于非同步分布式传输结构的引入，无论在事件触发量、状态传输量还是执行数量上均有较为明显的节约：相比于 TTC，分别节约了 44.8%、51.6% 和 27.2%。ADPETCref 在事件触发量和通信节约量上与 ADPETCabs 的表现相近，但是在水位超调量和切换时间上有明显的不足。这是由于 ADPETCref 方法通过增量的方法更新信息，这种更新机制会引入一个额外的量化误差。这个量化误差虽然会使控制系统的性能恶化，但是能允许触发机有着相比于其他任何触发控制方法对噪声的更好的鲁棒性。

在 $period_2$ 时间范围内，有一些事件触发控制方法的实验结果相比于在 $period_1$ 时间范围内的结果有一些偏离。例如，在 PETC 中，$period_2$ 范围内会比 $period_1$ 范围内节约更多的执行器动作数量。通过分析发现在 $period_1$ 中，单独使用流量泵无法向供水水箱提供足够量的饮用水，这会导致供水水箱的液面在终端用户用水消耗量较大时持续降低，即系统状态持续偏离稳定点。因此，事件触发条件会不断被触发。相比于其他事件触发控制方法，SDPETC 和 ADPETCabs 有一个相对较小的水位超调量。同样，ADPETCabs 相比于其他事件触发控制方法会有更好的表现，例如在事件触发量上减少了 57%，在执行器运作次数上减少了 34.7%。

9.5
结论

本章介绍了几种适用于无线网络化控制系统的事件触发控制方法，并且通过设计新型通信协议将周期性的集中式和分布式事件触发控制方法部署在了智能水分布系统——水箱系统中。针对 4 种控制方法和对应的传输协议，设计了 2 组共40 个实验，通过收集的实验数据对比展示了事件触发控制方法在分布式供水系统智能控制中的优势。

事件触发控制方法相比较于传统的时间触发控制方法，无论是在执行器执行数量上（最高可减少 35%）还是在总行程上（最高可减少 24%）均有优势，因此事件触发控制方法可以减少物理系统执行器部件的磨损，提高部件的可靠性，延长部件的生命周期，这些都非常有助于延长供水系统的维护周期，减少维护作业数量，降低维护费用。

水箱系统的传感器和执行器节点含有一个具有一定计算能力的嵌入式控制器，用于实现较为复杂的智能控制方法，例如分布式事件触发控制方法。一个精选的具有深度睡眠功能的嵌入式控制器，例如 ARM，能够比当前硬件系统进一步节约能量消耗。一般来讲，能量消耗的节约率应该接近事件触发量节约率（最高节约57%）和状态传输量节约率（最高节约 64%）；其中事件触发量指示了执行器需要的传输量，而状态传输量指示了传感器需要的传输量。

引入周期性事件触发控制方法（集中式或者分布式）的一个额外的好处是降低了传感器的采样率。一个连续采样或者工程上近似的高采样率的传感器会要求非常高的能量供应。对于一些传感器节点，传感器采样消耗的能量甚至超过无线通信部分消耗的能量。此外，实验结果也显示出，更高的传感器采样率并不一定能保证更好的控制器性能。

本章附录：证明

下面给出的两个引理来源于文献 [2] 中定理Ⅲ.2 的证明部分，这两个引理将用于接下来的证明。

引理 9-3：考虑系统 [式（9-13）、式（9-15）、式（9-16）、式（9-17）]，假设9-1 成立。如果 $\gamma^2 > \lambda_{\max}(\bar{\boldsymbol{D}}^{\mathrm{T}}\bar{\boldsymbol{D}})$ 且 $\exists \boldsymbol{P}(h) \succ 0$ 满足 $\boldsymbol{I} - \bar{\boldsymbol{S}}^{\mathrm{T}}\boldsymbol{P}(h)\bar{\boldsymbol{S}} \succ 0$ ，那么对于 $\tau(t) \in [0, h]$ ， $\boldsymbol{P}(\tau(t)) \succ 0$ ；且 $\boldsymbol{P}(0)$ 可以表述为：

$$\boldsymbol{P}(0) = \boldsymbol{F}_{21}(h)\boldsymbol{F}_{11}^{-1}(h) + \boldsymbol{F}_{11}^{-\mathrm{T}}(h)\left(\boldsymbol{P}(h) + \boldsymbol{P}(h)\bar{\boldsymbol{S}}\left(\boldsymbol{I} - \bar{\boldsymbol{S}}^{\mathrm{T}}\boldsymbol{P}(h)\bar{\boldsymbol{S}}\right)^{-1}\bar{\boldsymbol{S}}^{\mathrm{T}}\boldsymbol{P}(h)\right)\boldsymbol{F}_{11}^{-1}(h)$$

$$(9\text{-}29)$$

引理 9-4：考虑系统［式（9-13）、式（9-15）、式（9-16）、式（9-17）］。如果 $\gamma^2 > \lambda_{\max}(\bar{\boldsymbol{D}}^\mathrm{T}\bar{\boldsymbol{D}})$，$\rho > 0$，那么对于所有的 $\boldsymbol{x} \in \mathbb{R}^{n_\xi}$ 和 $\tau(t) \in [0, h]$，下述的不等式成立：

$$\frac{\mathrm{d}}{\mathrm{d}t}V(t) \leqslant -2\rho V(t) - \gamma^{-2}\tilde{\boldsymbol{z}}^\mathrm{T}(t)\tilde{\boldsymbol{z}}(t) + \boldsymbol{w}^\mathrm{T}(t)\boldsymbol{w}(t) \tag{9-30}$$

引理 9-1 的证明：

对于任意的 $s = \left\lceil -\log_\mu\left(\dfrac{\left|\xi'\left(t_k^+\right)\right|}{\varrho\eta_{\min}}\right) - 1\right\rceil$，$s$ 满足：

$$-\log_\mu\left(\frac{\left|\xi'\left(t_k^+\right)\right|}{\varrho\eta_{\min}}\right) - 1 \leqslant s < -\log_\mu\left(\frac{\left|\xi'\left(t_k^+\right)\right|}{\varrho\eta_{\min}}\right)$$

特别地，$\mu \in (0,1)$，因此可以容易地得到

$$\mu^{\log_\mu\left(\frac{\left|\xi'\left(t_k^+\right)\right|}{\varrho\eta_{\min}}\right)+1} \leqslant s < \mu^{\log_\mu\left(\frac{\left|\xi'\left(t_k^+\right)\right|}{\varrho\eta_{\min}}\right)}$$

考虑到 $\varrho\eta_{\min} > 0$，因此可以被简化为

$$\mu\left|\xi'\left(t_k^+\right)\right| \leqslant \varrho\mu^{-s}\eta_{\min} < \left|\xi'\left(t_k^+\right)\right| \tag{9-31}$$

根据式（9-18），在执行完阈值更新律后，可以得出新的 $\eta\left(t_k^+\right)$：

$$\eta\left(t_k^+\right) = \max\{\eta_{\min}, \mu^{-s}\eta_{\min}\}$$

如果 $\eta\left(t_k^+\right) \neq \eta_{\min}$，那么 $\eta\left(t_k^+\right) = \mu^{-s}\eta_{\min}$，因此根据式（9-31），可以得到

$$\mu\left|\xi'\left(t_k^+\right)\right| \leqslant \varrho\eta\left(t_k^+\right) < \left|\xi'\left(t_k^+\right)\right|$$

这个不等式可以写成式（9-19）的形式。证毕。□

引理 9-2 的证明：

对于系统［式（9-13）］，考虑其跳跃的动态过程，可以得到跳跃前后的系统状态的关系：

$$\left|\xi\left(t_k^+\right) - \boldsymbol{J}_{\bar{\mathcal{J}}}\xi(t_k)\right| = \left|\boldsymbol{J}_{\mathcal{J}}\xi(t_k) + \varDelta_{\mathcal{J}}(t_k)\eta(t_k) - \boldsymbol{J}_{\bar{\mathcal{J}}}\xi(t_k)\right|$$

$$= \left|\tilde{\boldsymbol{H}}_1\xi(t_k) + \varDelta_{\mathcal{J}}(t_k)\eta(t_k)\right|$$

其中

$$\tilde{\boldsymbol{H}}_1 = \begin{bmatrix} \boldsymbol{0} & \boldsymbol{0} & \boldsymbol{0} & \boldsymbol{0} \\ -\boldsymbol{B}_c\boldsymbol{\varGamma}_{\mathcal{J}_c}^y\boldsymbol{C}_p & \boldsymbol{0} & \boldsymbol{B}_c\boldsymbol{\varGamma}_{\mathcal{J}_c}^y & \boldsymbol{0} \\ -\boldsymbol{\varGamma}_{\mathcal{J}_c}^y\boldsymbol{C}_p & \boldsymbol{0} & \boldsymbol{\varGamma}_{\mathcal{J}_c}^y & \boldsymbol{0} \\ \boldsymbol{0} & -\boldsymbol{\varGamma}_{\mathcal{J}_c}^v\boldsymbol{C}_c & -\boldsymbol{\varGamma}_{\mathcal{J}_c}^v\boldsymbol{D}_c & \boldsymbol{\varGamma}_{\mathcal{J}_c}^v \end{bmatrix}$$

部分结果来源于 $\varGamma_{\mathcal{J}_c}^y + \varGamma_{\mathcal{J}}^y = I = \varGamma_{\bar{\mathcal{J}}}^y$ 和 $\varGamma_{\mathcal{J}_c}^v + \varGamma_{\mathcal{J}}^v = I = \varGamma_{\bar{\mathcal{J}}}^v$ 的事实。根据式（9-11）给出的误差的定义和事件触发机制［式（9-12）］，可以得到：

$$\varGamma_{\mathcal{J}_c}^y \hat{\boldsymbol{y}}(t_k) - \varGamma_{\mathcal{J}}^y \boldsymbol{y}(t_k) = \varGamma_{\mathcal{J}_c}^y \boldsymbol{\epsilon}_y(t_k) \boldsymbol{\Theta}_y \eta(t_k)$$

$$\varGamma_{\mathcal{J}_c}^y \hat{\boldsymbol{v}}(t_k) - \varGamma_{\mathcal{J}}^y \boldsymbol{v}(t_k) = \varGamma_{\mathcal{J}_c}^y \boldsymbol{\epsilon}_v(t_k) \boldsymbol{\Theta}_v \eta(t_k)$$

因此，下述等式成立：

$$\tilde{\boldsymbol{H}}_1 \xi(t_k) + \varDelta_{\mathcal{J}}(t_k) \eta(t_k) = \varDelta_{\mathcal{J}_c}(t_k) \eta(t_k) + \varDelta_{\mathcal{J}}(t_k) \eta(t_k) = \varDelta_{\bar{\mathcal{J}}}(t_k) \eta(t_k)$$

从而得到：

$$\left| \xi(t_k^+) - \boldsymbol{J}_{\bar{\mathcal{J}}} \xi(t_k) \right| = \left| \varDelta_{\bar{\mathcal{J}}}(t_k) \eta(t_k) \right| \leqslant \left| \bar{\varDelta}_{\bar{\mathcal{J}}} \right| \eta(t_k)$$

结合给出的条件 $\left| \xi(t_k) \right| > \varrho \eta(t_k)$，得到：

$$\left| \left(\xi(t_k^+) - \boldsymbol{J}_{\bar{\mathcal{J}}} \xi(t_k) \right) \right|^2 < \frac{\left| \bar{\varDelta}_{\bar{\mathcal{J}}} \right|^2}{\varrho^2} \left| \xi(t_k) \right|^2 \tag{9-32}$$

这个不等式可以改写为：

$$\begin{bmatrix} \xi(t_k^+) \\ \xi(t_k) \end{bmatrix}^{\mathrm{T}} \begin{bmatrix} \boldsymbol{I} & -\boldsymbol{J}_{\bar{\mathcal{J}}} \\ -\boldsymbol{J}_{\bar{\mathcal{J}}}^{\mathrm{T}} & \boldsymbol{J}_{\bar{\mathcal{J}}}^{\mathrm{T}} \boldsymbol{J}_{\bar{\mathcal{J}}} - \dfrac{\left| \bar{\varDelta}_{\bar{\mathcal{J}}} \right|^2}{\varrho^2} \boldsymbol{I} \end{bmatrix} \begin{bmatrix} \xi(t_k^+) \\ \xi(t_k) \end{bmatrix} < 0 \tag{9-33}$$

根据给出的条件，特别是式（9-20），结合引理 9-3 的结果和舒尔补（Schur Complement，［14］），可以得到式（9-20）指示了：

$$\epsilon \begin{bmatrix} \boldsymbol{I} & -\boldsymbol{J}_{\bar{\mathcal{J}}} \\ -\boldsymbol{J}_{\bar{\mathcal{J}}}^{\mathrm{T}} & \boldsymbol{J}_{\bar{\mathcal{J}}}^{\mathrm{T}} \boldsymbol{J}_{\bar{\mathcal{J}}} - \dfrac{\left| \bar{\varDelta}_{\bar{\mathcal{J}}} \right|^2}{\varrho^2} \boldsymbol{I} \end{bmatrix} + \begin{bmatrix} -\boldsymbol{P}(0) & 0 \\ 0 & \boldsymbol{P}(h) \end{bmatrix} \succeq 0 \tag{9-34}$$

考虑到 $\epsilon > 0$，通过使用 S-procedure［15］，可以最终得到：

$$\begin{bmatrix} \xi(t_k^+) \\ \xi(t_k) \end{bmatrix}^{\mathrm{T}} \begin{bmatrix} -\boldsymbol{P}(0) & \boldsymbol{0} \\ \boldsymbol{0} & \boldsymbol{P}(h) \end{bmatrix} \begin{bmatrix} \xi(t_k^+) \\ \xi(t_k) \end{bmatrix} \succeq 0 \tag{9-35}$$

证毕。□

定理 9-1 的证明：

首先证明当 $w=0$ 时，系统［式（9-13）］全局渐进收敛至集合 $\mathcal{A}$。这部分使用的是式（9-21）所示的李雅普诺夫方程 W。定义 $\mathcal{B} := \{(\boldsymbol{x}, r) \mid (\boldsymbol{x}, r) \in \mathcal{X}, |\boldsymbol{x}| \leqslant \varrho \eta_{\min}\}$。如果 $\eta(t_k) = \eta_{\min}$，那么 $\left| \xi(t_k) \right| > \varrho \eta_{\min}$ 意味着 $\left| \xi(t_k) \right| > \varrho \eta(t_k)$；如果 $\eta(t_k) > \eta_{\min}$，根据引理 9-1，$\varrho \eta(t_k) < \left| \xi'(t_k) \right| \leqslant \left| \xi(t_k) \right|$。因此 $\forall (\xi(t_k), \tau(t)) \in \mathcal{D}_H \setminus \mathcal{B}$，$\left| \xi(t_k) \right| > \varrho \eta(t_k)$。

因此根据引理 9-2，$\forall(\xi(t_k),\tau(t))\in\mathcal{D}_H\setminus\mathcal{B}$，下述不等式成立：

$$V\left(\xi\left(t_k^+\right),0\right)\leqslant V\left(\xi\left(t_k\right),h\right) \tag{9-36}$$

根据引理 9-1，如果 $\left|\xi'(t_k)\right|\leqslant\varrho\eta(t_k)$，那么 $\eta(t_k)=\eta_{\min}$，即 $\forall(\xi(t_k),\tau(t))\in\mathcal{D}_H\cap\mathcal{B}$，$\eta(t_k)=\eta_{\min}$。进一步，$(\xi(t_k),\tau(t))\in\mathcal{D}_H\cap\mathcal{B}$ 意味着 $\xi\left(t_k^+\right)=\boldsymbol{J}_{\mathcal{J}}\xi(t_k)+\Delta_{\mathcal{J}}\eta_{\min}$，因此 $\left|\xi\left(t_k^+\right)\right|\leqslant\left|\boldsymbol{J}_{\mathcal{J}}\right|\left|\xi(t_k)\right|+\left|\Delta_{\mathcal{J}}\right|\left|\eta_{\min}\right|\leqslant\left(\left|\boldsymbol{J}_{\mathcal{J}}\right|\varrho+\left|\overline{\Delta}_{\mathcal{J}}\right|\right)\eta_{\min}\leqslant\overline{\varrho}\eta_{\min}$。也就是说：

$$\forall(\xi(t_k),\tau(t))\in\mathcal{D}_H\cap\mathcal{B},\left(\xi\left(t_k^+\right),0\right)\in\underline{\mathcal{A}}$$

值得注意的是，因为 $\left|\boldsymbol{J}_{\mathcal{J}}\right|>1$，$\forall(\boldsymbol{x},r)\in\mathcal{B}$，$\boldsymbol{x}^{\mathrm{T}}\boldsymbol{P}(r)\boldsymbol{x}\leqslant\overline{\lambda}\left|\boldsymbol{x}\right|^2\leqslant\overline{\lambda}\varrho^2\eta_{\min}^2<\overline{\lambda}\overline{\varrho}^2\eta_{\min}^2$，即 $\mathcal{B}\subset\underline{\mathcal{A}}$。因此可以得出 $\forall(\xi(t),\tau(t))\in\underline{\mathcal{A}}\cap\mathcal{D}_H$，$\left(\xi\left(t_k^+\right),0\right)\in\underline{\mathcal{A}}$。如果引理 9-4 的条件全部满足，结合式（9-21），可以得到 $\forall(\xi(t),\tau(t))\in\mathcal{C}_H\setminus\underline{\mathcal{A}}$：

$$\begin{aligned}
\frac{\mathrm{d}}{\mathrm{d}t}W(\xi(t),\tau(t))&=\frac{\mathrm{d}}{\mathrm{d}t}V(\xi(t),\tau(t))\\
&\leqslant-2\rho V(\xi(t),\tau(t))-\gamma^{-2}\tilde{\boldsymbol{z}}^{\mathrm{T}}(t)\tilde{\boldsymbol{z}}(t)+\boldsymbol{w}^{\mathrm{T}}(t)\boldsymbol{w}(t)\\
&<-2\rho W(\xi(t),\tau(t))-\gamma^{-2}\tilde{\boldsymbol{z}}^{\mathrm{T}}(t)\tilde{\boldsymbol{z}}(t)+\boldsymbol{w}^{\mathrm{T}}(t)\boldsymbol{w}(t)
\end{aligned} \tag{9-37}$$

根据式（9-21）和式（9-36），可以得到 $\forall(\xi(t_k),\tau(t))\in\mathcal{D}_H\setminus\underline{\mathcal{A}}$：

$$\begin{aligned}
W\left(\xi\left(t_k^+\right),0\right)&=\max\{V\left(\xi\left(t_k^+\right),0\right)-\overline{\lambda}\overline{\varrho}^2\eta_{\min}^2,0\}\leqslant V(\xi(t_k),h)-\overline{\lambda}\overline{\varrho}^2\eta_{\min}^2\\
&=W(\xi(t_k),h)
\end{aligned} \tag{9-38}$$

结合式（9-37）、式（9-38）和 $\underline{\mathcal{A}}\subseteq\mathcal{A}$，可以看到，当 $\boldsymbol{w}=0$，系统［式（9-13）］全局渐进收敛至集合 $\mathcal{A}$。

接下来考虑 $\mathcal{L}_2$-增益。定义有关于时间的集合：

$$\mathcal{T}_S=\left\{\left(t_i^s,j_i^s\right)|i\in N\right\} \tag{9-39}$$

其中 $\left(t_0^s,j_0^s\right)$ 是系统的初始时间，使得 $\forall t\in\left[t_{2i+1}^s,t_{2i+2}^s\right]$，$i\in\mathbb{N}$，$(\xi(t),\tau(t))\in\underline{\mathcal{A}}$，其他的时间 $(\xi(t),\tau(t))\in\mathcal{X}\setminus\underline{\mathcal{A}}$。如果 $\left|\mathcal{T}_S\right|$ 无限，即 $(\xi(t),\tau(t))$ 无限次到访 $\underline{\mathcal{A}}$，有：

$$\begin{aligned}
\int_0^\infty\boldsymbol{z}_{\underline{\mathcal{A}}}^{\mathrm{T}}(t)\boldsymbol{z}_{\underline{\mathcal{A}}}(t)\mathrm{d}t&=\sum_{i=0}^\infty\int_{t_i^s}^{t_{i+1}^s}\boldsymbol{z}_{\underline{\mathcal{A}}}^{\mathrm{T}}(t)\boldsymbol{z}_{\underline{\mathcal{A}}}(t)\mathrm{d}t\\
&=\sum_{i=0}^\infty\int_{t_{2i}^s}^{t_{2i+1}^s}\boldsymbol{z}_{\underline{\mathcal{A}}}^{\mathrm{T}}(t)\boldsymbol{z}_{\underline{\mathcal{A}}}(t)\mathrm{d}t+\sum_{i=0}^\infty\int_{t_{2i+1}^s}^{t_{2i+2}^s}\boldsymbol{z}_{\underline{\mathcal{A}}}^{\mathrm{T}}(t)\boldsymbol{z}_{\underline{\mathcal{A}}}(t)\mathrm{d}t
\end{aligned} \tag{9-40}$$

由式（9-37），$\forall(\xi(t),\tau(t))\in\mathcal{C}_H\setminus\underline{\mathcal{A}}$，下述不等式成立：

$$\frac{\mathrm{d}}{\mathrm{d}t}W(\xi(t),\tau(t))<-\gamma^{-2}\boldsymbol{z}_{\underline{\mathcal{A}}}^{\mathrm{T}}(t)\boldsymbol{z}_{\underline{\mathcal{A}}}(t)+\boldsymbol{w}^{\mathrm{T}}(t)\boldsymbol{w}(t) \tag{9-41}$$

可以将式中的开区间 (t_{2i}^s, t_{2i+1}^s) 上有关的积分 $\dfrac{\mathrm{d}}{\mathrm{d}t}W(t)$，$z_{\underline{A}}^{\mathrm{T}}(t)z_{\underline{A}}(t)$ 和 $\boldsymbol{w}^{\mathrm{T}}(t)\boldsymbol{w}(t)$ 用闭区间代替。对式（9-38）和式（9-41）使用比较引理（Comparison Lemma，[16]），有：

$$
\begin{aligned}
W\left(t_{2i+1}^s\right) - W\left(t_{2i}^s\right) &= \int_{t_{2i}^s}^{t_{2i+1}^s} \frac{\mathrm{d}}{\mathrm{d}t}W(t)\mathrm{d}t \\
&< \int_{t_{2i}^s}^{t_{2i+1}^s}\left(-\gamma^{-2}z_{\underline{A}}^{\mathrm{T}}(t)z_{\underline{A}}(t) + \boldsymbol{w}^{\mathrm{T}}(t)\boldsymbol{w}(t)\right)\mathrm{d}t
\end{aligned}
\tag{9-42}
$$

由于 $\forall i \in \mathbb{N}, i \neq 0$，$W\left(t_i^s\right) = 0$，因此 $\forall i \in \mathbb{N}$：

$$
\sum_{i=0}^{\infty}\int_{t_{2i}^s}^{t_{2i+1}^s} z_{\underline{A}}^{\mathrm{T}}(t)z_{\underline{A}}(t)\mathrm{d}t < \gamma^2 \sum_{i=0}^{\infty}\int_{t_{2i}^s}^{t_{2i+1}^s}\boldsymbol{w}^{\mathrm{T}}(t)\boldsymbol{w}(t)\mathrm{d}t + \gamma^2 W\left(t_0^s\right)
\tag{9-43}
$$

当 $(\xi(t), \tau(t)) \in \underline{A}$，从式（9-14）有 $z_A(t) = 0$，因此：

$$
\sum_{i=0}^{\infty}\int_{t_{2i+1}^s}^{t_{2i+2}^s} z_A^{\mathrm{T}}(t)z_A(t)\mathrm{d}t = 0 \leqslant \gamma^2 \sum_{i=0}^{\infty}\int_{t_{2i+1}^s}^{t_{2i+2}^s}\boldsymbol{w}^{\mathrm{T}}(t)\boldsymbol{w}(t)\mathrm{d}t
\tag{9-44}
$$

将式（9-43）和式（9-44）代入式（9-41），得到：

$$
|z_A|_{\mathcal{L}_2}^2 \leqslant |z_{\underline{A}}|_{\mathcal{L}_2}^2 < \gamma^2 W\left(t_0^s\right) + \gamma^2 |\boldsymbol{w}|_{\mathcal{L}_2}^2 \leqslant \left(\delta(\xi(0)) + \gamma |\boldsymbol{w}|_{\mathcal{L}_2}\right)^2
\tag{9-45}
$$

如果 $\exists T$，使得 $\forall t > T$，$(\xi(t), \tau(t)) \in \mathcal{X} \setminus \underline{A}$，那么有 $|\mathcal{T}_S| = 2I_s$，其中 $I_s \in \mathbb{N}$ 是一个有限的值。考虑到 $\forall t \in \mathbb{R}_0^+, W(t) \geqslant 0$，且 $W\left(t_{2I_s}^s\right) = 0$，$-\int_{t_{2I_s}^s}^{\infty}\dfrac{\mathrm{d}}{\mathrm{d}t}W(t)\mathrm{d}t \leqslant 0$，因此有：

$$
\int_{t_{2I_s}^s}^{\infty} z_{\underline{A}}^{\mathrm{T}}(t)z_{\underline{A}}(t)\mathrm{d}t \leqslant \gamma^2 \int_{t_{2I_s}^s}^{\infty}\boldsymbol{w}^{\mathrm{T}}(t)\boldsymbol{w}(t)\mathrm{d}t
$$

因此，下述的不等式成立：

$$
\begin{aligned}
|z_A|_{\mathcal{L}_2}^2 \leqslant |z_{\underline{A}}|_{\mathcal{L}_2}^2 &= \left(\sum_{i=0}^{I_s-1}\int_{t_{2i}^s}^{t_{2i+1}^s} z_{\underline{A}}^{\mathrm{T}}(t)z_{\underline{A}}(t)\mathrm{d}t + \int_{t_{2I_s}^s}^{\infty} z_{\underline{A}}^{\mathrm{T}}(t)z_{\underline{A}}(t)\mathrm{d}t\right) + \sum_{i=0}^{I_s-1}\int_{t_{2i+1}^s}^{t_{2i+2}^s} z_{\underline{A}}^{\mathrm{T}}(t)z_{\underline{A}}(t)\mathrm{d}t \\
&< \left(\delta(\xi(0)) + \gamma |\boldsymbol{w}|_{\mathcal{L}_2}\right)^2
\end{aligned}
$$

如果 $\exists T$ 使得 $\forall t > T$，$(\xi(t), \tau(t)) \in \underline{A}$，那么 $|\mathcal{T}_S| = 2I_s + 1$，其中 $I_s \in \mathbb{N}$ 有限，故有 $\int_{t_{2I_s+1}^s}^{\infty} z_{\underline{A}}^{\mathrm{T}}(t)z_{\underline{A}}(t)\mathrm{d}t = 0$。因此，得到如下的不等式：

$$
\begin{aligned}
|z_A|_{\mathcal{L}_2}^2 \leqslant |z_{\underline{A}}|_{\mathcal{L}_2}^2 &= \left(\sum_{i=0}^{I_s-1}\int_{t_{2i+1}^s}^{t_{2i+2}^s} z_{\underline{A}}^{\mathrm{T}}(t)z_{\underline{A}}(t)\mathrm{d}t + \int_{t_{2I_s+1}^s}^{\infty} z_{\underline{A}}^{\mathrm{T}}(t)z_{\underline{A}}(t)\mathrm{d}t\right) + \sum_{i=0}^{I_s}\int_{t_{2i}^s}^{t_{2i+1}^s} z_{\underline{A}}^{\mathrm{T}}(t)z_{\underline{A}}(t)\mathrm{d}t \\
&< \left(\delta(\xi(0)) + \gamma |\boldsymbol{w}|_{\mathcal{L}_2}\right)^2
\end{aligned}
$$

证毕。□

命题 9-1 的证明：

根据定理 9-1 的证明，由式（9-37），有：

$$
\forall(\xi(t), \tau(t)) \in \mathcal{C}_H \setminus \underline{A}, \frac{\mathrm{d}}{\mathrm{d}t}W(\xi(t), \tau(t)) < -2\rho W(\xi(t), \tau(t)) + \boldsymbol{w}^{\mathrm{T}}(t)\boldsymbol{w}(t)
\tag{9-46}
$$

通过对式（9-38）和式（9-46）在区间 $\left[t_{2i}^s, T\right]$，$T \in \left[t_{2i}^s, t_{2i+1}^s\right]$ 使用比较引理，得到：

$$W(T) < \mathrm{e}^{-2\rho\left(T-t_{2i}^s\right)} W\left(t_{2i}^s\right) + \frac{|\boldsymbol{w}|_{\mathcal{L}_\infty}^2}{2\rho}\left(1 - \mathrm{e}^{-2\rho\left(T-t_{2i}^s\right)}\right) \leqslant W\left(t_{2i}^s\right) + \frac{|\boldsymbol{w}|_{\mathcal{L}_\infty}^2}{2\rho}$$

$$\leqslant W\left(t_0^s\right) + \frac{|\boldsymbol{w}|_{\mathcal{L}_\infty}^2}{2\rho} \tag{9-47}$$

由于 $T \geqslant t_{2i}^s$ 意味着 $\mathrm{e}^{-2\rho\left(T-t_{2i}^s\right)} \in (0,1]$。当 $(\xi(t), \tau(t)) \in \underline{\mathcal{A}}$，$W(t)$ 被 $W(t) = 0 \leqslant \dfrac{|\boldsymbol{w}|_{\mathcal{L}_\infty}^2}{2\rho}$ 所约束。因此得到：

$$W(t) \leqslant W(0) + \frac{1}{2\rho}|\boldsymbol{w}|_{\mathcal{L}_\infty}^2, \forall(\xi(t), \tau(t)) \in \mathcal{X} \tag{9-48}$$

由 $W(\boldsymbol{x}, r)$ 的定义，可以得到：

$$\max\{V(t) - \overline{\lambda}\,\overline{\varrho}^2\eta_{\min}^2, 0\} = W(t) \leqslant W(0) + \frac{1}{2\rho}|\boldsymbol{w}|_{\mathcal{L}_\infty}^2$$

结合 $V(t) \geqslant \underline{\lambda}|\xi(t)|^2$，得到：

$$\forall t \in \mathbb{R}_0^+, |\xi(t)|^2 \leqslant \frac{W(0) + \dfrac{1}{2\rho}|\boldsymbol{w}|_{\mathcal{L}_\infty}^2 + \overline{\lambda}\,\overline{\varrho}^2\eta_{\min}^2}{\underline{\lambda}} \tag{9-49}$$

根据 $m^i(t_k)$ 的定义得到：

$$m^i(t_k) = \left\lfloor \frac{\left|\hat{u}^i(t_{k-1}) - u^i(t_k)\right|}{\sqrt{\eta_i(t_k)}} \right\rfloor \leqslant \frac{\left|\hat{u}^i(t_{k-1})\right| + \left|u^i(t_k)\right|}{\sqrt{\eta_i(t_k)}}$$

$$\leqslant \frac{\left|\xi(t_{k-1})\right| + \left\|[\boldsymbol{C}\ \boldsymbol{D}]\right\|\left|\xi(t_k)\right|}{\sqrt{\eta_i(t_k)}} \tag{9-50}$$

通过将式（9-49）代入式（9-50），就得到了如式（9-23）所示的 $m^i(t_k)$ 的边界。证毕。□

命题 9-2 的证明：

由式（9-18）中 $n_\mu(t_k)$ 的定义，有：

$$n_\mu(t_k) \leqslant \max\left\{0, -\log_\mu \frac{\left|\xi'(t_k)\right|}{\varrho\eta_{\min}}\right\} \leqslant \max\left\{0, -\log_\mu \frac{\left|\xi(t)\right|}{\varrho\eta_{\min}}\right\}$$

接下来的证明过程与命题 9-1 的证明相似，从而得到了如式（9-24）所示的 $n_\mu(t_k)$ 的边界。证毕。□

定理 9-2 的证明：

对于系统［式（9-27）］，考虑如下的李雅普诺夫方程：

$$W(\boldsymbol{x}, r) = \boldsymbol{x}^{\mathrm{T}} \boldsymbol{P}(r)\boldsymbol{x} \tag{9-51}$$

其中 $\boldsymbol{x} \in \mathbb{R}^{2n}$，$r \in [0,h]$，且 $\boldsymbol{P}:[0,h] \to \mathbb{R}^{2n \times 2n}$ 满足如下的里卡提微分方程：

$$\frac{\mathrm{d}}{\mathrm{d}r}\boldsymbol{P} = -\bar{\boldsymbol{A}}^{\mathrm{T}}\boldsymbol{P} - \boldsymbol{P}\bar{\boldsymbol{A}} - 2\rho\boldsymbol{P} \tag{9-52}$$

由式（9-51）和式（9-52），可以明显地看到系统状态连续变化过程中的收敛速率可以得到保证。接下来证明系统状态跳变的过程中 $W(\xi_d(t),\tau(t))$ 不增加。由式（9-52）得到：

$$\boldsymbol{P}(0) = \mathrm{e}^{2\rho h}\mathrm{e}^{\bar{A}^{\mathrm{T}}h}\boldsymbol{P}(h)\mathrm{e}^{\bar{A}h} \tag{9-53}$$

根据文献[4]，有 $\forall i : \varepsilon_i^2(t) - \sigma\xi_i^2(t) \leqslant \theta_i$ 意味着 $\boldsymbol{\varepsilon}^{\mathrm{T}}(t)\boldsymbol{\varepsilon}(t) \leqslant \sigma\boldsymbol{\xi}^{\mathrm{T}}(t)\boldsymbol{\xi}(t)$，等价于 $\xi_d^{\mathrm{T}}(t_b)\boldsymbol{Q}\xi_d(t_b) \leqslant 0$，其中：

$$\boldsymbol{Q} = \begin{bmatrix} (1-\sigma)\boldsymbol{I} & -\boldsymbol{I} \\ -\boldsymbol{I} & \boldsymbol{I} \end{bmatrix}$$

然而，$\exists i : \varepsilon_i^2(t) - \sigma\xi_i^2(t) > \theta_i$ 意味着 $\xi_d^{\mathrm{T}}(t_b)\boldsymbol{Q}\xi_d(t_b) > 0$ 或 $\xi_d^{\mathrm{T}}(t_b)\boldsymbol{Q}\xi_d(t_b) \leqslant 0$。因此，如果定理9-2中所有的条件均被满足，通过使用 S-procedure，可以得到：

$$\boldsymbol{x}^{\mathrm{T}}\boldsymbol{Q}\boldsymbol{x} > 0 \Rightarrow W(\boldsymbol{J}_1\boldsymbol{x},0) \leqslant W(\boldsymbol{x},h)$$

$$\boldsymbol{x}^{\mathrm{T}}\boldsymbol{Q}\boldsymbol{x} \leqslant 0 \Rightarrow W(\boldsymbol{J}_2\boldsymbol{x},0) \leqslant W(\boldsymbol{x},h)$$

$$\boldsymbol{x}^{\mathrm{T}}\boldsymbol{Q}\boldsymbol{x} \leqslant 0 \Rightarrow W(\boldsymbol{J}_1\boldsymbol{x},0) \leqslant W(\boldsymbol{x},h)$$

这也意味着 $W(\xi_d(t),\tau(t))$ 在系统状态条件变化时，不会增大。因此系统［式（9-27）］全局指数收敛，收敛速度为 ρ。证毕。□

参考文献

[1] Mazo J M, Fu A. Decentralized event-triggered controller implementations [C] // Event-Based Control and Signal Processing. Leiden: CRC Press, 2015: 119-148.

[2] Heemels W P M H, Donkers M C F, Teel A R. Periodic event-triggered control for linear systems [J]. IEEE Transactions on Automatic Control, 2013, 58 (4): 847-861.

[3] Kharitonov V L, Zhabko A P. Lyapunov-Krasovskii approach to the robust stability analysis of time-delay systems [J].

Automatica, 2003, 39 (1): 15-20.

[4] Yue D, Tian E, Han Q L. A delay system method for designing event-triggered controllers of networked control systems [J]. IEEE Transactions on automatic control, 2012, 58 (2): 475-481.

[5] Yu P, Dimarogonas D V. Explicit computation of sampling period in periodic event-triggered multiagent control under limited data rate [J]. IEEE Transactions on Control of Network Systems, 2018, 6 (4): 1366-1378.

[6] Ge X, Han Q L. Distributed event-

triggered H∞ filtering over sensor networks with communication delays [J]. Information Sciences,2015, 291: 128-142.

[7] Guan Y, Han Q L, Ge X. On asynchronous event-triggered control of decentralized networked systems [J]. Information Sciences, 2018, 425: 127-139.

[8] Heemels W P, Donkers M C. Model-based periodic event-triggered control for linear systems [J]. Automatica, 2013, 49 (3): 698-711.

[9] Obermaisser R. Event-triggered and time-triggered control paradigms [M]. Berlin: Springer Science & Business Media, 2004.

[10] Fu A, Mazo J M. Decentralized periodic event-triggered control with quantization and asynchronous communication [J]. Automatica, 2018, 94: 294-299.

[11] Liberzon D, Nesic D. Input-to-state stabilization of linear systems with quantized state measurements [J]. IEEE Transactions on Automatic Control, 2007, 52 (5): 767-781.

[12] Mazo J. M, Cao M. Asynchronous decentralized event-triggered control [J]. Automatica, 2014, 50 (12): 3197-3203.

[13] Mazo J M, Tabuada P. Decentralized event-triggered control over wireless sensor/actuator networks [J]. IEEE Transactions on Automatic Control, 2011, 56 (10): 2456–2461.

[14] Zhang F. The Schur complement and its applications [M]. Berlin: Springer Science & Business Media, 2006.

[15] Boyd S P, El Ghaoui L, Feron E, et al. Linear matrix inequalities in system and control theory [J]. SIAM, 1994, 15.

[16] Khalil H. Nonlinear Systems [M]. New York: Pearson, 2001.

第 10 章

远程分布式供水系统智能控制

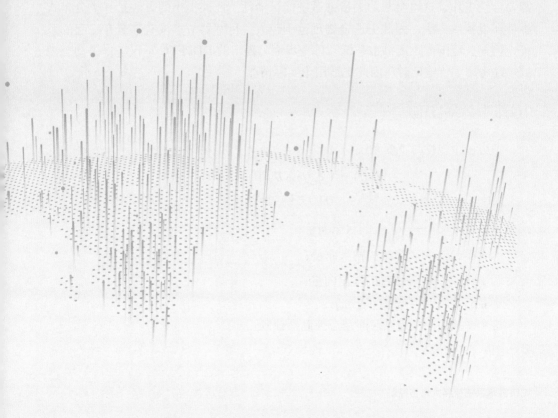

10.1
动态事件触发控制方法

本节扩展了第9章中提出的周期性分布式事件触发控制方法（DPETC），以进一步节约无线网络带宽占用和无线节点能量消耗，从而更加适用于城市级别的大范围远程分布式供水系统。新的控制方法的核心是将一个动态参数引入到 DPETC 中，从而提出了动态周期性分布式事件触发控制方法（DDPETC）。在 DDPETC 中，每一个本地事件触发机都设计有一个动态参数。这个动态参数可以依据系统的动态过程和本地的信息做一个类似补充能量和释放能量的行为。因此加入的这个动态参数并不会影响事件触发机的本地运行，即事件触发条件依旧完全依据本地信息。在 DDPETC 中，在每一个采样时间，当两个事件触发条件同时满足时，则系统判断本地有事件发生。两个事件触发条件分别为：本地的采样误差（系统当前采样的输出值和上一次采用的输出采样值的差值）足够大；本地的动态参数非正。对于不带有动态参数的 DPETC，本书称其为静态周期性分布式事件触发控制方法（SDPETC），由于 SDPETC 仅仅采用第一个条件，因此 DDPETC 的事件触发条件更加放宽，能够有效节约传输带宽和节点能量消耗。

同时提出的 DDPETC 由于采用了周期采样来替换连续采样，因此传感器并不需要连续工作，这也会节约大量的系统能量消耗。此外提出的方法是一类分布式事件触发控制方法，因此更适合物理范围较大、传感器节点没有部署在一起的系统，例如大范围远距离供水系统。进一步地，提出的 DDPETC 不仅考虑了动态参数，还考虑了传输延时，因此更适用于实际情况。

10.1.1 系统概述

考虑一个线性时不变系统：

$$\begin{cases} \dot{\xi}_p(t) = A_p \xi_p(t) + B_p \hat{v}(t) + E w(t) \\ y(t) = C_p \xi_p(t) \end{cases} \tag{10-1}$$

式中 $\xi_p(t) \in \mathbb{R}^{n_p}$ ——系统的状态向量；

       $\hat{v}(t) \in \mathbb{R}^{n_v}$ ——系统的输入向量；

       $y(t) \in \mathbb{R}^{n_y}$ ——系统的输出向量；

       $w(t) \in \mathbb{R}^{n_w}$ ——系统的扰动。

这个系统由一个连续时间动态控制器控制：

$$\begin{cases} \dot{\xi}_c(t) = A_c \xi_c(t) + B_c \hat{\boldsymbol{y}}(t) \\ \boldsymbol{v}(t) = C_c \xi_c(t) + D_c \hat{\boldsymbol{y}}(t) \end{cases} \tag{10-2}$$

式中　$\xi_c(t) \in \mathbb{R}^{n_c}$ ——控制器的状态向量；

　　　$\hat{\boldsymbol{y}}(t) \in \mathbb{R}^{n_y}$ ——控制器的输入向量；

　　　$\boldsymbol{v}(t) \in \mathbb{R}^{n_v}$ ——控制器的输出向量。

对于系统［式（10-1）］和控制器［式（10-2）］，定义两个向量：

$$\hat{\boldsymbol{u}}(t) := \begin{bmatrix} \hat{\boldsymbol{y}}(t) \\ \hat{\boldsymbol{v}}(t) \end{bmatrix} \in \mathbb{R}^{n_u},\ \boldsymbol{u}(t) := \begin{bmatrix} \boldsymbol{y}(t) \\ \boldsymbol{v}(t) \end{bmatrix} \in \mathbb{R}^{n_u}$$

其中，$n_u := n_y + n_v$。可以从定义看到 $\hat{\boldsymbol{u}}(t_k)$ 和 $\boldsymbol{u}(t)$ 分别为系统的输入信号和输出信号。

假设当 $\hat{\boldsymbol{u}}(t) = \boldsymbol{u}(t)$，$\forall t \in \mathbb{R}_0^+$ 时，整个系统是稳定的。而在实际情况中，特别是采用数字反馈控制通路的控制系统中，等式并不成立，即系统的输出量并不能被连续测量。系统的输入信号 $\hat{\boldsymbol{u}}(t)$ 是由系统的输出信号 $\boldsymbol{u}(t)$ 采样和更新得到，采样和更新均工作在离散时间，输入信号会采用一个零阶保持器（ZOH）将离散时间信号变为连续时间信号。采样和更新的离散时间序列是控制系统反馈通路设计的重点。在本小节中，设计的采样和更新的离散时间序列的核心是一个动态分布式周期性事件触发控制机制。而如何设计这个事件触发控制机制则是本控制方法的关键。

考虑如下的周期性时间序列：

$$\mathcal{T}_k := \{ t_k \mid t_k := kh, k \in \mathbb{N} \} \tag{10-3}$$

所有传感器被要求在每一个 $t \in \mathcal{T}_k$ 的离散时间或者连续时间采集系统的输出值。连续时间采集并不是被强制要求的，只是一种可以选择的方案。对于某些系统，连续时间采集可以进一步减少事件触发的数量，从而减少数据传输量，即带宽占用量。但是有得必有失，系统的能量消耗将会增大。

另一方面，本地的事件触发机只在每一个 $t \in \mathcal{T}_k$ 时刻运行。在这个时刻，本地的事件触发机接收到最新采集的系统输出后判断本地是否有事件发生。在每一个采样时间 t_k，定义本地事件触发机可以掌握的所有信息为 $o_i(t_k)$，$i \in \{1, \cdots, n_u\}$，定义本地事件触发条件为 $\Psi_i(o_i) \geqslant 0$。之后部分会详细设计这个事件触发条件。一旦本地事件触发条件被满足，对应的采集到的系统输出向量的元素将会被传输至控制器。定义一个集合 $\mathcal{J}$ 用来指示在每一个时刻 t_k 是否有事件发生。

$$\mathcal{J} := \{ i \mid i \in \{1, \cdots, n_u\}, \Psi_i(o_i) \geqslant 0 \} \tag{10-4}$$

定义 $\mathcal{J}_c := \{1, \cdots, n_u\} \setminus \mathcal{J}$。

在本节介绍的 DDPETC 中，同时考虑了系统的传输延时。传输延时一般由控制系统反馈通路引入网络传输导致。本部分假设传输延时是一个定值 d，满足 $0 \leqslant d < h$。这个固定值 d 的传输延时的假设是合理的，因为对于传输延时在 $[0,d]$ 区间的数据，可以在被接收后等待固定延时 d 的时刻再参与系统的控制，而不必考虑接收时刻的变化。因此在 t_k 时刻，由于触发了事件而传输的系统输出值 $u_i(t_k)$ 将被接收并在 $t_k + d$ 时刻用于更新系统的输入值。

在相邻的两个时刻 $t_k + d$ 和 $t_{k+1} + d$，系统的输入值 $\hat{u}(t)$ 将由一个零阶保持器保持。为了分析系统的包含传输延时的动态过程，引入了一个动态向量 $s(t) = [s_y^{\mathrm{T}}(t) \quad s_v^{\mathrm{T}}(t)]^{\mathrm{T}}$，可以看作无线网络存储的中间向量，其中 $s(t) \in \mathbb{R}^{n_u}$，$s_y(t) \in \mathbb{R}^{n_y}$，$s_v(t) \in \mathbb{R}^{n_v}$。$s(t)$ 的更新律给出如下，$\forall t = (t_k, t_{k+1})$：

$$s_i(t) := \begin{cases} u_i(t_k), i \in \mathcal{J} \\ s_i(t_k), i \in \mathcal{J}_c \end{cases} \tag{10-5}$$

此外，$\hat{u}(t)$ 的更新律给出如下，$\forall t = (t_k + d, t_{k+1} + d]$：

$$\hat{u}_i(t) = \begin{cases} s_i(t_k + d), i \in \mathcal{J} \\ \hat{u}_i(t_k + d), i \in \mathcal{J}_c \end{cases} \tag{10-6}$$

在每一个采样时刻 t_k，所有触发了事件的传感器，即 $\forall i \in \mathcal{J}$，这些传感器最新采集的系统输出值 $u_i(t_k)$ 将会首先用于更新 $s_i(t)$（相当于发送节点传递给无线网络）；在一个延时 d 后，这些采集的系统输出值 $u_i(t_k)$ 将会通过 $s_i(t)$ 被用于更新系统的输入值 $\hat{u}_i(t)$（相当于无线网络传递给接收节点）。这个过程就是考虑了传输延时的事件触发传输机制。而式（10-5）和式（10-6）则在数学上对这个过程进行了描述。

对于混杂系统［式（10-1）～式（10-6）］，定义系统的状态为 $(\xi(t), \tau(t))$，其中

$$\xi(t) := \begin{bmatrix} \xi_p^{\mathrm{T}}(t) & \xi_c^{\mathrm{T}}(t) & \hat{u}^{\mathrm{T}}(t) & s^{\mathrm{T}}(t) \end{bmatrix}^{\mathrm{T}} \in \mathbb{R}^{n_\xi}$$

$$\tau(t) := t - t_k, t \in [t_k, t_{k+1}]$$

其中，$n_\xi := n_p + n_c + 2n_u$，$\tau : \mathbb{R}_0^+ \to \mathbb{R}_0^+$ 是系统自上次采样时刻后经过的时间，并满足：

$$\dot{\tau}(t) = 1, t \in [t_k, t_{k+1}]$$

定义一个集合 $\mathcal{X}$ 为 $(x, r) \in \mathcal{X} \subseteq \mathbb{R}^{n_\xi} \times [0, h]$，其中对于一些 $t \in \mathbb{R}_0^+$，有 $x = \xi(t)$，$r = \tau(t)$。

接下来将系统改写为混杂系统形式并给出动态过程。

- 系统状态连续变化的状态集合：

$$\mathcal{C} := \{(\boldsymbol{x}, r) \,|\, (\boldsymbol{x}, r) \in \mathcal{X}, r \neq d, r \neq h\} \tag{10-7}$$

- 系统状态连续变化的动态过程：

$$(\dot{\boldsymbol{x}}, \dot{\tau}) \in \mathcal{F}(\boldsymbol{x}, r) := (\bar{\boldsymbol{A}}\boldsymbol{x} + \bar{\boldsymbol{B}}\omega, 1) \tag{10-8}$$

其中 $\mathcal{F}$ 是系统状态连续变化的映射，并且

$$\bar{\boldsymbol{A}} := \begin{bmatrix} \boldsymbol{A}_p & \boldsymbol{0} & \boldsymbol{0} & \boldsymbol{B}_p & \boldsymbol{0} & \boldsymbol{0} \\ \boldsymbol{0} & \boldsymbol{A}_c & \boldsymbol{B}_c & \boldsymbol{0} & \boldsymbol{0} & \boldsymbol{0} \\ \boldsymbol{0} & \boldsymbol{0} & \boldsymbol{0} & \boldsymbol{0} & \boldsymbol{0} & \boldsymbol{0} \\ \boldsymbol{0} & \boldsymbol{0} & \boldsymbol{0} & \boldsymbol{0} & \boldsymbol{0} & \boldsymbol{0} \\ \boldsymbol{0} & \boldsymbol{0} & \boldsymbol{0} & \boldsymbol{0} & \boldsymbol{0} & \boldsymbol{0} \\ \boldsymbol{0} & \boldsymbol{0} & \boldsymbol{0} & \boldsymbol{0} & \boldsymbol{0} & \boldsymbol{0} \end{bmatrix}, \bar{\boldsymbol{B}} := \begin{bmatrix} \boldsymbol{E} \\ \boldsymbol{0} \\ \boldsymbol{0} \\ \boldsymbol{0} \\ \boldsymbol{0} \\ \boldsymbol{0} \end{bmatrix}$$

式中的 $\boldsymbol{0}$ 是维数合适的全零矩阵。

- 系统状态跳跃变化的状态集合：

$$\mathcal{D} := \mathcal{D}_d \cup \mathcal{D}_h \tag{10-9}$$

其中

$$\mathcal{D}_d := \{(\boldsymbol{x}, r) | (\boldsymbol{x}, r) \in \mathcal{X}, r = d)\}$$

$$\mathcal{D}_h := \{(\boldsymbol{x}, r) | (\boldsymbol{x}, r) \in \mathcal{X}, r = h)\}$$

- 系统状态跳跃变化的动态过程：

$$(\boldsymbol{x}^+, r^+) \in \mathcal{G}(\boldsymbol{x}, r) := \begin{cases} \mathcal{G}_{J_{\mathcal{J}}}(\boldsymbol{x}, r), \forall (\boldsymbol{x}, r) \in \mathcal{D}_d \\ \mathcal{G}_{J_{\mathcal{J}}}(\boldsymbol{x}, r), \forall (\boldsymbol{x}, r) \in \mathcal{D}_h \end{cases} \tag{10-10}$$

其中，$\mathcal{G}_{j_{\mathcal{J}}}$ 和 $\mathcal{G}_{j_{\mathcal{J}}}$ 均为系统状态跳跃变化的映射：

$$\mathcal{G}_{\tilde{j}_{\mathcal{J}}}(\boldsymbol{x}, r) := (\tilde{J}_{\mathcal{J}}\boldsymbol{x}, r)$$

$$\mathcal{G}_{j_{\mathcal{J}}}(\boldsymbol{x}, r) := (\overset{\prime}{J}_{\mathcal{J}} \boldsymbol{x}, 0)$$

式中

$$\tilde{\boldsymbol{J}}_{\mathcal{J}} := \begin{bmatrix} \boldsymbol{I} & \boldsymbol{0} & \boldsymbol{0} & \boldsymbol{0} & \boldsymbol{0} & \boldsymbol{0} \\ \boldsymbol{0} & \boldsymbol{I} & \boldsymbol{0} & \boldsymbol{0} & \boldsymbol{0} & \boldsymbol{0} \\ \boldsymbol{0} & \boldsymbol{0} & \boldsymbol{I} - \boldsymbol{\Gamma}_{\mathcal{J}}^y & \boldsymbol{0} & \boldsymbol{\Gamma}_{\mathcal{J}}^y & \boldsymbol{0} \\ \boldsymbol{0} & \boldsymbol{0} & \boldsymbol{0} & \boldsymbol{I} - \boldsymbol{\Gamma}_{\mathcal{J}}^v & \boldsymbol{0} & \boldsymbol{\Gamma}_{\mathcal{J}}^v \\ \boldsymbol{0} & \boldsymbol{0} & \boldsymbol{0} & \boldsymbol{0} & \boldsymbol{I} & \boldsymbol{0} \\ \boldsymbol{0} & \boldsymbol{0} & \boldsymbol{0} & \boldsymbol{0} & \boldsymbol{0} & \boldsymbol{I} \end{bmatrix}$$

$$J'_{\mathcal{J}} := \begin{bmatrix} I & 0 & 0 & 0 & 0 & 0 \\ 0 & I & 0 & 0 & 0 & 0 \\ 0 & 0 & I & 0 & 0 & 0 \\ 0 & 0 & 0 & I & 0 & 0 \\ \Gamma_{\mathcal{J}}^{y} C_p & 0 & 0 & 0 & I - \Gamma_{\mathcal{J}}^{y} & 0 \\ 0 & \Gamma_{\mathcal{J}}^{v} C_c & \Gamma_{\mathcal{J}}^{v} D_c & 0 & 0 & I - \Gamma_{\mathcal{J}}^{v} \end{bmatrix}$$

其中，I 是维数合适的单位矩阵。$\Gamma_{\mathcal{J}}^{y}$ 和 $\Gamma_{\mathcal{J}}^{v}$ 均为对角矩阵满足：

$$\Gamma_{\mathcal{J}}^{y}(i,i) = \begin{cases} 1, i \in \mathcal{J} \\ 0, i \in \mathcal{J}_c \end{cases}, \Gamma_{\mathcal{J}}^{v}(i,i) = \begin{cases} 1, i \in \mathcal{J} \\ 0, i \in \mathcal{J}_c \end{cases}$$

最后给出一个性能方程：

$$z(t) := \overline{C}\xi(t) + \overline{D}w(t)$$

其中，$\overline{C}$ 和 $\overline{D}$ 均为预先给定的矩阵。

接下来考虑一个带有动态过程的参数 $\eta_i(t)$，$i \in \{1, \cdots, n_u\}$，其动态过程描述如下：

$$\dot{\eta}_i(t) = -2\rho\eta_i(t) + k_i^f u_i^2(t), (\boldsymbol{x}, r) \in \mathcal{C}$$

$$\eta_i(t^+) = \begin{cases} \eta_i(t) + k_i^g u_i^2(t), i \in \mathcal{J}, (\boldsymbol{x}, r) \in \mathcal{D}_{\dot{h}} \\ \eta_i(t) + k_i^{g_c} u_i^2(t) - \beta_i \xi^{\mathrm{T}}(t) \boldsymbol{Q}_i \xi(t), i \in \mathcal{J}_c, (\boldsymbol{x}, r) \in \mathcal{D}_{\dot{h}} \\ \eta_i(t), (\boldsymbol{x}, r) \in \mathcal{D}_{\dot{d}} \end{cases} \quad (10\text{-}11)$$

其中，ρ 是一个预先设计的正标量，k_i^f、k_i^g、β_i、$k_i^{g_c}$ 都是提前设计的非负标量。$\boldsymbol{Q}_i \in \mathbb{R}^{n_{\xi}} \times \mathbb{R}^{n_{\xi}}$ 是一个矩阵，其定义为：

$$\boldsymbol{Q}_i := \begin{bmatrix} (1-\sigma_i)\boldsymbol{C}^{\mathrm{T}}\Gamma_i\boldsymbol{C} & (1-\sigma_i)\boldsymbol{C}^{\mathrm{T}}\Gamma_i\boldsymbol{D} - \boldsymbol{C}^{\mathrm{T}}\Gamma_i & 0 \\ (1-\sigma_i)\boldsymbol{D}^{\mathrm{T}}\Gamma_i\boldsymbol{C} - \Gamma_i\boldsymbol{C} & (\boldsymbol{D}-\boldsymbol{I})^{\mathrm{T}}\Gamma_i(\boldsymbol{D}-\boldsymbol{I}) - \sigma_i\boldsymbol{D}^{\mathrm{T}}\Gamma_i\boldsymbol{D} & 0 \\ 0 & 0 & 0 \end{bmatrix}$$

式中，σ_i 是一个正标量，$\Gamma_i \in \mathbb{R}^{n_u} \times \mathbb{R}^{n_u}$ 是一个矩阵，其中 $\Gamma_i(i,i) = 1$，矩阵的其他元素均等于 0。$\boldsymbol{C}$ 和 $\boldsymbol{D}$ 均为矩阵，其定义如下：

$$\boldsymbol{C} := \begin{bmatrix} C_p & 0 \\ 0 & C_c \end{bmatrix}, \boldsymbol{D} := \begin{bmatrix} 0 & 0 \\ D_c & 0 \end{bmatrix}$$

依据式（10-11），可以清晰地看到，$\eta_i(t)$ 的更新律需要的信息包括 $\eta_i(0)$、ρ、k_i^f、k_i^g、$k_i^{g_c}$、β_i、$\hat{u}_i(t)$、$u_i(t)$，而所有这些信息都可以提前存储在本地节点或者在系统运行时由本地节点取得。

现在可以给出分布式事件触发条件：

$$\mathcal{J} = \{i \,|\, \Phi(o_i(t_k)) \geqslant 0\} = \{i \,|\, \eta_i(t_k) \leqslant 0 \wedge \boldsymbol{\xi}^{\mathrm{T}}(t_k)\boldsymbol{Q}_i\boldsymbol{\xi}(t_k) \geqslant 0\} \qquad (10\text{-}12)$$

给出的事件触发条件［式（10-12）］显示出，在每一个采样时间 t_k，$k \in \mathbb{N}$，在接收到最新的采集信息后，事件触发机会检查条件中的二次项条件 $\boldsymbol{\xi}^{\mathrm{T}}(t_k)\boldsymbol{Q}_i\boldsymbol{\xi}(t_k) \geqslant 0$ 是否满足，这个二次项不等式表述本地采样误差是否足够大；并检查条件 $\eta_i(t_k) \leqslant 0$ 是否满足，这个不等式条件表述本地的动态参数是否非正。当两个条件被同时满足时，事件触发机就会判断本地有事件发生。

根据式（10-5）和式（10-6）可以推测出，在采样时间 t_k，如果 $\boldsymbol{\xi}^{\mathrm{T}}(t_k)\boldsymbol{Q}_i\boldsymbol{\xi}(t_k) \geqslant 0$，那么下述的不等式也成立：

$$\begin{cases} \boldsymbol{\xi}^{\mathrm{T}}(t_k)\acute{\boldsymbol{Q}}_i\boldsymbol{\xi}(t_k) \geqslant 0 \\ \boldsymbol{\xi}^{\mathrm{T}}(t_k + d)\tilde{\boldsymbol{Q}}_i\boldsymbol{\xi}(t_k + d) \geqslant 0 \end{cases}$$

其中

$$\acute{\boldsymbol{Q}}_i := \begin{bmatrix} (1-\sigma_i)\boldsymbol{C}^{\mathrm{T}}\boldsymbol{\Gamma}_i\boldsymbol{C} & \boldsymbol{0} & (1-\sigma_i)\boldsymbol{C}^{\mathrm{T}}\boldsymbol{\Gamma}_i\boldsymbol{D} - \boldsymbol{C}^{\mathrm{T}}\boldsymbol{\Gamma}_i \\ \boldsymbol{0} & \boldsymbol{0} & \boldsymbol{0} \\ (1-\sigma_i)\boldsymbol{D}^{\mathrm{T}}\boldsymbol{\Gamma}_i\boldsymbol{C} - \boldsymbol{\Gamma}_i\boldsymbol{C} & \boldsymbol{0} & (\boldsymbol{D}-\boldsymbol{I})^{\mathrm{T}}\boldsymbol{\Gamma}_i(\boldsymbol{D}-\boldsymbol{I}) - \sigma_i\boldsymbol{D}^{\mathrm{T}}\boldsymbol{\Gamma}_i\boldsymbol{D} \end{bmatrix}$$

$$\tilde{\boldsymbol{Q}}_i := \begin{bmatrix} \boldsymbol{0} & \boldsymbol{0} & \boldsymbol{0} \\ \boldsymbol{0} & \boldsymbol{\Gamma}_i & -\boldsymbol{\Gamma}_i \\ \boldsymbol{0} & -\boldsymbol{\Gamma}_i & (1-\sigma_i)\boldsymbol{\Gamma}_i \end{bmatrix}$$

考虑如下的里卡提（Riccati）微分方程：

$$\begin{aligned} \frac{\mathrm{d}}{\mathrm{d}t}\boldsymbol{P}_j = & -\overline{\boldsymbol{A}}^{\mathrm{T}}\boldsymbol{P}_j - \boldsymbol{P}_j\overline{\boldsymbol{A}} - \boldsymbol{Y}^{\mathrm{T}}\boldsymbol{K}^f\boldsymbol{Y} - 2\rho\boldsymbol{P}_j - \theta^{-2}\overline{\boldsymbol{C}}^{\mathrm{T}}\overline{\boldsymbol{C}} \\ & -(\boldsymbol{P}_j\overline{\boldsymbol{B}} + \theta^{-2}\overline{\boldsymbol{C}}^{\mathrm{T}}\overline{\boldsymbol{D}})\boldsymbol{M}(\overline{\boldsymbol{B}}^{\mathrm{T}}\boldsymbol{P}_j + \theta^{-2}\overline{\boldsymbol{D}}^{\mathrm{T}}\overline{\boldsymbol{C}}) \end{aligned} \qquad (10\text{-}13)$$

其中，$\boldsymbol{M} = (\boldsymbol{I} - \theta^{-2}\overline{\boldsymbol{D}}^{\mathrm{T}}\overline{\boldsymbol{D}})^{-1}$，$j \in \{0,1\}$，并且

$$\boldsymbol{Y} := \begin{bmatrix} \boldsymbol{C}_p & \boldsymbol{0} & \boldsymbol{0} & \boldsymbol{0} & \boldsymbol{0} & \boldsymbol{0} \\ \boldsymbol{0} & \boldsymbol{C}_c & \boldsymbol{D}_c & \boldsymbol{0} & \boldsymbol{0} & \boldsymbol{0} \end{bmatrix}$$

$$\boldsymbol{K}^f := \mathrm{diag}\left(k_1^f, \cdots, k_{n_u}^f\right)$$

$$\boldsymbol{K}_{\mathcal{J}}^g := \mathrm{diag}\left(k_1^k, \cdots, k_{n_u}^k\right)$$

式中

$$k_i^k = \begin{cases} k_i^g, i \in \mathcal{J} \\ k_i^{g_c}, i \in \mathcal{J}_c \end{cases}$$

根据定义，可以看出 $\boldsymbol{u}(t) = \boldsymbol{Y}\boldsymbol{\xi}(t)$。

通过式（10-13）可以构建对应的汉密尔顿（Hamiltonian）矩阵：

$$H := \begin{bmatrix} H_{11} & H_{12} \\ H_{21} & H_{22} \end{bmatrix}$$

其中

$$\begin{cases} H_{11} := \bar{A} + \rho I + \gamma^{-2} \bar{B} M \bar{D}^{\mathrm{T}} \bar{C} \\ H_{12} := \bar{B} M \bar{B}^{\mathrm{T}} \\ H_{21} := -\bar{C}^{\mathrm{T}} (\gamma^2 I - \bar{D} \bar{D}^{\mathrm{T}})^{-1} \bar{C} - Y^{\mathrm{T}} K^f Y \\ H_{22} := -(\bar{A} + \rho I + \gamma^{-2} \bar{B} M \bar{D}^{\mathrm{T}} \bar{C})^{\mathrm{T}} \end{cases}$$

构建的汉密尔顿矩阵的指数矩阵可以表述为：

$$F(r) := \mathrm{e}^{-Hr} = \begin{bmatrix} F_{11}(r) & F_{12}(r) \\ F_{21}(r) & F_{22}(r) \end{bmatrix}$$

假设 10-1：对于 $\forall r \in [0, h]$，$F_{11}(r)$ 可逆。

考虑到 $F_{11}(0) = I$ 和 $F_{11}(r)$ 均连续，因此对于足够小的 h，这个假设均成立。如果假设 10-1 成立，那么 $-F_{11}^{-1}(r) F_{12}(r)$ 是一个半正定矩阵。据此，可以定义矩阵 $S(r)$，满足 $S(r) S^{\mathrm{T}}(r) := -F_{11}^{-1}(r) F_{12}(r)$。

10.1.2 稳定性分析

接下来分析系统的稳定性和性能并给出主要结论。

定理 10-1：考虑混杂系统［式（10-7）～式（10-10）］，事件触发条件［式（10-12）］，更新律［式（10-5）、式（10-6）］，动态参数更新律［式（10-11）］。假设 10-1 成立，并且存在矩阵 P_{0h}、$P_{1d} \succ 0$；标量 k_i^f、k_i^g、β_i、$k_i^{g_c}$、$\dot{\mu}_{\mathcal{J}}^i$、$\dot{\mu}_{\mathcal{J}_c}^i$、$\tilde{\mu}_{\mathcal{J}}^i$、$\tilde{\mu}_{\mathcal{J}_c}^i \geqslant 0$，$\forall i \in \{1, \cdots, n_u\}$，使得如下的线性矩阵不等式（LMI）成立：

$$\begin{bmatrix} G_1 & \dot{J}_{\mathcal{J}}^{\mathrm{T}} F_{11}^{-\mathrm{T}}(d) P_{1d} S(d) & \dot{J}_{\mathcal{J}}^{\mathrm{T}} G_2 \\ S^{\mathrm{T}}(d) P_{1d} F_{11}^{-1}(d) \dot{J}_{\mathcal{J}} & I - S^{\mathrm{T}}(d) P_{1d} S(d) & 0 \\ G_2^{\mathrm{T}} \dot{J}_{\mathcal{J}} & 0 & G_2 \end{bmatrix} \succ 0$$

$$\begin{bmatrix} G_3 & \tilde{J}_{\mathcal{J}}^{\mathrm{T}} F_{11}^{-\mathrm{T}}(h-d) P_{0h} S(h-d) & \tilde{J}_{\mathcal{J}}^{\mathrm{T}} G_4 \\ S^{\mathrm{T}}(h-d) P_{0h} F_{11}^{-1}(h-d) \tilde{J}_{\mathcal{J}} & I - S^{\mathrm{T}}(h-d) P_{0h} S(h-d) & 0 \\ G_4^{\mathrm{T}} \tilde{J}_{\mathcal{J}} & 0 & G_4 \end{bmatrix} \succ 0 \quad (10\text{-}14)$$

其中

$$G_1 := P_{0h} - \sum_{i \in \mathcal{J}} \left(\dot{\mu}_{\mathcal{J}}^i \dot{Q}_i \right) + \sum_{i \in \mathcal{J}_c} \left(\dot{\mu}_{\mathcal{J}_c}^i \dot{Q}_i \right) - Y^{\mathrm{T}} K_{\mathcal{J}}^g Y + \Xi$$

$$G_2 := F_{11}^{-\mathrm{T}}(d)P_{1d}F_{11}^{-1}(d) + F_{21}(d)F_{11}^{-1}(d)$$

$$G_3 := P_{1d} - \sum_{i \in \mathcal{J}}\left(\tilde{\mu}_{\mathcal{J}}^i \tilde{Q}_i\right) + \sum_{i \in \mathcal{J}_c}\left(\tilde{\mu}_{\mathcal{J}_c}^i \tilde{Q}_i\right)$$

$$G_4 := F_{11}^{-\mathrm{T}}(h-d)P_{0h}F_{11}^{-1}(h-d) + F_{21}(h-d)F_{11}^{-1}(h-d)$$

并且

$$\Xi := \Xi_I^{\mathrm{T}} \Xi_Q \Xi_I$$

$$\Xi_I := \begin{bmatrix} I & \cdots & I \end{bmatrix}^{\mathrm{T}} \in \mathbb{R}^{(n_\xi n_u) \times n_\xi}$$

$$\Xi_Q := \mathrm{diag}(\gamma_1 \beta_1 Q_1, \cdots, \gamma_{n_u} \beta_{n_u} Q_{n_u})$$

$$\gamma_i := \begin{cases} 1, i \in \mathcal{J}_c \\ 0, i \in \mathcal{J} \end{cases}$$

那么当 $\omega = 0$ 时，系统状态是全局指数收敛的，收敛的速率为 ρ；当 $\omega \neq 0$ 时，系统从 ω 到 z 的 $\mathcal{L}_2$ - 增益小于或等于 γ。

从事件触发条件［式（10-12）］可以很容易地发现给出的事件触发机需要且仅需要周期性地在每一个采样时间 t_k 运行。对于动态参数 η_i，如果 $k_i^f = 0$，$\forall i \in \{1,\cdots,n_u\}$，$\eta_i$ 的动态过程并不需要连续采集系统的输出值，因此动态参数的更新机制也可以周期性地运行于每一个采样时间 t_k。如果 $\exists i \in \{1,\cdots,n_u\}$，$k_i^f \neq 0$，那么对应的动态参数更新机制就需要对系统输出向量的对应元素进行连续采集。

由上面的分析可以看出，通常情况下可以设定 $k_i^f = 0$，$\forall i \in \{1,\cdots,n_u\}$，这样传感器就可以只在周期性的离散时间采样，并在相邻两个采样时刻之间进入休眠模式，从而节约传感器节点的能量消耗。然而，对于一些系统，$k_i^f \neq 0$ 可以在保证稳定性和性能的前提下，触发更少的事件。此外，当 $k_i^f = 0$，$\forall i \in \{1,\cdots,n_u\}$，因为 $\mathrm{e}^{-2\rho h}$、$\mathrm{e}^{-2\rho(h-\tau_d)}$、$\mathrm{e}^{-2\rho\tau_d}$ 可以提前存储在传感器节点，所以式（10-11）中的一阶微分方程就变成了一个简单的乘法。而这个转变可以明显地减少系统运行时需要的计算量。对于求解式（10-14）所示的 LMI，这个计算必须在系统运行前完成，因此是一个离线的计算。如果选用 YALMIP 中的 SeDuMi 作为求解器，那么根据用户手册，这个离线计算的计算复杂度为 $\mathcal{O}(n^2 m^{2.5} + m^{3.5})$，其中 n 是需要确定的参数的数量，m 是 LMI 的行数。通过求解 LMI 可以得到最优参数，实现优化控制。

值得注意的是，对于定理 10-1，当 k_i^f、k_i^g、β_i、$k_i^{g_c} = 0$，$\forall i \in \{1,\cdots,n_u\}$，那么 $\eta_i(t) = 0$，$\forall i \in \{1,\cdots,n_u\}$，$t \in \mathbb{R}_0^+$。至此，式（10-12）所示的动态事件触发条件就变成了一个静态事件触发条件，系统则由 DDPETC 变为 SDPETC。

10.1.3 实验结果和分析

下面通过一个大范围智能水分布系统仿真实验验证给出的事件触发控制方法。根据第 3 章介绍的智能分布式供水系统——水箱系统，搭建了一个基于 MATLAB/ Simulink 中的 Simscape 工具箱和 Simscape Fluids 工具箱的仿真实验平台。这两个工具箱可用于物理系统的仿真。搭建的仿真实验平台的基本结构与水箱系统相同。不同点在于系统的部分物理参数的选取参考了远程大范围分布式供水系统：首先，管道的长度设计得更长，因此系统的物理范围更大；其次，供水水箱尺寸更大，从而为更多的终端用户提供足量的饮用水；最后，两个泵联合工作的供水模式被简化为一个泵独立供水的模式，从而简化了控制策略，这个单独的泵能够在饮用水进入水管网络前给予其足够的水头。图 10-1 显示了搭建的智能水分布系统的结构。系统建模的方法和控制器设计的方法与第 3 章中给出的对水箱系统建模和控制器设计的方法一致。

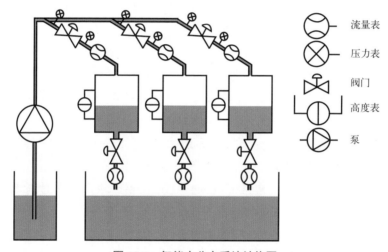

图 10-1　智能水分布系统结构图

这个智能水分布系统的控制目的可以简化为：将三个区域供水水箱的水位稳定保持在设计的高度不变。系统的状态选为液面参考高度和液面实际高度的差值；执行器的可控动作为入水阀门的开合角度。给定水泵以一个常值电压作为电气输入，驱动水泵运行。由于系统的状态可以通过液面高度传感器直接测量，因此式（10-2）包含的动态控制器被一个更为简单的静态的控制增益代替，即 $v(t_k) = K\xi_p(t_k)$。此外，由控制器到执行器的传输没有包含在事件触发机制内。

选取 3m 作为供水水箱的参考液面，并在这个附件对系统进行线性化，由此得到描述系统动态过程的矩阵：

$$A_p = \begin{bmatrix} -8.367 & 0 & 0 \\ 0 & -6.276 & 0 \\ 0 & 0 & -5.020 \end{bmatrix} \times 10^{-4}$$

$$B_p = \begin{bmatrix} 0.1068 & -0.0371 & -0.0371 \\ -0.0279 & 0.0801 & -0.0279 \\ -0.0223 & -0.0223 & 0.0641 \end{bmatrix}, E = \begin{bmatrix} 1 \\ 1 \\ 1 \end{bmatrix}$$

设计的控制器增益为：

$$K = \begin{bmatrix} -0.3024 & -0.0089 & -0.0238 \\ 0.0228 & -0.3034 & -0.0073 \\ 0.0357 & 0.0215 & -0.3024 \end{bmatrix}$$

其他的参数选取为 $h=2s$，$\tau_d = 0.5\,s$，$\rho = 0.001$，$z(t) = [1 \quad 1 \quad 1]\xi_p(t)$。系统的初始状态为 $\xi_p(0) = [-3 \quad -3 \quad -3]^T$，即系统供水水箱内的初始液面高度为 0。

对于 SDPETC，其参数给出如下：$\sigma_1 = \sigma_2 = \sigma_3 = 0.1$，$\gamma = 0.9$。对于给出的参数，可以看到式（10-14）中的 LMI 有可行解。仿真实验运行 20000s 后，一共触发了 19784 个事件。对于 DDPETC，其参数给出如下：$k_1^f = k_2^f = k_3^f = 0$，当 $\sigma_1 = \sigma_2 = \sigma_3 = 0.1$，$\gamma = 0.9$ 时，LMI 有可行解。仿真实验运行相同的时间，一共触发了 9362 个事件。可以看到，含有动态参数的事件触发控制方法一共减少了 52.68% 的事件数量。这也意味着，供电电池的寿命延长了不止 1 倍。图 10-2 显示出系统分别采用 SDPETC，当 $k_1^f = k_2^f = k_3^f = 0$ 时的 DDPETC，以及当 $k_1^f = k_2^f = k_3^f = 0.05$ 时的 DDPETC 方法时，系统状态变化和触发事件的时刻和时间间隔。小图为放大后的 $[15000, 20000]$ 时间段的仿真结果。可以清晰地看到，使用 DDPTEC 方法时，系统触发事件的时间间隔明显长于采用 SDPETC 方法。当 $k_1^f = k_2^f = k_3^f = 0.05$ 时，系统状态的稳态误差和事件触发时间间隔均增加。

进一步的仿真实验结果显示出，在 $[6000,20000]$ 时间段，DDPETC 可以减少 52.75% 的事件数量，这个结果几乎等于 $[0,20000]$ 时间段内 52.68% 的节约量。因此，控制系统动态过程和稳态过程节约的事件数量近乎相等。分别选取 k_1^f、k_2^f、k_3^f 等于 0.01、0.02、0.05、0.1，系统分别触发了 8584、7956、6716、4894 个事件，即相对于 $k_1^f = k_2^f = k_3^f = 0$ 时，分别减少了 8.31%、15.02%、28.26%、47.72% 的事件触发量。定义系统的状态误差为 $e(t) = x^o - \xi_p(t)$，其中 x^o 是系统的稳定点。对于本智能水分布系统，$x_i^o = 0$，$\forall i \in \{1,2,3\}$。在系统状态进入稳态后，$e_i(t)$ 满足 $e_i(t) \leqslant \overline{e}$。$\overline{e}$ 则分别增长了 -0.72%、7.9%、20.14%、98.56%。这说明总的事件触发量和稳态误差之间不可兼得。

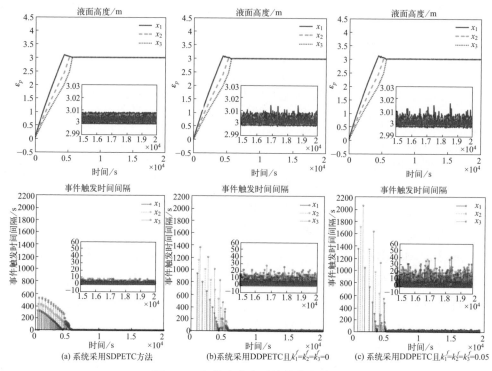

图 10-2 智能水分布系统的仿真结果

10.1.4 结论

在本节中，通过在 DPETC 方法中加入动态参数，发展出了一种 DDPETC 控制方法。加入的动态参数的动态变化过程只取决于本地可获得的信息，从而保证了事件触发机依旧是分布式的，即本地事件触发的条件不依赖控制系统其他节点的信息。在引入的动态参数的帮助下，DDPETC 相比于 SDPETC 方法可以减少事件触发的数量，同时保证相同的稳定性和 $\mathcal{L}_2$ 性能。通过 MATLAB 的物理系统仿真工具箱 Simscape toolbox 和 Simscape Fluids toolbox 搭建了一个智能水分布系统，并在系统上测试了 DDPETC 方法。仿真结果显示了 DDPETC 方法的可行性。进一步的仿真结果显示出，对比 SDPETC，DDPETC 可以节约超过 40% 的传输量。对于智能水分布系统，如果动态参数的动态变化过程包含系统的连续时间的输出，而不仅仅是系统的离散时间的输出，传输量可以进一步减少。然而，系统状态的动态误差会增大。DDPETC 考虑了分布式事件触发机制和动态参数，因此可以明显地减少数据的传输量。故 DDPETC 更加适合于远程分布式供水系统。

10.2
异步采样事件触发控制方法

本节从采样时间角度扩展了第 9 章中提出的周期性分布式事件触发控制方法，即将同步采样更改为异步采样，以减少无线网络带宽占用，并节约无线节点的能量消耗。提出的控制方法的核心是将 DPETC 中"每间隔固定周期，所有传感器节点均采样一次并运行本地的事件触发机从而决定反馈通路是否闭合"更改为"每间隔固定周期，只有一个传感器节点采样一次并运行本地的事件触发机从而决定反馈通路是否闭合"。所有传感器按照一定的顺序，依次轮流采样。因此在每一个采样时间，同一个时刻只有一个传感器节点采样，这就意味着，每个时刻最多有一个事件产生。这种采样方法被称为异步采样，基于异步采样的周期性分布式事件触发控制被称为异步采样周期性分布式事件触发控制（ASDPETC）。相比较于同步采样的周期性分布式事件触发控制方法，理论上 ASDPETC 能够将相同传感器的采样时间间隔扩大至系统输出的维数乘以同步采样的时间周期间隔。

10.2.1 系统概述

考虑如图 10-3 所示的信息物理系统。这个信息物理系统含有一个大型复杂物理过程（物理系统）和一个服务器。在物理系统内部署有多种传感器和执行器节点。这些节点与服务器之间通过无线网络相连接，进行数据传输。传感器节点主要负责监视物理系统的状态，执行器节点主要负责驱动物理系统按照预定的要求运行。由于物理系统尺寸很大，所有的传感器节点均独立部署。假设这些传感器由于部署位置等原因，均由电池供电；部署的无线网络采用星形连接的点到点传输，即所有的无线节点均与中心节点（即服务器）相连接并直接传输。这种传输方式由于结构简单、部署容易、传输速度较快，故常用于无线网络化控制系统中。服务器上运行有多种服务，包括反馈控制器、数据可视化程序、数据存储服务、数据分析算法、系统监督模块等，用于保证系统的正常运行。虽然系统中有多种传感器和执行器，但假设这些传感器、执行器和服务器中运行的反馈控制器均由一个反馈通路连接起来。同时，假设执行器节点也独立部署，但是拥有无限的能量供应。

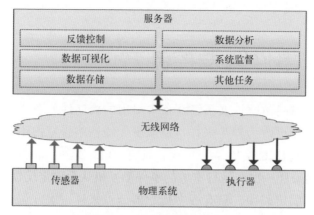

图10-3 信息物理系统结构

接下来给出系统的数学描述。考虑一个线性时不变系统:

$$\begin{cases} \dot{\boldsymbol{\xi}}_p(t) = \boldsymbol{A}_p \boldsymbol{\xi}_p(t) + \boldsymbol{B}_p \hat{\boldsymbol{v}}(t) + \boldsymbol{E} \boldsymbol{w}(t) \\ \boldsymbol{y}(t) = \boldsymbol{C}_p \boldsymbol{\xi}_p(t) \end{cases} \tag{10-15}$$

式中　　 $\boldsymbol{\xi}_p(t) \in \mathbb{R}^{n_p}$ ——系统的状态向量;

$\hat{\boldsymbol{v}}(t) \in \mathbb{R}^{n_v}$ ——系统的输入向量;

$\boldsymbol{y}(t) \in \mathbb{R}^{n_y}$ ——系统的输出向量;

$\boldsymbol{w}(t) \in \mathbb{R}^{n_w}$ ——系统的扰动;

$\boldsymbol{A}_p$、$\boldsymbol{B}_p$、$\boldsymbol{C}_p$ 和 $\boldsymbol{E}$——维数合适的矩阵。

这个系统由一个离散时间动态控制器控制:

$$\begin{cases} \boldsymbol{\xi}_c(t_{k+1}) = \boldsymbol{A}_c \boldsymbol{\xi}_c(t_k) + \boldsymbol{B}_c \hat{\boldsymbol{y}}(t_k) \\ \boldsymbol{v}(t_k) = \boldsymbol{C}_c \boldsymbol{\xi}_c(t_k) + \boldsymbol{D}_c \hat{\boldsymbol{y}}(t_k) \end{cases} \tag{10-16}$$

式中　　 $\boldsymbol{\xi}_c(t_k) \in \mathbb{R}^{n_c}$ ——控制器的状态向量;

$\hat{\boldsymbol{y}}(t_k) \in \mathbb{R}^{n_y}$ ——控制器的输入向量;

$\boldsymbol{v}(t_k) \in \mathbb{R}^{n_v}$ ——控制器的输出向量;

$\boldsymbol{A}_c$、$\boldsymbol{B}_c$、$\boldsymbol{C}_c$ 和 $\boldsymbol{D}_c$——维数合适的矩阵。

式(10-16)形式的控制器含有记忆,即控制器自己的状态,通过这个功能,可以在不改变系统输入信号的同时,更新控制输出,因此从控制器到执行器的传输也可以由设计的事件触发策略所决定。控制器只在离散时间 t_k, $k \in \mathbb{N}$ 工作,这个时间同时也是系统采样时间。系统的采样时间是一个周期信号,即 $t_k = kh$,

$k \in \mathbb{N}$，其中 $h>0$ 是一个常数值，代表采样时间间隔。控制器的周期性运行时间序列可以表述为：

$$\mathcal{T}_k := \left\{ t_k \,|\, t_k := kh, k \in \mathbb{N} \right\}$$

定义 $\tau : \mathbb{R}_0^+ \to \mathbb{R}_0^+$ 为从最近一次控制器运行开始到当前时刻所经过的时间：

$$\tau(t) := t - t_k, t \in \left[t_k, t_{k+1} \right]$$

对于式（10-15）定义的系统和式（10-16）定义的控制器，定义两个向量：

$$\hat{\boldsymbol{u}}(t_k) := \begin{bmatrix} \hat{\boldsymbol{y}}^{\mathrm{T}}(t_k) & \hat{\boldsymbol{v}}^{\mathrm{T}}(t_k) \end{bmatrix}^{\mathrm{T}} \in \mathbb{R}^{n_u}$$

$$\boldsymbol{u}(t) := \begin{bmatrix} \boldsymbol{y}^{\mathrm{T}}(t) & \boldsymbol{v}^{\mathrm{T}}(t) \end{bmatrix}^{\mathrm{T}} \in \mathbb{R}^{n_u}$$

其中，$\hat{\boldsymbol{u}}(t_k)$ 是系统的输入向量，$\boldsymbol{u}(t_k)$ 是系统的输出向量，$n_u := n_y + n_v$。$\hat{\boldsymbol{u}}(t_k)$ 是 $\boldsymbol{u}(t)$ 经由本节给出的事件触发控制机制采样和更新得到。更新后的输入信号 $\hat{\boldsymbol{u}}(t_k)$ 将由一个零阶保持器保持直到下一个采样时刻的来临。

针对系统定义一个指代性能的输出向量 $z \in \mathbb{R}_{n_z}$，计算公式为：

$$\boldsymbol{z}(t) := \bar{\boldsymbol{C}}\xi(t) + \bar{\boldsymbol{D}}\boldsymbol{w}(t) \tag{10-17}$$

其中，$\bar{\boldsymbol{C}}$ 和 $\bar{\boldsymbol{D}}$ 为设计的维数合适的矩阵，

$$\xi(t) := \begin{bmatrix} \xi_p^{\mathrm{T}}(t) & \xi_c^{\mathrm{T}}(t) & \hat{\boldsymbol{y}}^{\mathrm{T}}(t) & \hat{\boldsymbol{v}}^{\mathrm{T}}(t) \end{bmatrix}^{\mathrm{T}} \in \mathbb{R}^{n_\xi}$$

$$n_\xi := n_p + n_c + n_y + n_v$$

定义 n_u 个采样和更新时间序列：

$$\mathcal{T}_{b_i}^i := \left\{ t_{b_i}^i \,|\, b_i \in \mathbb{N} \right\} \subseteq \mathcal{T}_k, i \in \{1, \cdots, n_u\}$$

在每个时间序列 $\mathcal{T}_{b_i}^i$ 中，采样和升级的时间 $t_{b_i}^i$ 由如下公式决定：

$$t_{b_i}^i := \left\{ t \in \mathcal{T}_k, t > t_{b_i-1}^i, \mathcal{S}_o(l(t)) = i \,\middle|\, \xi^{\mathrm{T}}(t)\boldsymbol{Q}_i\xi(t)0 \right\} \tag{10-18}$$

其中定义 $\mathcal{S}_o$ 为一个有限的序列，含有向量 $\boldsymbol{u}(t)$ 每一个元素的采样计划。假设在 $\mathcal{S}_o$ 中，每一个向量 $\boldsymbol{u}(t)$ 的元素 $u_i(t)$，$i \in \{1, \cdots, n_u\}$ 出现且仅出现一次，并且一经确定顺序，就不会再改变。称根据 $\mathcal{S}_o$ 中的采样顺序遍历向量 $\boldsymbol{u}(t)$ 中的每一个元素为一个循环。定义两个映射 $l : \mathbb{R}_0^+ \to \mathbb{N}^+$，$\kappa : \mathbb{R}_0^+ \to \mathbb{N}$，可得 $u_{\mathcal{S}_o(l(t))}(t)$，$\kappa(t)$ 为每一个循环的计数器。$\boldsymbol{Q}_i$ 是一个矩阵，定义为：

$$\boldsymbol{Q}_i = \begin{bmatrix} (1-\sigma_i)\boldsymbol{C}^{\mathrm{T}}\Gamma_i\boldsymbol{C} & (1-\sigma_i)\boldsymbol{C}^{\mathrm{T}}\Gamma_i\boldsymbol{D} - \boldsymbol{C}^{\mathrm{T}}\Gamma_i \\ (1-\sigma_i)\boldsymbol{D}^{\mathrm{T}}\Gamma_i\boldsymbol{C} - \Gamma_i\boldsymbol{C} & (\boldsymbol{D}-\boldsymbol{I})^{\mathrm{T}}\Gamma_i(\boldsymbol{D}-\boldsymbol{I}) - \sigma_i\boldsymbol{D}^{\mathrm{T}}\Gamma_i\boldsymbol{D} \end{bmatrix}$$

I 是一个维数合适的单位矩阵，矩阵 $\boldsymbol{\varGamma_i}$ 定义为：

$$\boldsymbol{\varGamma_i} = \mathrm{diag}\{\varGamma_i^1, \cdots, \varGamma_i^{n_u}\} = \mathrm{diag}\{\gamma_i^1, \cdots, \gamma_i^{n_u}\}$$

其中，$\boldsymbol{\varGamma_i^y} := \mathrm{diag}\{\gamma_i^1, \cdots, \gamma_i^{n_y}\}$，$\boldsymbol{\varGamma_i^v} := \mathrm{diag}\{\gamma_i^{n_y+1}, \cdots, \gamma_i^{n_u}\}$。当 $i = j$ 的时候 $\gamma_i^j = 1$，其余情况 $\gamma_i^j = 0$。进一步地，σ_i，$i \in \{1, \cdots, n_u\}$ 是一系列的标量，矩阵 $\boldsymbol{C}$ 和矩阵 $\boldsymbol{D}$ 定义为：

$$\boldsymbol{C} := \begin{bmatrix} \boldsymbol{C_p} & \boldsymbol{0} \\ \boldsymbol{0} & \boldsymbol{C_c} \end{bmatrix}, \boldsymbol{D} := \begin{bmatrix} \boldsymbol{0} & \boldsymbol{0} \\ \boldsymbol{D_c} & \boldsymbol{0} \end{bmatrix}$$

在每一个采样时刻 t_k，$\forall t_k \in \mathcal{T}_{b_i}^i$，作用在系统的输入向量 $\hat{\boldsymbol{u}}(t_k)$ 由如下的更新律更新：

$$\hat{u}_i(t_k) = \begin{cases} u_i(t_k), t_k \in \mathcal{T}_{b_i}^i \\ \hat{u}_i(t_{k-1}), \text{其他} \end{cases}$$

那么系统由采样和更新机制产生的误差可以表述为：

$$e_i(t) := \hat{u}_i(t_k) - u_i(t), t \in [t_k, t_{k+1})$$

观察事件触发条件［式（10-18）］可以看到，事件触发条件由两部分组成：首先是本地采样误差 $e_i(t)$ 与本地当前系统输出 $u_i(t)$ 满足一定关系；其次是依据采样序列 $\mathcal{S}_o$，当前时刻允许对 $u_i(t)$ 进行采样。因此设计的事件触发条件完全依据本地信息，是一种去中心化的事件触发条件。

定义集合 $\mathcal{J} \subseteq \bar{\mathcal{J}} := \{1, \cdots, n_u\}$ 为指示向量 $\boldsymbol{u}(t)$ 中第 i 个元素有事件发生，其中 $i = 1, \cdots, n_u$。每一个采样时刻 t_k 都有与之对应的 $\mathcal{J}$。同样地，定义 $\mathcal{J}_c := \bar{\mathcal{J}} \setminus \mathcal{J}$。

可以将事件触发条件［式（10-18）］改写为：

$$i \in \mathcal{J}, \mathcal{S}_o(l(t)) = i, \boldsymbol{\xi}^\mathrm{T}(t_k) \boldsymbol{Q}_i \boldsymbol{\xi}(t_k) > 0$$

$$i \in \mathcal{J}_c, \mathcal{S}_o(l(t)) = i, \boldsymbol{\xi}^\mathrm{T}(t_k) \boldsymbol{Q}_i \boldsymbol{\xi}(t_k) \leqslant 0 \qquad (10\text{-}19)$$

在每一个循环，向量 $\boldsymbol{u}(t)$ 的每一个元素 $u_i(t)$ 都会被允许采样一次，并有自己单独的采样时间和传输时间。

一个异步采样序列案例如图 10-4 所示。对于周期性事件触发控制器，同步采样和异步采样策略各自需要的基于 TDMA 的超级帧如图 10-5 所示。可以明显地看到，采用异步采样策略只需要在每一个超级帧上注册一个传输时间片用于反馈控制通路的传输，而其他的传输时间可以分配给信息物理系统的其他任务，因此可以有效地提升无线传输通道的使用效率。

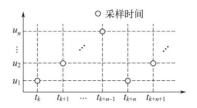

图 10-4　一个异步采样序列（由传感器的标号按升序排列）

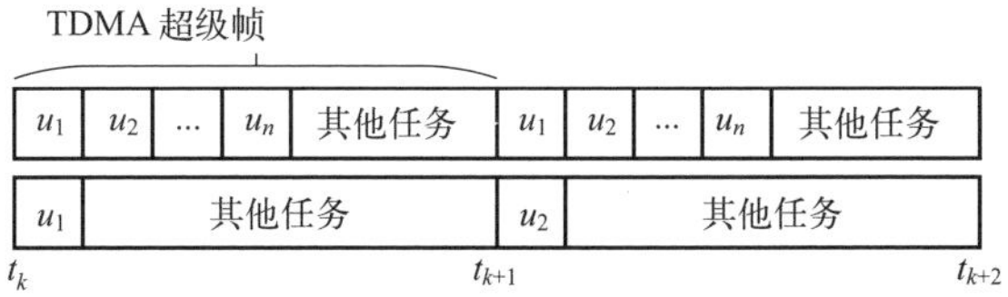

| u_1 | u_2 | ... | u_n | 其他任务 | u_1 | u_2 | ... | u_n | 其他任务 |

TDMA 超级帧

| u_1 | 其他任务 | u_2 | 其他任务 |

t_k　　　　　　　　　　　　　t_{k+1}　　　　　　　　　t_{k+2}

图 10-5　一个 TDMA 超级帧对比（第一行为同步采样方法需要的超级帧，其中每一个超级帧都需要为反馈控制回路注册多个传输时间片；第二行为介绍的异步采样方法需要的超级帧，其中每一个超级帧只需要为反馈控制回路注册一个传输时间片）

10.2.2　稳定性分析

基于式（10-15）～式（10-17）和式（10-19），可以构建出如下的混杂系统：

$$\begin{bmatrix} \dot{\xi}(t) \\ \dot{\tau}(t) \\ \dot{l}(t) \\ \dot{\kappa}(t) \end{bmatrix} = \begin{bmatrix} \bar{A}\xi(t) + \bar{B}w(t) \\ 1 \\ 0 \\ 0 \end{bmatrix}, 若 (t) \in [0, h)$$

$$\begin{bmatrix} \xi(t^+) \\ \tau(t^+) \\ l(t^+) \\ \kappa(t^+) \end{bmatrix} = \begin{bmatrix} J_{\mathcal{S}_o(l(t))}\xi(t) \\ 0 \\ l(t)+1 \\ \kappa(t) \end{bmatrix}, 若 \begin{cases} \tau(t) = h \\ l(t) < n_u \\ \mathcal{S}_o(l(t)) \in \mathcal{J} \end{cases}$$

$$\begin{bmatrix} \xi(t^+) \\ \tau(t^+) \\ l(t^+) \\ \kappa(t^+) \end{bmatrix} = \begin{bmatrix} J_{\mathcal{S}_o(l(t))}\xi(t_k) \\ 0 \\ 1 \\ \kappa(t)+1 \end{bmatrix}, 若 \begin{cases} \tau(t) = h \\ l(t) = n_u \\ \mathcal{S}_o(l(t)) \in \mathcal{J} \end{cases} \qquad (10\text{-}20)$$

$$\begin{bmatrix} \xi(t^+) \\ \tau(t^+) \\ l(t^+) \\ \kappa(t^+) \end{bmatrix} = \begin{bmatrix} \boldsymbol{J}_0\xi(t) \\ 0 \\ l(t)+1 \\ \kappa(t) \end{bmatrix}, 若\begin{cases} \tau(t) = h \\ l(t) < n_u \\ \mathcal{S}_o(l(t)) \in \mathcal{J}_c \end{cases}$$

$$\begin{bmatrix} \xi(t^+) \\ \tau(t^+) \\ l(t^+) \\ \kappa(t^+) \end{bmatrix} = \begin{bmatrix} \boldsymbol{J}_0\xi(t) \\ 0 \\ 1 \\ \kappa(t)+1 \end{bmatrix}, 若\begin{cases} \tau(t) = h \\ l(t) = n_u \\ \mathcal{S}_o(l(t)) \in \mathcal{J}_c \end{cases}$$

$$z(t) = \bar{\boldsymbol{C}}\xi(t) + \bar{\boldsymbol{D}}\boldsymbol{w}(t)$$

其中

$$\bar{\boldsymbol{A}} = \begin{bmatrix} \boldsymbol{A}_p & \boldsymbol{0} & \boldsymbol{0} & \boldsymbol{B}_p \\ \boldsymbol{0} & \boldsymbol{0} & \boldsymbol{0} & \boldsymbol{0} \\ \boldsymbol{0} & \boldsymbol{0} & \boldsymbol{0} & \boldsymbol{0} \\ \boldsymbol{0} & \boldsymbol{0} & \boldsymbol{0} & \boldsymbol{0} \end{bmatrix}, \bar{\boldsymbol{B}} = \begin{bmatrix} \boldsymbol{E} \\ \boldsymbol{0} \\ \boldsymbol{0} \\ \boldsymbol{0} \end{bmatrix}$$

$$\boldsymbol{J}_i = \begin{bmatrix} \boldsymbol{I} & \boldsymbol{0} & \boldsymbol{0} & \boldsymbol{0} \\ \boldsymbol{B}_c\boldsymbol{\Gamma}_i^y\boldsymbol{C}_p & \boldsymbol{A}_c & \boldsymbol{B}_c(\boldsymbol{I}-\boldsymbol{\Gamma}_i^y) & \boldsymbol{0} \\ \boldsymbol{\Gamma}_i^y\boldsymbol{C}_p & \boldsymbol{0} & (\boldsymbol{I}-\boldsymbol{\Gamma}_i^y) & \boldsymbol{0} \\ \boldsymbol{0} & \boldsymbol{\Gamma}_i^v\boldsymbol{C}_c & \boldsymbol{\Gamma}_i^v\boldsymbol{D}_c & (\boldsymbol{I}-\boldsymbol{\Gamma}_i^v) \end{bmatrix}$$

$$\boldsymbol{J}_0 = \begin{bmatrix} \boldsymbol{I} & \boldsymbol{0} & \boldsymbol{0} & \boldsymbol{0} \\ \boldsymbol{0} & \boldsymbol{A}_c & \boldsymbol{B}_c & \boldsymbol{0} \\ \boldsymbol{0} & \boldsymbol{0} & \boldsymbol{I} & \boldsymbol{0} \\ \boldsymbol{0} & \boldsymbol{0} & \boldsymbol{0} & \boldsymbol{I} \end{bmatrix}$$

针对给出的混杂系统模型，为了分析系统的稳定性和 $\mathcal{L}_2$ - 增益性能，考虑如下的备选李雅普诺夫方程：

$$V(\xi(t),\tau(t),l(t)) = \xi^{\mathrm{T}}\boldsymbol{P}_i(\tau)\xi \tag{10-21}$$

其中，$\boldsymbol{P}_i:[0,h] \to \mathbb{R}^{n_\xi \times n_\xi}$，$i \in \{1,\cdots,n_u\}$ 满足如下的里卡提（Riccati）微分方程：

$$\frac{\mathrm{d}}{\mathrm{d}r}\boldsymbol{P}_i = -\bar{\boldsymbol{A}}^{\mathrm{T}}\boldsymbol{P}_i - \boldsymbol{P}_i\bar{\boldsymbol{A}} - 2\rho\boldsymbol{P}_i - \gamma^{-2}\bar{\boldsymbol{C}}^{\mathrm{T}}\bar{\boldsymbol{C}} - \boldsymbol{G}^{\mathrm{T}}\boldsymbol{MG} \tag{10-22}$$

矩阵 M 和 G 定义如下：

$$M := (I - \gamma^{-2}\bar{D}^{\mathrm{T}}\bar{D})^{-1}$$

$$G := \bar{B}^{\mathrm{T}}P_i + \gamma^{-2}\bar{D}^{\mathrm{T}}\bar{C}$$

其中的 ρ 和 γ 是预先定义的参数。对于式（10-22），其汉密尔顿矩阵和对应的指数形式构造如下：

$$H := \begin{bmatrix} H_{11} & H_{12} \\ H_{21} & H_{22} \end{bmatrix}, \quad F(r) := \mathrm{e}^{-Hr} = \begin{bmatrix} F_{11}(r) & F_{12}(r) \\ F_{21}(r) & F_{22}(r) \end{bmatrix}$$

其中

$$\begin{cases} H_{11} := \bar{A} + \rho I + \gamma^{-2}\bar{B}M\bar{D}^{\mathrm{T}}\bar{C} \\ H_{12} := \bar{B}M\bar{B}^{\mathrm{T}} \\ H_{21} := -\bar{C}^{\mathrm{T}}(\gamma^2 I - \bar{D}\bar{D}^{\mathrm{T}})^{-1}\bar{C} \\ H_{22} := -(\bar{A} + \rho I + \gamma^{-2}\bar{B}M\bar{D}^{\mathrm{T}}\bar{C})^{\mathrm{T}} \end{cases}$$

假设 10-2：对于 $\forall r \in [0,h]$，$F_{11}(r)$ 均可逆。

考虑到 $F_{11}(0) = I$ 和 $F_{11}(r)$ 均为连续方程，如果 h 的取值足够小，假设 10-2 总能够成立。根据文献 [1] 的引理 A.1，如果假设 10-2 成立，那么 $-F_{11}^{-1}(h)F_{12}(h)$ 是半正定的。定义矩阵 $\bar{S}$ 满足 $\bar{S}\bar{S}^{\mathrm{T}} := -F_{11}^{-1}(h)F_{12}(h)$。此外，定义 $P_{ih} := P_i(h)$。

定理 10-2：考虑混杂系统［式（10-20）］，事件触发条件［式（10-19）］，李雅普诺夫方程［式（10-21）］。假设 10-2 成立，$\gamma^2 > \lambda_{\max}(\bar{D}^{\mathrm{T}}\bar{D})$，$\rho > 0$。如果存在矩阵 $P_{ih} \succ 0$，$\forall i \in \{1,\cdots,n_u\}$，标量 $\mu_{\mathcal{J}^j}^i \geq 0$ 和 $\mu_{\mathcal{J}^j_c}^i \geq 0$，$\forall i,j \in \{1,\cdots,n_u\}$，使得如下的线性矩阵不等式（LMI）成立：

$$\begin{bmatrix} P_{ih} - \mu_{\mathcal{J}^j}^i Q_j & J_i^{\mathrm{T}}F_{11}^{-\mathrm{T}}(h)P_{i^+h}\bar{S} & J_i^{\mathrm{T}}H_i \\ \bar{S}^{\mathrm{T}}P_{i^+h}F_{11}^{-1}(h)J_i & I - \bar{S}^{\mathrm{T}}P_{i^+h}\bar{S} & 0 \\ H_i^{\mathrm{T}}J_i & 0 & H_i \end{bmatrix} \succ 0$$

$$\begin{bmatrix} P_{ih} + \mu_{\mathcal{J}^j_c}^i Q_j & J_0^{\mathrm{T}}F_{11}^{-\mathrm{T}}(h)P_{i^+h}\bar{S} & J_0^{\mathrm{T}}H_i \\ \bar{S}^{\mathrm{T}}P_{i^+h}F_{11}^{-1}(h)J_0 & I - \bar{S}^{\mathrm{T}}P_{i^+h}\bar{S} & 0 \\ H_i^{\mathrm{T}}J_0 & 0 & H_i \end{bmatrix} \succ 0 \qquad (10\text{-}23)$$

其中

$$H_i := F_{11}^{-\mathrm{T}}(h)P_{i^+h}F_{11}^{-1}(h) + F_{21}(h)F_{11}^{-1}(h)$$

$$i = \begin{cases} i+1, i < n_u \\ 1, i = n_u \end{cases}$$

那么当 $w = 0$ 时，系统状态是全局指数收敛的，收敛的速率为 ρ ；当 $w \neq 0$ 时，系统从 w 到 z 的 $\mathcal{L}_2$ - 增益小于或等于 γ 。

10.2.3　实验结果和分析

下面通过使用 10.1 节介绍的大范围智能水分布系统仿真实验平台验证给出的事件触发控制方法。

对于 ASDPETC，选取 h=2s，$\rho = 0.001$ ，$z(t) = \begin{bmatrix} 1 & 1 & 1 \end{bmatrix} \xi_p(t)$ 。系统的初始状态为 $\xi_p(0) = \begin{bmatrix} -3 & -3 & -3 \end{bmatrix}^T$ ，即系统供水水箱内的初始液面高度为 0。其他参数给出如下：$\sigma_1 = \sigma_2 = \sigma_3 = 0.1$ ，$\gamma = 500$ 。对于给出的参数，可以看到式（10-23）中的 LMI 有可行解。图 10-6 为仿真结果。仿真实验运行 20000s 后，一共触发了 7290 个事件。可以看出，触发的事件数量有了明显的减少。作为代价，系统的稳态误差有所增大。

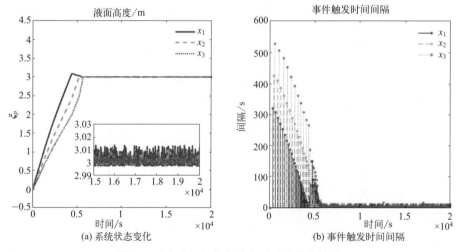

图 10-6　大范围智能水分布系统的仿真结果

10.2.4　结论

在本节中，给出了一种异步采样周期性事件触发控制方法。在每一个采样时刻，只有一个传感器采集系统的输出，并依据本地的事件触发策略决定是否闭合反馈控制通路。所有的传感器依照预先给定的次序，依次采样。因此，在每一个采样时刻，最多只有一个传感器传输，从而大大减少了需要的传输数量，节约了无线网络带宽。

10.3
基于 LoRa 的远程分布式供水系统

大范围信息物理系统（WA-CPS）是一类将低功耗传感器、多种类型的执行器和控制器集合在一个巨大的基础结构下，物理尺度可以横跨数千米距离的系统。这类系统物理范围大、结构复杂，对控制系统要求较高，一般会要求控制信号传输的延时尽量有明确的或者可信度较高的上确界。目前的无线通信技术在面对这类系统的传输需求时，无法完全满足，因此仍有较大的提升和发展空间。

针对这个问题，本节面向 WA-CPS 提出了一种控制和传输深度结合设计的思想，命名为 C^3 方法。通过这种方法能够为 WA-CPS 同时设计控制器和传输协议。此外，在这个思想指导下，本节还介绍了一种新型的低功耗广域（LPWA）MAC协议，命名为 Ctrl-MAC 协议。这个协议基于 LPWA 无线通信技术[2]，特别针对事件触发控制方法而优化，从而保证 WA-CPS 系统的稳定性。实际上，早期的LPWA 技术仅仅支持单传输通道传输，例如数据的采集需求，由于没有双向传输，因此并不适合控制系统[3]，而 Ctrl-MAC 则支持双向传输。本节通过一个智能水分布系统的应用实例，展示了设计的协议的有效性。由于受到场地限制，智能水分布系统采用仿真实验的形式，物理系统部分与 10.1 节使用的仿真系统相同。信息系统则使用 OMNeT++ 软件构建和运行。物理系统和信息系统虽然运行在不同的软件平台上，但是部署在同一台服务器上，通过实时数据交换，实现联合仿真。仿真实验结果显示，在保证系统稳定性的前提下，提出方法对比当前的 LPWA 技术，可以最多减少 50% 的数据包传输数量，平均降低 80% 的端到端传输延时。

10.3.1 系统概述

WA-CPS 范围广、结构复杂，是一类需要深度结合传输技术和控制技术的系统。对 WA-CPS 的研究使得对大范围基础设施的高可靠性操作成为可能。这些基础设施包括但不限于太阳能农场、精细农业、近海石油平台、油气管道、给排水管网。在上述这些基础设施的例子中，都有一个共同的特点，即系统组件分布在一个较大的物理范围内，这个范围超过单一建筑的尺度。对于很多这类系统，系统的动态相对而言是比较慢的，例如泵和电机等动力部件可能会有一个较长的启动时间，阀门的开关角度的变化可能需要数秒。对于 WA-CPS 系统，最大的工程挑战之一是如何实现物理系统的控制器和传感器 / 执行器 / 控制器通信系统之间以系统需求为导向的紧密联系。在本节内容中，对这种关系进行了更为深度的挖掘和考虑，而不是仅仅将传输部分看作一个控制器设计时需要考虑的延时。

对于范围比较小的控制系统，或者虽然范围较大，但各个部件集中布置的控制系统，多采用有线网络将各个传感器、执行器和控制器连接起来形成反馈通路。部署和维护有线网络的成本随着系统范围的扩大而提高，且系统设计的时候需要考虑布设线路带来的限制，导致一些节点不能布设在最优位置。相对于有线网络，无线网络的部署和维护成本则不会随着系统范围的增大而有较大的增加，且没有了线路的限制，节点可以安装在最优的空间位置。目前的无线通信技术，例如 WirelessHART、ISA 100.11a、IEEE 802.11 等，通信范围较短，并不能满足范围较大基础设施的控制系统的通信需求。工业控制用无线通信协议，例如 WirelessHART，仅仅支持控制物理范围在 100m 内的系统 [4]。多网关传输协议，例如 6TiSCH 可以用来延长无线传输的距离，但是距离越长其可靠性越低 [5]，且不一定有空间位置部署这些中继网关。因此这些通信技术并不适用于 WA-CPS 系统 [6]。而 LPWA 由于通信距离长，传输可靠，因此更适合 WA-CPS 系统。

LPWA 的出现和发展为推动 WA-CPS 的研究提供了巨大的帮助。LPWA 是一种无线通信技术，其特点就是系统功耗低、无线传输距离远、设备成本低。这能大量节省系统的建设和维护费用。直接将当前的 LPWA 技术应用在控制系统中尚有一些问题，其中之一就是目前的 LPWA 技术传输速度较慢。事件触发控制方法只在系统需要的时候闭合控制回路，这能够有效减少需要的传输量，减轻通信网络的压力。因此，针对 WA-CPS 系统，尤其是使用类似于 LPWA 这类低成本低功耗低速度的通信技术的 WA-CPS 系统，事件触发控制方法是较为合适的。然而，对于大范围系统，事件触发控制方法在应用之前依旧需要做出一些针对性的发展和改进，因为相对于小范围系统，大范围系统的采样间隔较大，传输的延时也会更长。

在这部分中介绍了一种控制和传输深度结合设计的思想，称为 C^3 方法。这种方法可以综合考虑系统设计阶段和运行阶段的特性并同时设计控制系统和传输系统。具体来说，在设计阶段，综合考虑控制参数和传输参数对彼此性能的影响，经过综合考虑后选定参数从而保证系统在运行阶段的稳定性，避免运行后对系统的补丁升级。在运行阶段，设计的网关可以根据需求对传输进行调度。本书提出的 C^3 设计方法可以减少系统传输中的延时，提升系统的可靠性，并保证系统依旧可以达到目前 LoRaWAN 的传输范围而不减小。

C^3 方法的核心在于控制部分和传输部分结构和参数的综合设计，即通过使用 C^3 方法，能够在 LPWA 通信技术的基础上部署分布式事件触发反馈控制器，并解决通信和控制两个部件融合在一起导致的通信系统可靠性和控制器稳定性的平衡问题。作为使用 C^3 设计方法的一个产物，同时介绍了 Ctrl-MAC 协议。Ctrl-MAC 解决了单通道 LPWA 传输网络在设计之初没有考虑用作控制用途的不足，并在传输延时、丢包、双向传输和任务循环等方面进行了改进。

为了验证提出的方法，构建了一个信息物理联合仿真环境。在这个仿真环境中，将 MATLAB/Simulink 和 OMNeT++ 连接在了一起。通过实验发现，这个联合仿真环境能够有效模拟一个 WA-CPS 系统。这个系统的物理部分为一个大范围智能供水系统。实验结果显示，相比较于 LoRaWAN 这种比较典型的 LPWA MAC 协议，Ctrl-MAC 有更好的性能，可以多出 50% 的数据包发送接收速率，并平均减少 $4 \sim 5$ 倍的往返时间。与此同时，系统的稳定性依旧能够得到保证。

10.3.2 系统描述

在这一小节，详细阐述了 WA-CPS 系统和 C^3 设计思想。首先提出了系统的结构和 WA-CPS 系统的模型。之后给出联合设计时，在考虑系统限制的情况下，关键的控制系统和通信系统参数的设计方法。

首先介绍系统结构。C^3 设计方法关注的 WA-CPS 系统可以采用如图 10-7 所示的结构。

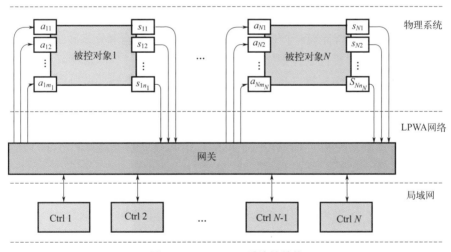

图 10-7 WA-CPS 系统的结构

一个 WA-CPS 的物理系统可以包含 N 个子系统，每个子系统都有一个对应的标签 $i, i \in \{1, \cdots, N\}$。每一个子系统含有一个被控对象和一个控制器。在一个子系统内的被控对象与控制器的标签相同。对于任意的第 i 个子系统，其被控对象都可以用一个线性时不变系统模型描述：

$$\dot{\xi}_i(t) = A_i \xi_i(t) + B_i v_i(t) \tag{10-24}$$

向量 $\xi_i(t) \in \mathbb{R}^{n_i}$ 和 $v_i(t) \in \mathbb{R}^{m_i}$ 分别是第 i 个子系统的系统状态和控制输入向量。n_i 和 m_i 分别是第 i 个子系统的传感器和执行器的数量。A_i 和 B_i 为描述系统动态过程的矩阵。

第 i 个被控对象安装了一系列的传感器 $\{s_{i1}, s_{i2}, \cdots, s_{in_i}\}$ 用于采集系统运行时产生的数据。每一个传感器都可以独立地采集子系统状态向量 $\xi_i(t)$ 中的一个元素。控制器接收采集的数据并按照一定的控制律计算系统的控制输入量。控制器的控制目标一般设定为保持系统的状态向量 $\xi_i(t)$ 稳定在一个给定的值。引入一个线性状态反馈控制器如下：

$$v_i(t) = K_i \hat{\xi}_i(t) \tag{10-25}$$

其中，$\hat{\xi}_i(t) \in \mathbb{R}^{n_i}$ 是控制器接收到的系统状态的采样值；K_i 是控制器增益，其取值满足 $A_i + B_i K_i$ 是一个赫尔维兹矩阵。

经过控制器的计算，得到系统当前的控制量并发送给子系统内的一系列执行器 $\{a_{i1}, a_{i2}, \cdots, a_{im_i}\}$，从而影响被控对象的动态。被控对象与控制器之间的传输是闭环反馈控制通路的重要组成部分，其跨度可以达到数千米的距离。特别地，对于城市智能供水系统这类 WA-CPS 系统，由于系统的动态特性，其反馈控制通路闭合的时间间隔可以长达数秒到数十秒，而不是毫秒级别。

本部分使用一个两步设计方法来设计系统的控制器，从而保证子系统控制目标的达成。第一步，首先设计控制器的增益 K_i。对于智能水分布系统，考虑到传输技术的限制，要求设计的控制器使得控制系统的动态过程尽量缓慢，系统状态的超调量也要尽量减小。第二步，给反馈通路中加入事件触发控制机制，并考虑通信部分深度结合设计参数，从而得到合适的事件触发控制器。事件触发控制器能够有效地减少反馈通路需要传输的数据总量，从而减少传输带宽的占用。减少传输带宽的占用则是使用的 LPWA 通信网络对控制系统的主要要求之一。

对于子系统 i 的控制部分相关的参数集合如下：

① 采样时间间隔 h_i 即每连续两次采样的时间间隔。由于城市供水系统的动态过程较为缓慢，控制器允许的采样时间间隔可达 $1 \sim 50\mathrm{s}$。

② 最大允许传输延时 τ_{di} 即从传感器节点发送采样的数据开始到执行器接收到更新的控制输入的最大时间间隔。控制器支持的最大允许传输延时可以达到数秒（从 0 到 15s）。

③ 事件触发参数 σ_i 这个参数决定了事件触发控制器计算控制输入量时使用的采样值和传感器当前的测得值之间的最大误差。一个稍小的 σ_i 会对系统状态的变化更加敏感，会更加频繁地触发事件并闭合反馈通路。这样的控制系统虽然

能够有更好的性能，但是会占用更多的传输带宽并消耗更多的供电能量，即消耗更多的系统资源。在城市智能供水系统中，考虑到传输技术的限制和降低维护保养费用，则在保证系统稳定和性能的前提下，通过优化方法计算并选择使用最大的 σ_i，从而最小化系统的资源消耗量。

④ 控制系统收敛速度 ρ_i 一个控制系统的设计参数，决定了系统在瞬态过程中李雅普诺夫方程的收敛速度的最低值。由于城市智能供水系统对于收敛速度没有特别的要求，只要求能够收敛即可，考虑到尽量减缓系统动态过程，因此选择对于所有的子系统，$\rho_i = 0.001$。

这些参数都是提出的 C^3 方法的核心参数，都会影响通信系统的行为，因此需要传递给通信系统用于参数的设计。

对于无线通信系统，本部分的工作基于 LPWA 网络，因为这种网络是特别为低功耗长距离低成本单跳通信系统而设计。低功耗大范围网络（LoRaWAN）是 LPWA 的一种具体实现形式，它可以使传感器、执行器和控制器之间的传输距离扩大到数千米的范围。单跳无线网络相比于多跳无线网络更适配于控制系统，因为单跳网络能够提升网络传输的可靠性，并降低或者更加精确地预测传输延时。

图 10-7 中所示的所有 N 个子系统和对应的 N 个反馈控制通路都通过一个网关共享同一个 LPWA 通信网络。控制器集中布置，并与网关相连。控制器和网关之间的通信通过一个有线网络连接，通过这个有线网络连接的通信被看作是瞬时的并且可靠的。在实际工程中，控制器和网关可能分布在不同的设备上，例如：控制器依附在一个服务器上，这个服务器可能同时运行其他程序，例如数据记录和可视化展示等；而网关则安装在一个利于接收无线电波的最佳位置上。在这种布置方式中，控制器和网关的定义可以互换，并可将它们看作是一个设备。

对于通信系统，假设只有在两个数据包同时抵达引起传输冲突时，才会产生丢包。传感器总是发送当前最新的信息，并且如果没有收到接收反馈信息即 ACK 包，则传感器会重复发送系统状态信息。如果由于传输延时导致旧的信息没有发送成功，但是新的信息已经成功抵达，那么没有发送成功的旧信息将会被当前最新的信息取代。

下面列出了 LPWA 的参数，这些参数会影响传输过程和控制器的设计。

① 信道接入时间 t_{ca} 一个传感器节点等待接入信道从而开始传输的最大时间。这个参数由采用的信道接入调度表决定。C^3 方法的设计目的之一就是使用优化方法最小化这个 t_{ca} 时间，以及其他任何传输等待或者传输延迟时间，这个优化需求是由控制系统对信息实时性的高要求所决定。

② 完成传输时间 t_t 一个传感器节点接入信道后，开始向控制器发送数据直到控制器成功地将计算的控制信号发送给执行器节点的最大时间。假设无线信道

的传输是可靠的，且丢包后会触发一个重新发送。在重新发送的时候，如果传感器节点的信息有了更新，那么旧信息将被新的信息替换并发送。

③ 循环负载 DC　一个节点在一个传输信道中，在一段给定的时间内用于通信的最大时间。举个例子，一个 1% 的循环负载允许一个传感器节点每 100s 中发送 1s。在此部分中，对于网络中的每一个使用者，系统都会被强制使用一个公平的使用原则，即循环负载相同。

接下来的部分将讨论控制系统和通信系统的关键参数之间的互相影响。系统设计中如何确定这些关键参数也是提出的 C^3 方法的核心。

C^3 方法通过事件触发控制方法和 LPWA 传输协议之间的关联参数的结合设计，将控制部分和传输部分深度结合起来。由前述的分析可知，控制部分关键参数的集合为 $\{h_i, \tau_{di}, \sigma_i, \rho_i\}$；通信部分关键参数的集合为 $\{t_{ca}, t_t, DC\}$。两个参数集合之间的关联由两部分组成，两个深度结合设计的设计限制给出如下。

① 设计限制 C_1：对控制参数 τ_{di} 有直接影响的通信参数有 t_{ca}、t_t 和 DC。控制系统能够保证稳定性的条件是在考虑 DC 限制的条件下，每个事件发生后的处理时间少于 τ_{di}（$0 \sim 15$s）。定义处理时间为所有的由 t_{ca} 和 t_t 产生的传输延时之和。

② 设计限制 C_2：控制参数 h_i、σ_i 和 ρ_i 的选择决定了触发的事件的数量，而事件的触发则决定了传输的发生。这样就产生了通信网络的工作负载。通信网络的负载不能超过通信网络的最大容量。同样，这些参数的选择需要考虑限制条件 C_1，并且要保证系统的稳定性。

C_3 方法主要考虑这些深度结合设计的限制条件。接下来的部分将首先为 WA-CPS 系统设计一个通信协议，之后为 WA-CPS 系统设计一个控制器。同时将会展示如何利用 C^3 方法保证给出的通信协议和控制器满足上述的深度结合设计的限制并保证系统的稳定性。

10.3.3　Ctrl-MAC 通信协议

本小节介绍一种 LPWA MAC 传输协议，名为 Ctrl-MAC。Ctrl-MAC 是应用 C^3 设计方法的一个结果，与其他的 LPWA 技术，例如 LoRa、NB-IoT 或者 Sigfox 均有所不同。这里首先介绍 Ctrl-MAC 的运作原理和执行细节。之后对 Ctrl-MAC 的传输延时分析并给出传输延时的上界和最小数据传输速率。通过这些分析工作，确保 Ctrl-MAC 能够满足控制系统对于传输的要求。最后通过实验对比 Ctrl-MAC 和目前较为流行的 LPWA MAC 通信协议——LoRaWAN。

实验结果验证了相比于 LoRaWAN，Ctrl-MAC 协议能够取得更小的、界限更为明显的传输延时，能够实现可靠的双向传输和更大的数据吞吐量，因此更为适合控制系统的要求。

首先介绍 Ctrl-MAC 的运作原理。Ctrl-MAC 有两个运行阶段：①传感器采集数据和传输数据阶段；②控制信号更新和执行阶段。这两个阶段的具体过程如下所述。

第一阶段：传感器采集数据和传输数据阶段。在这个阶段，每一个子系统的所有传感器都需要执行如下三个步骤。

步骤一，传感器节点采集物理系统的状态参数。这些采集的数据被传递给本地的事件触发机，通过事件触发机判断本地是否有事件发生。如果有，那么采集的数据将会通过无线网络传输给控制器。如果没有事件发生，那么传感器节点直接进入休眠模式，等待下一个数据采集时刻的来临。

如果本地检测到事件的发生，那么对应的传感器立即开始请求周期。传感器首先从网关接收最新的请求回复消息（RRM），结构如图 10-8 所示。根据消息里面的开始时间，传感器更新本地时钟。这个 RRM 是由网关周期性广播的。这个时钟同步的过程是必需的，通过这个同步过程可以校正传感器从深度休眠模式恢复后存在的时钟漂移。传感器在时钟同步的同时，也通过 RRM 获得请求时间片的数量 k，以及每个请求时间片的长度 t_{slot}。

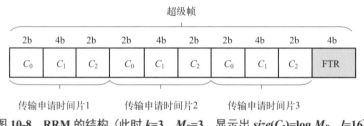

图 10-8　RRM 的结构（此时 $k=3$，$M_D=3$，显示出 $size(C_2)=\log_2 M_D$，$l=16$）

步骤二，传感器节点发送将要传输本地数据的请求。当传感器节点完成时钟同步，将随机选择一个时间片用于传输。在传感器选择传输的时间片时，采用的选择算法能够保证对于所有的可利用时间片的选择概率是相同的，即选取的时间片概率平均分布在所有的时间片上，而不是采用固定的时间片或者采用类似令牌环的时间片选取方法。与第 9 章介绍的方法不同，这部分介绍的选取时间片的方法能够应对传感器节点的数量多于可用于传输的时间片数量的情况。传感器利用选定的时间片发送数据传输请求，这个请求包含传感器的 ID 信息。如果这个传感器在一个时间片发送了无线网络内唯一的传输申请，那么这个传输申请就成功了；如果有多个传感器在相同的时间片均发送了传输申请，那么就会产生一个由于时间片使用争夺导致的传输冲突，此时所有在这个时间片发送的传输申请都失败。

在下一个 RRM，传感器节点可以读取出本地发送的传输申请是否成功。

图 10-8 显示了一个 RRM 的样例，这个 RRM 对应的系统有 $k=3$ 个传输申请时间片和 $l=16$ 个数据传输时间片。每个 RRM 的每一个传输申请时间片含有三个参数。

① 传输申请时间片的状态，$C_0 \in \{0,1,2\}$。其中 $C_0 = 0$ 表示在这个申请时间片，没有传感器节点发送申请信息；$C_0 = 1$ 表示有传感器节点发送申请信息且没有传输冲突；$C_0 = 2$ 表示在这个传输申请时间片有传感器节点发送申请信息且有传输冲突。

② 数据发送时间片的计数器，$C_1 \in \{1,\cdots,l\}$，其中 l 是数据发送时间片的数量。

③ 数据通道计数器，$C_2 \in \{1,\cdots,M_D\}$，其中 $M_D = M-2$ 是数据通道的数量，M 是所有通道的数量。

RRM 的最后一个参数是失败传输申请数量（FTR）。FTR 含有所有到目前为止还没有解决的传输冲突的数量。它既统计当前失败的传输申请，也统计之前失败的传输申请。在每一个 RRM，FTR 的累加器都会减去 1。

产生事件的传感器节点会检查它选定的发送数据传输申请的时间片对应的 C_0 值。如果 $C_0 = 1$，那么传感器节点就可以直接进入步骤三并发送数据。如果 $C_0 = 2$，那么数据传输申请失败。传感器节点必须返回步骤二并且在 FTR 当前值所指示的时间片发送另一个传输申请。如果 $FTR > 1$，传感器节点计算所有其他的 $C_0 = 2$ 的传输申请时间片的数量，这个数量使用 r 表示。传感器节点判断它选择的传输申请时间片相对于其他 $r-1$ 个传输申请时间片的位置。这个位置信息使用 p 表示。传感器节点等待第 $(FTR+r-p)$ 个 RRM 消息并再次在 k 个时间片中随机选择一个时间片，重新发送数据传输申请。

步骤三，传感器节点传输数据。RRM 含有如何将数据分割从而充分利用 $(M-2)$ 个传输通道和 l 个数据传输时间片的信息。网关依据先来先服务的原则，将对应的传输通道和传输数据时间片组合划拨给发出申请的传感器。当一个传感器节点收到 RRM 给出的 $C_0 = 1$ 信号，它转向 C_2 指示的通信通道，并根据 C_1 给出的数据传输时间片传输数据。如果传感器节点在发送传输申请的时候采集到了新的数据，它将摒弃旧有的数据并发送新采集的数据。这样控制器可以使用新采集的系统信息，从而有助于保证系统的稳定性。

第二阶段：控制信号更新和执行阶段。Ctrl-MAC 的第二阶段是有关于控制和执行的阶段。在控制器接收到传感器节点发来的系统状态信息后，将会根据收到的信息计算控制信号，并使用无线网络的下行传输通道发送给执行器节点。值得注意的是，当前的 LPWA 传输协议，例如 LoRa 和 NB-IoT，会优先处理上行通信，即终端节点向网关发送数据的通信，因此较难满足含有反馈控制回路的控制系统对于通信时间的严格要求，因为在控制系统中，下行通信和上行通信同等重要。与之对应的，Ctrl-MAC 通信协议将双向通信能力加入到了当前的

LPWA 通信协议中。

在这个阶段，网关将计算得到的控制信息封装在下行信息包中发送给执行器。这些信息周期性地发送。下行信息包的长度是可变的，其长度取决于有多少个执行器节点需要更新控制信息。这个下行信息包的发送时间由于需要满足循环负载的规定，因此由上一个上行信息包的长度决定。

接下来给出 Ctrl-MAC 协议的实现细节和设计考虑。考虑到 LoRa 的物理层鲁棒性强，有开源的开发库，并且硬件成本低、功率低，发展较为成熟，因此 Ctrl-MAC 继续使用 LoRa 的物理层。LoRa 运行在不需要执照的频谱上，并处于法律规定的公平使用的托管条款中。在欧盟范围内，公平使用条款规定可以占用 1% 的循环负载和 10% 的传输负载。由于 Ctrl-MAC 协议基于 LoRa 的物理层，之后的内容中会加入与 LoRa 的对比。值得注意的是，提出的 Ctrl-MAC 参考模型为今后提升性能保留了空间。例如，当前的 Ctrl-MAC 没有利用 LoRa 提供的任何能够增强性能的功能，如使用扩散因子。展示的所有实验中，Ctrl-MAC 使用一个固定值为 7 的扩散因子，以保证较低的传输时间和在城市区域达到最大 2km 的通信距离。

根据欧盟技术文档的建议，Ctrl-MAC 协议一共设计有 4 个可用信道。其中，3 个 125kHz 的上行通道，使用 1% 的循环负载；1 个 250kHz 的下行通道，使用 10% 的循环负载。目前的 LoRaWAN 执行方案仅仅使用配置的下行通道的一半（125kHz）用于传输收到上行信息后发送的确认信号。Ctrl-MAC 则充分利用下行通道的 250kHz 用于给执行器节点发送控制输入信息。控制输入遵照 10% 的循环负载规则周期性发送。下行通信信息的长度取决于网络中执行器节点的数量和每一个执行器需要的信息的字节数。举个例子，如果一个网络含有 10 个执行器节点，每一个控制输入信息长度为 2bits，传输遵循 10% 循环负载规定，那么对执行器的控制信号可以每 0.5s 传输一次。

Ctrl-MAC 仅仅使用一个通道作为数据申请传输通道，这个通道遵循 10% 循环负载规定；剩余的三个通道作为数据传输通道。图 10-9 中的图（a）显示了当一个通道被用于数据申请传输，剩余的三个通道用于数据传输的结果。对比所有四个通道均作为申请和数据通信通道的情况，Ctrl-MAC 能够达到更低的传输延时（Delay）和更高的数据包发送速率（Packet Delivery Ratio，PDR）。这种情况是由于前一种分配方法有专用的数据申请传输通道，从而允许发送更多的申请，传输冲突能够更快地被解决，数据发送负载平均分布在三个数据传输通道上，因此就能够发送更多的数据。

Ctrl-MAC 使用 $k = 5$ 个申请时间片，每一个时间片的长度是 $t_{slot} = 0.1s$。考虑到采用 10% 循环负载，k 的取值不能低于 5。图 10-9（b）展示了随着 k 的取值高于 5、传感器节点数量增大，传输延时和数据包发送速率的恶化过程。

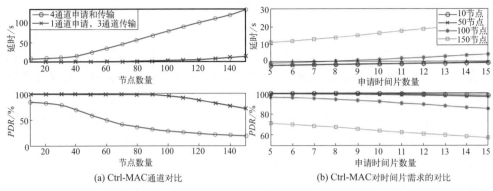

(a) Ctrl-MAC通道对比　　　　　　(b) Ctrl-MAC对时间片需求的对比

图 10-9　Ctrl-MAC 通道对比和对时间片需求的对比

接下来对 Ctrl-MAC 进行建模，并进行性能分析。这一部分的分析利用基于队列的分析方法，分析并给出由深度结合设计限制条件 C_1 确定的传输延时。定义每一个子系统 i 的最大允许传输延时为 $\tau_{di}=\tau_d$，本书演示的系统的 τ_d 取值在 $0 \sim 15s$ 之间。通过分析 Ctrl-MAC 每一个步骤的传输延时，来求得总的延时。分析的目的是确保 Ctrl-MAC 协议能够在通信限制下实现设计功能，并且保证总的传输延时小于最大允许传输延时 τ_d。

第一阶段的第一个步骤即为同步过程。当一个传感器节点有数据要发送并且使用从网关处接收到的 RRM 中的信息时，则运行此同步过程。RRM 的信息为网关周期性地发送且长度固定，信息传播的时间和发送速率不会超过循环负载的规定。因此，同步过程包含一个固定长度的延时，使用 t_{sync} 指代，其长度在 $[0, t_{slot} \times k]$ 范围内。在本书演示的系统中，t_{sync} 取值范围为 $0 \sim 0.5s$，$0.5s$ 取值来源于前述的使用 $k=5$ 个发送申请时间片，每个时间片的长度为 $t_{slot}=0.1s$。

第一个步骤之后，需要传输数据的传感器节点进入第一阶段接下来的两个步骤。通过将这两个步骤分别建模为两个队列，可以对其时间上界进行分析。

① M/M/1 队列，称之为队列 1。第一阶段的第二个步骤是数据传输申请过程，将这一过程建模为一个 M/M/1 队列。使用这个队列来分析延时 t_{req} 和它的上界。定义一个传感器节点成功申请和接收到一个数据传输时间片的平均时间为 t_{req}，这个平均时间的期望是 $1/(\mu_{req}-\lambda)$。其中 λ 是系统的负载，其取值小于或者等于传感器节点的数量，服务速率是 $\mu_{req} = \ln(1/(1-e^{(-\lambda/k)}))$。考虑到事件触发控制系统的交通模式，假设传感器事件到来的时间间隔和取得一个传输时间片是呈指数分布的。对于一个系统，如果想保证稳定性，则要求 $\lambda/\mu_{req} < 1$。传输滞后 t_{req} 是不确定的。在最好的情况下，即传感器节点立即成功地取得并接收到一个数据传输时间片，$t_{req}=0.2s$。定义 t_{req} 小于一个给定延迟时间的概率为 x。通过数值仿真可以

显示出对于不同的数据负载 $P\left[t_{req} \leqslant x\right] = 1 - e^{(-(\mu-\lambda)x)}$。结果如图 10-10 所示。

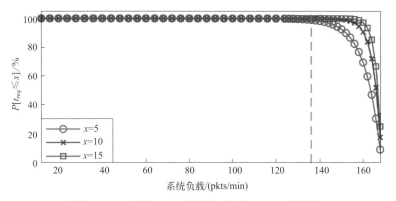

图 10-10　对于 M/M/1 队列，获得 $t_{req} \leqslant x$ 的概率

结果显示，对于通信容量为每分钟 136 个数据包的情况，超过 99% 的概率传输时间能够落入 5s 的边界内；对于每分钟 150 个包的情况，超过 99% 的概率传输时间能够落入 10s 的边界内。在这个速率下，数据包的大小和数据包发送的时间不违反循环负载的规定。

② M/D/n 队列，或者称为队列 2。第一阶段的第三个步骤是数据传输步骤。将这一部分的延时 t_{send} 建模为一个 M/D/n 队列，其中的 n 为 Ctrl-MAC 协议中可用的数据传输通道的数量，定义 t_{send} 为一个传感器节点将数据发送给网关的时间。这个队列是可确定的，因为传感器接收到一个数据发送时间片，之后在数据传输申请阶段，在网关处特别为这次传输预约一个传输通道。这个特别的数据传输时间片和预约的通道保证了循环负载规则依旧能够被遵守，并且发送时间是被上边界约束的。传输滞后 $t_{send} = 1/n + (\lambda_{dt}/(2n \times (n - \lambda_{dt})))$，其中 λ_{dt} 是前述 M/M/1 队列的输出值，且是给出的 M/D/n 队列的输入值。根据输入速率和图 10-10 所示的结果，λ_{dt} 的取值在 12 ~ 150pkts/min 之间；完成这一步骤的时间为 $t_{send} \in [0.3, 0.45]$（单位：s）。

控制信号更新和执行阶段延时，这个延时是第二阶段的延时，定义为 t_{update}，即为控制器将控制信号发送给执行器节点的延时。网关使用一个专门下行链路通信信道传输控制信号。使用专门的通信信道能够保证负载规则被满足且 t_{update} 的时间可确定。传输的延时由 LPWAN 通信技术和最后一次用于更新的控制信号的长度决定。在选用的 LoRa 设备中，控制器能够发送的最大的数据包长度是 222bits。每一个执行器节点的一个控制信号的长度是 2bits，1bit 用于表示控制信号，1bit 用于寻址。因此一个数据包包含的信息可以给最多 111 个执行器节点更新控制信号。此时传输滞后 t_{update} 取值在 0.4 ~ 3.6s 内，具体的值由最后一个控制信号更新的长度决定。

由此 Ctrl-MAC 协议引入的总的传输延时即可计算得到，为：

$$t_{MAC} = t_{sync} + t_{req} + t_{send} + t_{update}$$

根据前述的深度结合设计限制条件 C_1，为了保证系统的稳定性，要求 $\tau_d > t_{ca} + t_t$，其中 $t_{ca} = t_{sync} + t_{req}$，且 $t_t = t_{send} + t_{update}$。将这些边界值加起来，便得到了总的传输滞时 t_{MAC}，其取值的范围为 0.9 ~ 14.55s，其中不超过上边界的概率超过 99%。

10.3.4　Ctrl-MAC 与 LoRaWAN 对比

本小节主要展示发展 Ctrl-MAC 的必要性。通过对比 Ctrl-MAC 和 LoRaWAN 的不同之处，揭示了为什么 LoRaWAN 不能满足控制系统对于传输的要求，而 Ctrl-MAC 能够提供给控制系统可靠的、包含有双向通信的、传输延时有上边界的传输。为了公正，将 Ctrl-MAC 和两个版本的 LoRaWAN 进行对比。

① 版本一：LoRaWAN。这是最基本的版本，使用的是一个纯 ALOHA 访问控制方法。代表了典型的基于 LPWA 技术的使用场景，例如传感器数据采集、智能电表等。在这个网络中，传感器节点属于 A 等级设备，在使用上行链路发送信息后，并不要求网关在接收到信息后返回一个确认信息。因此，无法保证信息能够被成功送达。执行器节点属于 C 等级设备。在 LoRaWAN 规范中可以看到，C 等级的设备需要连续监听下行链路的通信信道，除非该节点正在发送数据。控制系统的控制输入信号正是通过这个下行链路通信信道由控制器发送给执行器节点的。

② 版本二：LoRaWAN++。这是一个在 LoRaWAN 基础上改进的版本，改进主要集中在由传感器向网关的通信中加入了可靠性设计，即对每一个使用上行链路向网关发送的通信都给出一个确认信息。如果发送后没有接收到确认信息，那么传感器节点会重复发送，最多重复发送 8 次。如果超过这个次数，那么这个信息就会被放弃。确认信息通过 LoRaWAN 的下行链路通信信道发送。在这个版本中，也加入了一个专用的下行链路通信信道用来传输控制信号，从而公平地与 Ctrl-MAC 协议进行对比。

选取了三个参数评估不同的传输协议是否适合控制应用场合。

① 端到端数据包发送速率（E2E PDR，使用 % 表示）。E2E PDR 是执行器节点接收到的控制输入信号的数量与对应的传感器节点产生的事件数量的对比。这个指标显示出了传输协议在双向传输方面对无线网络化控制系统的适合程度。

② 端到端传输延时（E2E 延时，单位 s）。E2E 延时被定义为执行器节点接收到更新的控制输入信号的时间与传感器节点触发一个事件时间的差值。假设在使

用这个评价指标的时候，由于计算控制输入信号导致的传输延时为 0。这个评价指标显示了传输协议在传输延时有界方面对无线网络化控制系统的适合程度。

③ 上行通道可靠性（UL 可靠性，使用 % 表示）。UL 可靠性是网关成功接收到并返回确认信息的事件的数量与传感器节点发送的事件数量的比值。这个评价指标对保证系统的稳定性很重要。例如，一个 10% 的上行链路可靠性可以显示出只有 10% 的由传感器节点发送的信息被可靠地接收并确认了。没有被确认的信息可能会给系统带来不确定性。

对于采用 LPWA 的无线网络，假设网络存在 4 个传输通道。针对 Ctrl-MAC、LoRaWAN 和 LoRaWAN++ 三种传输协议，在不同节点数量下（10 个节点，50 个节点，100 个节点，150 个节点，200 个节点），均采用双向传输模式时，分别对比了其 E2E PDR、E2E 延时和 UL 可靠性。首先选择每一个周期采样时间均发生传输的情况，来代表事件触发控制系统的最差情况。在这种情况下，每一个采样时刻，都会有事件被触发，反馈通路闭合，并产生对应的无线网络传输。每一个传感器节点周期性地分别每间隔 10s、30s 和 50s 发送数据。其次分别选择平均值为 10s、30s 和 50s 的指数传输方式，来代表事件触发控制系统可能带来的非周期传输和爆发式传输的通信情况。选取的发送速率的范围（到达的时间间隔）对应着城市供水系统这类动态过程较为缓慢的控制系统的采样时间间隔。对比的结果如表 10-1、表 10-2 和表 10-3 所示，其中 P 代表周期型传输，E 代表指数型传输。

表 10-1　Ctrl-MAC/LoRaWAN/LoRaWAN++ 在不同负载和数据分布下的 E2E PDR 对比

单位：%

协议	Ctrl-MAC					LoRaWAN					LoRaWAN++				
节点数量	10	50	100	150	200	10	50	100	150	200	10	50	100	150	200
P (10s)	99.99	67.72	33.62	22.34	16.86	99.98	64.32	39.82	30.26	23.22	80.85	40.31	31.39	25.89	20.24
P (30s)	99.99	99.99	98.23	67.20	50.77	99.98	80.23	72.64	57.60	48.14	99.96	86.71	40.11	27.56	21.04
P (50s)	99.99	99.99	99.99	99.99	83.74	99.99	93.13	85.56	65.18	62.95	99.99	93.06	63.37	45.31	34.50
E (10s)	99.98	97.59	52.73	35.27	26.43	84.42	66.44	51.32	41.45	33.44	86.31	38.54	21.34	14.66	10.94
E (30s)	99.99	96.01	91.79	79.84	60.38	93.22	83.52	72.71	64.08	55.95	98.31	72.95	45.80	32.22	24.46
E (50s)	99.99	97.76	97.31	95.67	93.00	95.81	88.58	81.13	73.96	68.23	99.18	89.28	64.86	47.77	37.46

表 10-2　Ctrl-MAC/LoRaWAN/LoRaWAN++ 在不同负载和数据分布下的 E2E 延时对比

单位：s

协议	Ctrl-MAC					LoRaWAN					LoRaWAN++				
节点数量	10	50	100	150	200	10	50	100	150	200	10	50	100	150	200
P(10s)	1.38	9.17	23.37	37.66	52.77	0.15	0.15	0.15	0.15	0.15	4.15	14.39	15.68	15.56	14.84
P(30s)	1.28	1.48	5.85	26.31	36.02	0.15	0.15	0.15	0.15	0.15	3.32	11.92	15.26	15.60	15.40
P(50s)	1.27	1.41	1.66	2.8	25.54	0.15	0.15	0.15	0.15	0.15	0.33	8.54	14.52	15.57	15.26
E(10s)	1.35	2.81	17.29	31.96	46.65	0.15	0.15	0.15	0.15	0.15	3.58	13.41	15.52	15.63	15.03
E(30s)	1.30	1.48	2.91	14.99	27.03	0.15	0.15	0.15	0.15	0.15	1.63	9.51	14.33	15.56	15.38
E(50s)	1.29	1.37	1.59	2.45	7.73	0.15	0.15	0.15	0.15	0.15	1.16	6.36	12.28	14.62	15.46

表 10-3　Ctrl-MAC/LoRaWAN/LoRaWAN++ 分别在 10 个和 200 个节点下的 UL 可靠性对比

单位：%

传输方式	P(10s)		P(30s)		P(50s)		E(10s)		E(30s)		E(50s)	
节点数量	10	200	10	200	10	200	10	200	10	200	10	200
LoRaWAN	0	0	0	0	0	0	0	0	0	0	0	0
LoRaWAN++	98.76	34.62	99.92	37.81	99.99	39.41	99.46	35.36	99.96	41.91	99.99	50.81
Ctrl-MAC	100	100	100	100	100	100	100	100	100	100	100	100

　　从实验结果可以明显地看出，LoRaWAN 传输协议并不适合无线网络化控制系统的应用场景：这个传输协议的 E2D PDRs 非常低（低于 90%），使其仅仅可以应用于无线网络的尺寸比较小、传输的速率非常低的应用场景。这也解释了为什么这个传输协议很难支持双向传输。LoRaWAN 不支持发送接收确认信息的特性使得向网关发送的数据无法实现可靠传输。这个协议的 E2E 延时是一个常数且非常低，这是因为 LoRaWAN 使用的是 Pure ALOHA 访问控制方法。也就是说，对于任何没有遇到冲突的传输，其 E2E 延时是相同的，其值等于 0.15s。但是，从表 10-1 可以看出，传输时不发生传输冲突的可能性是很低的。因此使用 LoRaWAN 很难保证控制系统的稳定。

与 LoRaWAN 相似，LoRaWAN++ 也几乎不能满足大范围无线网络化控制系统对于传输的要求。针对使用较小范围无线网络和较低数据传输速率的无线网络化控制系统的应用场景，LoRaWAN++ 能够取得较好的 E2E PDRs（超过 90%）。然而，对于更大尺寸的网络和较高的数据传输速率的情况，其性能则会有一个非常大的恶化，其 E2E PDRs 甚至低于采用 LoRaWAN 协议的情况。如果这个网络所有的节点（100%）均申请一个确认信息，相对比于没有任何节点发送确认信息申请的情况，这个网络甚至可能无法处理其总容量的 15% 的信息。因为允许重新发送 8 次后丢弃数据包的条件，LoRaWAN++ 的 E2E 延时总是会少于 20s。这就意味着虽然 LoRaWAN++ 可以保证传输延时的有边界性，但是却不能提供可靠的传输。根据表 10-3 结果可以看出，并不是所有成功发送的数据包都被网关确认，而且这种数量上的差异会随着节点数量的增大而增大，从而给反馈控制系统增加不确定性。

最后，实验结果显示在同一网络上，Ctrl-MAC 协议可以有最多 150 个节点，且最大数据传输速率为每 50s 一个数据包的情况下，能够满足控制系统对于网络传输通信的所有要求。如果选择更高的传输速率，那么需要以减少网络上参与传输的节点的数量为代价，这个结论可以从表 10-1 看出。相比较于 LoRaWAN 和 LoRaWAN++，Ctrl-MAC 协议可以获得一个更高的 E2E PDRs。此外，它可以得到一个有界的 E2E 延时，且在几乎所有情况下均可以保证 UL 可靠性达到 100%。

10.3.5　Ctrl-MAC 在远程分布式供水系统中的应用

在本小节中，通过使用一个远程分布式供水系统的应用实例展示了 Ctrl-MAC 传输协议在 WA-CPS 系统中的应用。同时给出了如何使用提出的 C^3 设计方法指导控制器的设计，从而满足提出的深度结合设计限制条件 C_2，并保证系统运行过程中的安全性和可靠性，且控制系统对通信的要求不超过无线网络可以承载的最大容量。

考虑一个城市供水系统。这个系统含有数个直接供水区域（DMA）。每一个直接供水区域含有三个或者四个供水水箱，每一个供水水箱给平均 10 ～ 30 个终端用户提供饮用水。这些供水水箱通过由水管和阀门等部件组成的水管管网与供水泵站相连接。每一个 DMA 的动态过程是复杂的、非线性的，其建模和分析较为复杂。但如果将复杂的水管网络控制问题简化为一个保证水箱内水位高度稳定在一个预先设计的给定值的稳定性问题，那么这个非线性的模型可以简化为一个线性模型。

每一个 DMA 被视作一个被控对象，其上安装部署有 n_i 个传感器节点用来检测水箱内水位的高度和 m_i 个阀门作为执行器控制水流速度。每一个 DMA 可以建模为一个线性时不变系统，如式（10-24）所示。选取的状态向量 $\xi_i(t)$ 为供水水箱内当前水位的高度与设定的参考水位高度的差值。控制信号向量 $v_i(t)$ 为阀门的开合角度。

对于每一个 DMA 的供水水箱，由水位高度传感器测得的系统状态值发送给式（10-25）所示的线性状态反馈控制器。向量 $\hat{\xi}_i(t)$ 是控制器内最近一次更新的系统状态 $\xi_i(t)$ 的采集值，也叫系统状态的估计值。状态的更新采用周期性分布式事件触发方法，因此控制方法被称为周期性分布式事件触发控制方法。对于一个状态向量的元素，如果对应的事件触发条件满足，那么当前的采集值就会通过无线网络传输给控制器并更新控制器内存储的值；如果没有事件发生，那么控制器会继续使用最近的历史值。系统状态估计值和测量值的差值，定义为误差，给出如下：

$$\varepsilon_i(t) = \hat{\xi}_i(t) - \xi_i(t)$$

Ctrl-MAC 传输协议的主要任务之一就是在控制系统需要的时候（事件被触发的时候），将传感器采集到的系统状态发送给控制器，从而闭合反馈控制通路。将这一个过程称为系统状态 $\xi_i(t)$ 的采样和更新。更新的频率可以一定程度上影响系统的稳定性，也可以决定通信网络的拥塞程度。

定义

$$\mathcal{T}_k := \{t_k \mid t_k := kh, k \in \mathbb{N}\} \tag{10-26}$$

为传感器节点周期采样时间序列。其中，$h > 0$ 为采样时间间隔；k 是采样的序列号。由第 i 个 DMA 的第 j 个传感器 s_{ij}，其中 $j \in \{1, \cdots, n_i\}$，依据

$$t \in (t_k, t_{k+1}], \hat{\xi}_{ij}(t) = \begin{cases} \xi_{ij}(t_k), \mathcal{C}_{ij}\left(\xi_{ij}(t_k), \hat{\xi}_{ij}(t_k)\right) > 0 \\ \hat{\xi}_{ij}(t_k), \mathcal{C}_{ij}\left(\xi_{ij}(t_k), \hat{\xi}_{ij}(t_k)\right) \leqslant 0 \end{cases} \tag{10-27}$$

更新其对应的系统状态在控制器的估计值 $\hat{\xi}_{ij}(t)$，式中的 $\mathcal{C}_{ij}(\xi_{ij}(t), \hat{\xi}_{ij}(t))$ 为事件触发条件，决定了事件触发的时间，也即传感器节点将本地采集的最新的系统状态信息 $\xi_{ij}(t)$ 发送给控制器用于更新 $\hat{\xi}_{ij}(t)$ 的时间。事件触发条件 $\mathcal{C}_{ij}$ 给出如下：

$$\mathcal{C}_{ij}(\xi_{ij}(t), \hat{\xi}_{ij}(t)) = \left|\hat{\xi}_{ij}(t) - \xi_{ij}(t)\right| - \sigma_{ij}\left|\xi_{ij}(t)\right| \tag{10-28}$$

一个较小的 σ_{ij} 会导致系统更加频繁地触发事件，也就意味着更多的传输和传输网络负载的加大。因此，在城市智能供水系统中，选择的 σ_{ij} 应在能够保证系统稳定的前提下触发最少的事件。这就需要对采用 DPETC 方法的系统的稳定性进行分析。分析的目的即为计算使得系统稳定的最大可允许的延时 τ_d 和事件触发条件

$\sigma_{ij} = \sigma$。

定义 $\mathcal{J}$ 为 t_k 时刻需要发送状态的传感器节点的集合，$\mathcal{J}_c$ 为 t_k 时刻不需要发送状态的传感器节点的集合。定义 $\boldsymbol{\Gamma}_j$ 为一个对角矩阵，其中的第 j 个对角线上的元素等于 1，其他所有的对角线元素均等于 0。为了简略和便于阅读，本章后续部分的公式中忽略代表子系统序号的角标 i。首先给出稳定性定义：如果一个系统是全局指数稳定（GES）的，那么它的判定条件是存在两个标量 $c > 0$ 和 $\rho > 0$ 使得对于所有的 $\xi(0) \in \mathbb{R}^{n_s}$，$\forall t \in \mathbb{R}^+$，下述不等式总是成立：

$$|\xi(t)| \leqslant c e^{-\rho t} |\xi(0)|$$

引理 10-1：考虑由式（10-24）描述被控对象，式（10-25）作为控制器，式（10-26）表述采样时间序列，系统的事件触发机制如式（10-27）所示，事件触发条件由式（10-28）给出。τ_d 是一个给定的最大允许延时，ρ 是一个给出的收敛速率。假设存在矩阵 $\boldsymbol{P}_{0h} \succ 0$ 和 $\boldsymbol{P}_{1d} \succ 0$，标量 $\mu_{\mathcal{J}}^{'j} \geqslant 0$，$\mu_{\mathcal{J}_c}^{'j} \geqslant 0$，$\tilde{\mu}_{\mathcal{J}}^{j} \geqslant 0$，$\tilde{\mu}_{\mathcal{J}_c}^{j} \geqslant 0$，$\hat{\mu}_{\mathcal{J}}^{j} \geqslant 0$，$\hat{\mu}_{\mathcal{J}_c}^{j} \geqslant 0$，其中 $j \in \{1, \cdots, n_s\}$，使得

$$\begin{bmatrix} e^{-2\rho\tau_d} \boldsymbol{P}_{0h} + \boldsymbol{G}_1 & \boldsymbol{J}_{\mathcal{J}}^{'\mathrm{T}} e^{\overline{\boldsymbol{A}}^\mathrm{T} \tau_d} \boldsymbol{P}_{1d} \\ \left(\boldsymbol{J}_{\mathcal{J}}^{'\mathrm{T}} e^{\overline{\boldsymbol{A}}^\mathrm{T} \tau_d} \boldsymbol{P}_{1d} \right)^\mathrm{T} & \boldsymbol{P}_{1d} \end{bmatrix} \succ 0$$

$$\begin{bmatrix} e^{-2\rho(h-\tau_d)} \boldsymbol{P}_{1d} + \boldsymbol{G}_2 & \tilde{\boldsymbol{J}}_{\mathcal{J}}^{\mathrm{T}} e^{\overline{\boldsymbol{A}}^\mathrm{T}(h-\tau_d)} \boldsymbol{P}_{0h} \\ \left(\tilde{\boldsymbol{J}}_{\mathcal{J}}^{\mathrm{T}} e^{\overline{\boldsymbol{A}}^\mathrm{T}(h-\tau_d)} \boldsymbol{P}_{0h} \right)^\mathrm{T} & \boldsymbol{P}_{0h} \end{bmatrix} \succ 0 \qquad （10\text{-}29）$$

其中

$$\boldsymbol{G}_1 = \sum_{j \in \{1, \cdots, n_s\}} \left(-\mu_{\mathcal{J}}^{'j} \dot{\boldsymbol{Q}}_j + \mu_{\mathcal{J}_c}^{'j} \dot{\boldsymbol{Q}}_j - \tilde{\mu}_{\mathcal{J}}^{j} \tilde{\boldsymbol{Q}}_j + \tilde{\mu}_{\mathcal{J}_c}^{j} \tilde{\boldsymbol{Q}}_j \right)$$

$$\boldsymbol{G}_2 = \sum_{j \in \{1, \cdots, n_s\}} \left(-\hat{\mu}_{\mathcal{J}}^{j} \hat{\boldsymbol{Q}}_j + \hat{\mu}_{\mathcal{J}_c}^{j} \hat{\boldsymbol{Q}}_j \right)$$

并且

$$\overline{\boldsymbol{A}} = \begin{bmatrix} \boldsymbol{A} & \boldsymbol{BK} & \boldsymbol{0} \\ \boldsymbol{0} & \boldsymbol{0} & \boldsymbol{0} \\ \boldsymbol{0} & \boldsymbol{0} & \boldsymbol{0} \end{bmatrix}$$

$$\boldsymbol{Q}_j^{'} = \begin{bmatrix} (1-\sigma^2)\boldsymbol{\Gamma}_j & \boldsymbol{0} & -\boldsymbol{\Gamma}_j \\ \boldsymbol{0} & \boldsymbol{0} & \boldsymbol{0} \\ -\boldsymbol{\Gamma}_j & \boldsymbol{0} & \boldsymbol{\Gamma}_j \end{bmatrix}$$

$$\tilde{Q}_j = \begin{bmatrix} (1-\sigma^2)\Gamma_j & -\Gamma_j & 0 \\ -\Gamma_j & \Gamma_j & 0 \\ 0 & 0 & 0 \end{bmatrix}$$

$$\hat{Q}_j = \begin{bmatrix} 0 & 0 & 0 \\ 0 & \Gamma_j & -\Gamma_j \\ 0 & -\Gamma_j & (1-\sigma^2)\Gamma_j \end{bmatrix}$$

$$J_{\mathcal{J}}^{'} = \begin{bmatrix} I & 0 & 0 \\ 0 & I & 0 \\ \Gamma_{\mathcal{J}} & 0 & I-\Gamma_{\mathcal{J}} \end{bmatrix}$$

$$\tilde{J}_{\mathcal{J}} = \begin{bmatrix} I & 0 & 0 \\ 0 & I-\Gamma_{\mathcal{J}} & \Gamma_{\mathcal{J}} \\ 0 & 0 & I \end{bmatrix}$$

那么，系统是 GES 的且收敛速率是 ρ。

当 $h \in [1,50]$，$\tau_d \in [0,15]$，$\sigma \in [0.01,0.3]$ 的时候，可以为不等式（10-29）找到可行解。在参数选择的时候，要求既可以保证系统的稳定性，也可以满足深度结合设计的限制条件 C_2。选取的参数也能够保证通信网络的负载小于网络允许的最大负载。

使用的水分布系统使用 MATLAB/Simulink 的 Simscape 工具箱和 Fluids 工具箱建模和仿真。DMA 的物理系统部分的参数，例如水管直径、阀门类型、供水水箱尺寸，由自来水公司实际使用的水分布系统中的物理部件得出。图 10-11（a）展示了城市供水系统一个 DMA 的瞬态和稳态过程。这个 DMA 与第 10.1 节使用的系统相同。

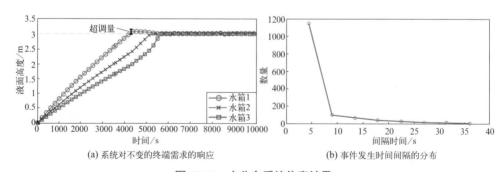

(a) 系统对不变的终端需求的响应　　　　　(b) 事件发生时间间隔的分布

图 10-11　水分布系统仿真结果

首先考虑一个 DMA 的理想情况，这个 DMA 含有三个供水水箱，传输过程中不存在丢包和传输延时。反馈控制部分，控制器使用的采样时间间隔

h=4.5s；事件触发机制的参数 $\sigma = 0.01$。σ 的取值直接决定了事件触发的频率。例如，$\sigma = 0.01$ 会使得系统平均每分钟产生 22.36 个事件；如果将 σ 的取值增大到 $\sigma = 0.1$，那么系统产生事件的频率会降低为每分钟产生 13.87 个事件。事件产生的频率直接决定了通信网络的负载，但是无论哪种情况，负载均小于通信网络的容量，即每分钟 136 个数据包。因此，设计的控制器能够满足深度结合设计限制条件 C_2。

图 10-11（b）展示了事件发生的时间间隔的分布情况。通过使用曲线拟合工具箱，事件触发的时间间隔可以被近似为一个指数分布的曲线。这也为前述的，针对 M/M/1 队列使用指数分布的事件触发时间间隔来作为输入量模拟 Ctrl-MAC 协议的运行提供了依据。

接下来对控制器和传输通信协议的性能进行评估。

10.3.6 运行结果和分析

在这一部分，对 C^3 方法设计的含有控制器和传输协议的系统的性能进行评估。本部分中，将 Ctrl-MAC 和对应的控制器的综合体称为 C^3 系统。对这个系统的评估基于联合仿真实验平台和实际系统的仿真。评估主要关注 4 个参数，给出如下。

① 端到端延时（E2E 延时，单位 s）：执行器成功更新控制输入信息的时间与传感器触发对应事件的时间之差。这个评价指标用于评估是否能成功满足限制条件 C_1。

② 端到端数据包发送速率（E2E PDR，用 % 表示）：执行器接收到的更新信息的数量与传感器产生的事件的数量的比值。对于 Ctrl-MAC 协议，这个评价指标用于评估是否能成功解决传输冲突和成功更新控制输入信息，这些与限制条件 C_1 有关。

③ 系统状态超调率（OvSh，用 % 表示）：超调量与参考值的比值。其计算过程如下：将瞬时状态水位的最大值的绝对值减去参考值，再除以参考值。使用这个评价指标描述控制系统的稳定性和性能，这个指标与限制条件 C_1 和 C_2 有关。

④ 平均每分钟产生事件的数量：系统平均每分钟产生的事件的数量。系统产生更多的事件，意味着 Ctrl-MAC 协议需要处理更多的通信请求。这个评价指标用于评估是否满足限制条件 C_2。

评估实验分为两个阶段，即联合仿真实验和真实系统实验。

第一阶段，即联合仿真实验使用一个定制的联合仿真环境运行 C^3 系统。这个联合仿真环境含有一个使用 MATLAB/Simulink 的物理系统仿真部件和一个使用 OMNeT++ 的通信系统仿真部分。在联合仿真进行的时候，要求 MATLAB 和

OMNeT++ 同时运行在一台电脑上，并进行实时的数据交互。在仿真进行的时候，两个程序之间的通信使用用户数据报协议（UDP）实现。

在联合仿真环境下，将提出的方法与一个有线的中心式网络和 LoRaWAN++ 进行对比。有线网络方法代表的是理想情况，即系统没有任何丢包和传输延时。LoRaWAN++ 使用 ALOHA 传输冲突解决方法，包含发送确认信息的机制，冲突发生后的重复发送次数上限为 8 次。这是 LoRaWAN 唯一的能够按照控制系统的要求在信息发送方面给出部分保证的参数配置方案。在配置 LoRaWAN 的时候，设定扩散因子为 7 并使用默认的 4 个传输通道模式。城市供水系统包含 3 个 DMA，总计 10 个供水水箱以及对应的传感器和执行器节点。控制系统的控制目的是在系统运行时，保证每一个供水水箱的液面高度保持在给定的 3m 的高度。每个供水水箱的高度均为 4.5m，如果设定 3m 为参考高度，那么为了避免水流出供水水箱的情况，超调率必须低于 50%。终端用户用水需求由一个连接供水水箱出水口的出水阀门模拟，阀门的开合角度决定了用水量。阀门的最大开合角度为 100%，最小为 0%，即阀门完全关闭。

利用联合仿真平台，一共设计了 4 个测试。

测试 1：终端用户的用水需求恒定。在这个联合仿真实验中，保持终端用户用水需求恒定在 100%。所有的实验均运行 9000s，即 2.5h。实验结果如表 10-4 所示。从表 10-4 可以看出，C^3 系统和 LoRaWAN++ 均可以保证系统的稳定性，系统状态的超调量也近似。然而，Ctrl-MAC 协议的 E2E PDR 相比较于 LoRaWAN++ 的 E2E PDR 平均会高 30%，且一致性更好。Ctrl-MAC 协议的 E2E 延时在所有情况下都小于 2.2s。而 LoRaWAN++ 的 E2E 延时普遍超过 6s。C^3 系统每分钟产生的事件数量少于 136 个，这表明深度结合设计限制条件 C_2 能够被满足，且控制系统对无线网络的负荷小于无线网络的承载能力。

表 10-4 C^3 系统在恒定终端用户用水需求下的实验结果，并与采用理想的有线网络和采用 LoRaWAN++ 的实验结果的对比

网络	参数设定	每分钟产生的事件数量	超调量 /%	E2E PDR/%	E2E 延时 /s
C^3 系统	h=1s，σ=0.1	113.15	20.59	77.33	1.849
	h=4.5s，σ=0.01	61.17	32.11	87.03	2.161
	h=4.5s，σ=0.1	40.32	3.1	88.74	2.194
	h=4.5s，σ=0.3	22.56	4.39	88.01	1.861
	h=10s，σ=0.1	14.91	16.25	89.27	1.919

网络	参数设定	每分钟产生的事件数量	超调量 /%	E2E PDR/%	E2E 延时 /s
有线网络	连续传输	Inf	2.73	100	0
	$h=1s$	600	2.73	100	0
	$h=4.5s$	133.33	2.75	100	0
	$h=10s$	60	2.75	100	0
LoRaWAN++	$h=1s$，$\sigma=0.1$	115.8	3.15	31.4	6.143
	$h=4.5s$，$\sigma=0.01$	63.35	29.04	51.04	9.859
	$h=4.5s$，$\sigma=0.1$	35.34	6.38	52.4	9.725
	$h=4.5s$，$\sigma=0.3$	20.26	5.37	59.01	8.089
	$h=10s$，$\sigma=0.1$	15.03	16.63	81.22	8.759

测试 2：终端用户的用水需求可变。在这部分的联合仿真实验中，测试平台模拟用户每天真实用水需求。图 10-12 显示了一个城市供水网络在 24h 内的典型用水需求曲线。这个用水需求曲线可以分为三个部分：早上和晚上的时候用水需求最高；白天的时候会有一个小的高峰；夜间的用水需求最低。在测试平台上，这个用水需求通过控制出水阀门的打开角度控制出水速度来进行模拟。实验结果如表 10-5 所示。

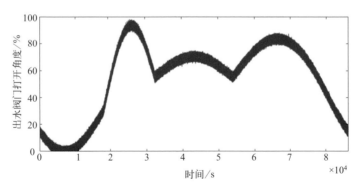

图 10-12　终端用户每天用水需求

从表 10-5 可以看出，C^3 系统和 LoRaWAN++ 协议都可以保证控制系统的稳定性，且系统状态的超调较小。当 $\sigma=0.3$ 时 C^3 系统每分钟产生的事件数量是基于

LoRaWAN++ 协议系统产生事件数量的一半，但是两者都不会超过通信系统可以承载的最大负载能力。与 LoRaWAN++ 协议相比较，C^3 系统可以达到 2 倍的 E2E PDR 并减少 75% 的 E2E 延时。C^3 系统的 E2E 延时均小于 2.1s，而 LoRaWAN++ 的 E2E 延时普遍超过 8s。与测试 1 对比，E2E 延时的增加和 E2E PDR 的减少显示出终端用户用水量改变后会导致 LoRaWAN++ 协议的网络负载更加接近网络的最大容量，因此较难满足深度结合设计限制条件 C_2。

表 10-5 C^3 系统在动态终端用户用水需求情况下的性能，以及与理想的基于有线网络的情况和基于 LoRaWAN++ 的情况的对比

网络	参数设定	每分钟产生的事件数量	超调量 /%	E2E PDR /%	E2E 延时 /s
C^3 系统	h=4.5s, σ=0.1	50.33	6.67	87.3	2.043
	h=4.5s, σ=0.3	34.80	6.0039	88.88	1.825
有线网络	h=4.5s	133.33	3.44	100	0
LoRaWAN++	h=4.5s, σ=0.1	69.85	6.463	46.13	8.546
	h=4.5s, σ=0.3	58.71	7.868	55.2	8.267

测试 3：供水系统产生故障并恢复。供水系统的一个重要功能就是故障诊断，例如由于温度低于零点导致的水管爆裂。水管爆裂会导致饮用水的泄漏，其行为类似一个额外的对系统的用水需求。在这种情况下，假设存在一个传感器，能够依据水流信息或者水管振动信息，检测出存在泄漏；并能通过关闭对应的阀门阻止泄漏，且重新规划饮用水的输送路线。

系统状态响应如图 10-13 所示。系统的运行包含三个阶段：没有故障的阶段（P1）、故障发生的阶段（P2）和系统从故障中恢复的阶段（P3）。具体的数值结果见表 10-6。对于 3 种方法，系统状态的超调量相差不多，系统的稳定性都能够得到保证。C^3 系统对比 LoRaWAN++ 系统，前者的 E2E PDR 接近后者的 2 倍。前者的 E2E 延时均小于 2.1s。每分钟产生事件的数量小于网络最大容量的每分钟 136 个数据包，因此能够取得非常高的可靠性。

表 10-6 的结果显示出，LoRaWAN++ 能够保证系统的稳定性并不是出于设计，而是出于运气。LoRaWAN++ 的 E2E 延时是 C^3 系统的 4 倍。通过分析仿真过程中的记录，可以发现 LoRaWAN++ 成功地利用上行链路向网关发送了数据信息，但是由于循环负载受限等原因，网关发送的确认信息丢失了。而确认信息的丢失导致了传感器节点的重新发送。另一方面，网关将接收到

的实际上没有被确认的传感器信息传递给了控制器，而没有确认传感器是否收到了确认信息。也就是说，传感器节点发送的未被确认的、可以认为丢失的信息实际上被用于更新控制输入信号，并用于保证系统的稳定性。记录的数据显示，LoRaWAN++协议不能够满足深度结合设计限制条件 C_2，即不能保证网络负载小于网络容量。但是没有被确认的数据信号还是凑巧能够使得LoRaWAN++保证系统的稳定性。当传感器节点没有在新的事件触发前接收到确认信息，那么这个节点就会采集一个新的数据，并替换旧有的数据重新发送给网关。此时控制器总是能够接收到最新的数据，并驱动控制系统使之稳定。接下来的测试将会验证LoRaWAN++依靠运气得到的系统稳定能否适用于更大规模的系统。

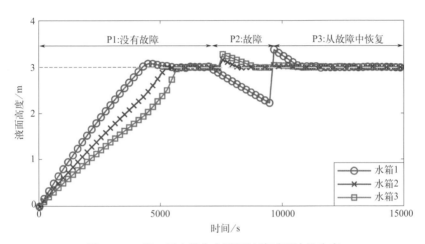

图 10-13　当 1 号水箱存在泄漏故障时系统的响应

表 10-6　C^3 系统在终端用户恒定需求和存在泄漏故障时的实验结果，以及与理想的有线网络情况和 LoRaWAN++ 网络情况的对比

网络	参数设定	每分钟产生的事件数量	超调量 /%	E2E PDR/%	E2E 延时 /s
C^3 系统	h=4.5s, σ=0.1	P1：25.03	3.3087	91.35	2.029
		P2：64.34	16.059		
		P3：58.98	35.663		
	h=4.5s, σ=0.3	P1：14.07	4.4741	92.25	1.789
		P2：41.87	6.3206		
		P3：39.18	13.260		

网络	参数设定	每分钟产生的事件数量	超调量 /%	E2E PDR/%	E2E 延时 /s
有线网络	h=4.5s	P1: 133.33	2.75	100	0
		P2: 122.65	5.9129		
		P3: 133.32	10.23		
LoRaWAN++	h=4.5s, σ=0.1	P1: 25.52	3.0926	50.35	8.465
		P2: 69.35	19.29		
		P3: 72.50	17.62		
	h=4.5s, σ=0.3	P1: 15.08	4.1367	60.94	6.875
		P2: 38.25	7.4541		
		P3: 38.34	4.2372		

测试 4：更大规模城市供水系统。在这个联合仿真中，测试平台构建了一个更大的，包含 10 个 DMA，共计 32 个供水水箱以及对应的传感器和执行器节点的系统。系统使用恒定的终端用户用水需求，分别测试了两个采样时间间隔，即 h=1s 和 h=4.5s；对每组实验均运行 10000s，即 2.78h。实验结果如表 10-7 所示。

表 10-7　C^3 系统在 10 个 DMA 时的实验结果，以及与 LoRaWAN++ 的对比

网络	参数设定	每分钟产生的事件数量	超调量 /%	E2E PDR/%	E2E 延时 /s
C^3 系统	h=1s	253.93	32.44	63.35	3.36
	h=4.5s	115.20	22.39	88.16	4.01
LoRaWAN++	h=1s	238.77	46.80	26.9	11.28
	h=4.5s	174.26	63.03	45.2	14.9

从表 10-7 的结果可以看出，在系统的尺寸增大后，LoRaWAN++ 已经不能保证系统状态的超调量满足系统的边界要求，即控制器已经不能够保证系统的稳定性。而 C^3 系统依旧能够保证系统的稳定性，系统状态的超调率为 22%，在 E2E PDR 和 E2E 延时等指标上也有非常好的性能，这个结果与前述三个测试的结果保持一致。

通过上述 4 个联合仿真测试可以看到，随着系统尺寸的增大，LoRaWAN++
已经不能够保证网络系统的负载在网络容量范围内，也不能够保证控制系统的稳
定性。使用 Ctrl-MAC 传输协议的系统则能够很好地达成控制目标。

接下来给出真实系统的测试与验证结果，评估提出的 C^3 方法和设计的 C^3 系
统在真实系统实验中的性能。为了提升实验的完善度和可信度，本部分使用了一
个混合方法进行实验。这个方法使用实际的 LoRa 通信网络和一个模拟的供水系
统模型进行联合实验。与前述联合仿真实验的不同在于，通信系统由仿真测试变
为实际系统的测试；但是物理系统部分，即城市智能供水系统部分则相同。这一
部分的实验着重于验证前述联合仿真实验的结果。

由于实际的供水系统的环境复杂，既可能有部分组件部署在室内，也可能有
部分组件部署在室外环境，因此首先测试 C^3 系统在室内环境的表现。在这个实验
中，所有的无线节点分布在数十米的范围内，安装的空间位置之间无法互相直接
看见：节点之间可能存在石灰墙、砖墙或者金属墙等阻碍物。将 10 个传感器节点
分为 3 组，每一组都模拟一个 DMA。室外的实验选择了一个 2km×2km 范围的城
市公园进行。这个公园里含有房屋形建筑、树木和装饰性建筑。在这个实验中，8
个节点被分为 2 组 DMA。

通信系统部分，首先将 Ctrl-MAC 协议部署在所有的传感器节点上。每一
个节点均含有一个 Adafruit Feather M0 RFM95 LoRa 开发板，并与一个树莓派
3 开发板相连接。两个开发板均通过大容量电池供电。LoRa 网络的网关选择了
MultiConnect Conduit Gateway 并通过局域网与一个台式电脑相连接，网关使用
868MHz+3dbi 的伸缩天线。通过更改数据包发送软件给网关的堆栈提供一个时
间戳。台式机运行一个 Gateway-Bridge 用来从网关接收数据。Gateway-Bridge 接
收到数据后会将其发送给 LoRa 服务程序，并进行加密处理。之后 LoRa 服务程
序将加密好的数据发送给应用软件服务程序。台式机里面所有的相关软件均由
ChripStack 提供。

测试 1：室内实验。图 10-14（a）展示了室内实验环境。通过记录 E2E 延时
来评估设计的系统是否能够满足控制系统对 τ_d 的要求和对系统状态超调量的要
求，从而测试通信系统是否能够保证控制系统的稳定性。测试结果如表 10-8 所
示。对比之前联合仿真的结果，可以看到联合仿真的延时和这部分实验得出的延
时有一个常值偏差。这是由于网关的硬件和 LoRa 服务软件堆栈产生的。毕竟当
前的 LoRaWAN 协议的堆栈并不是为了实时操作应用设计的。虽然加入了额外的
延时，但是超调量依旧维持在很小的值，控制系统依旧稳定，这显示出 C^3 方法的
可行性。

测试 2：室外实验。图 10-14（b）展示了实验环境。通过室外环境的实验来
测试真实情况下的无线电噪声和其他因素的影响，例如，随着通信距离增加而导

致的信号强度的衰减和外界的随机干扰。这些真实世界带来的干扰在仿真实验中很难被分类和建模。值得注意的是，安装在网关上的非常小的 +3dbi 的伸缩天线限制了系统可以通信的范围。为此将网关安装在了一个可以俯瞰整个公园的建筑的窗口。这个位置也不是最理想的位置，会限制传输范围。

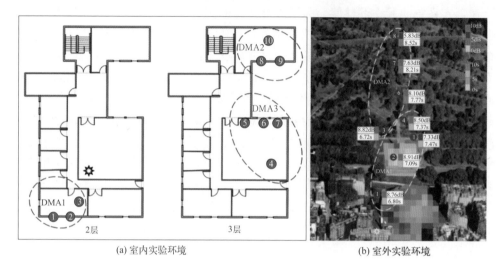

(a) 室内实验环境   (b) 室外实验环境

图 10-14 实验环境（包含网关测得的上行通信延时和 SNR 值。星号代表网关的位置，红色圆圈代表每一个独立的传感器节点）

表 10-8 实验结果：发送和接收数据的总时间，超调率

ID	1	2	3	4	5	6	7	8	9	10
往返时间 /s	4.8	4.7	4	4.85	5.78	5.67	4.32	5.21	3.97	5.7
超调率 /%	4.98	17.25	3.8	8.4	12.36	7.22	9.64	4.98	16.6	13.3

这个实验与测试 1 的实验有所不同：因为场地的限制，这个测试并没有直接使用供水系统的仿真模型产生通信信息，而是使用供水系统的仿真模型中每一个传感器节点产生的事件记录来作为通信信息。在这个实验中，网关将记录每一个节点的发送返回时间（RTTs）和信噪比（SNR）。RTTs 定义为一个数据包被确认与被生成的时间之差。

图 10-14（b）给出了部分实验结果。可以看到在两个事件传输之间，平均延时非常短，与测试 1 的实验结果相似。信噪比的结果显示出通信距离、SNR 和延时之间存在一定的相关关系。可以看到，在复杂的室外环境中，C^3 系统还是能够保证延时有界。实验结果清晰地显示出，对于 WA-CPS 系统，C^3 方法设计能够有效地用于设计控制器和通信协议并保证控制系统的稳定性。

10.4
结论

本章介绍了一种适合 WA-CPS 系统的控制和通信深度结合设计方法，即 C^3 方法，并给出了一种新型的 LPWA MAC 协议，即 Ctrl-MAC 协议。实验结果表明使用 C^3 方法设计的 Ctrl-MAC 协议和对应的分布式事件触发控制器，保证了控制系统的稳定性。此外，联合仿真实验结果显示出，LoRaWAN 和 LoRaWAN++ 均不能给出传感器或者控制系统的通信保证。对比 LoRaWAN++ 协议，Ctrl-MAC 协议能够高出 50% 的平均数据包发送速率并减少 80% 的端到端延时。所有这些使得 Ctrl-MAC 协议是目前基于 LPWA 技术中唯一的，适合 WA-CPS 这类要求长距离传输和较高传输可靠性、实时性系统的协议。本章首次展示了 LPWA 通信技术，还有特别的 LoRa 技术，确实能够支持一个大范围无线网络化控制系统的运行。

本章附录：证明

定理 10-1 的证明：

在这个证明中，为简化书写，使用 $\sum s$ 代替 $\sum_{i \in \{1, \cdots, n_u\}} s$。考虑如下的李雅普诺夫方程：

$$U(\boldsymbol{x}, r) = V(\boldsymbol{x}, r) + \sum \eta_i \tag{10-30}$$

其中

$$V(\boldsymbol{x}, r) = \begin{cases} \boldsymbol{x}^{\mathrm{T}} \boldsymbol{P}_1(r) \boldsymbol{x}, r = [0, d] \\ \boldsymbol{x}^{\mathrm{T}} \boldsymbol{P}_0(r) \boldsymbol{x}, r = [d, h] \end{cases}$$

证明的基本思路与第 9 章定理 9-1 的证明类似。接下来的证明共分为 4 个步骤。

第一步，证明 $\forall t \in \mathbb{R}_0^+$ 的时候 η_i 非零。这一步包含 4 种情况：

① 当 $(\boldsymbol{x}, r) \in \mathcal{C}$，通过使用对比引理，可以明显地看出 $\eta_i(t) > 0$；

② 当 $(\boldsymbol{x}, r) \in \mathcal{D}_d$，从第一种情况可以看出 $\eta_i(t) > 0$；

③ 当 $(\boldsymbol{x}, r) \in \mathcal{D}_h$ 且 $\boldsymbol{\xi}^{\mathrm{T}}(t) \boldsymbol{Q}_i \boldsymbol{\xi}(t) < 0$，$\eta_i(t)$ 在系统状态跳变的时候增长，结合第一种情况，可以得出 $\eta_i(t) > 0$；

④ 当 $(\boldsymbol{x}, r) \in \mathcal{D}_h$ 且 $\boldsymbol{\xi}^{\mathrm{T}}(t) \boldsymbol{Q}_i \boldsymbol{\xi}(t) \geqslant 0$，如果 $\eta_i(t^+) \leqslant 0$，根据事件触发条件 [式（10-12）]，这时候会有一个事件被触发，即 $(\boldsymbol{x}, r) \in \mathcal{J}$。根据式（10-11），$\eta_i(t^+)$ 将会增大。因此 $\eta_i(t^+) > 0$。

第二步，证明 $\forall t \in \mathbb{R}_0^+$ 情况下，U 满足：

$$c_1|\xi|^2 + \sum|\eta_i| \leqslant U(\xi,\tau) \leqslant c_2|\xi|^2 + \sum|\eta_i|$$

其中，c_1 和 c_2 均为标量，且满足 $0 < c_1 \leqslant c_2$。不难发现，$\forall \tau \in [0,h]$，$\boldsymbol{P}_i(\tau) \succ 0$，$i \in \{0,1\}$，并且：

$$c_1 = \min\{\min_{\tau \in [0,h]} \lambda_{\min}(\boldsymbol{P}_0(\tau)), \min_{\tau \in [0,d]} \lambda_{\min}(\boldsymbol{P}_1(\tau))\}$$

$$c_2 = \max\{\max_{\tau \in [0,h]} \lambda_{\max}(\boldsymbol{P}_0(\tau)), \max_{\tau \in [0,d]} \lambda_{\max}(\boldsymbol{P}_1(\tau))\}$$

第三步，证明在系统状态连续变化的时候，U 有一个供给率 $\theta^{-2}\boldsymbol{z}^\mathrm{T}\boldsymbol{z} - \boldsymbol{w}^\mathrm{T}\boldsymbol{w}$ 和衰减率 2ρ。根据式（10-11）、式（10-13）、式（10-30），得到如下的不等式：

$$\frac{\mathrm{d}}{\mathrm{d}t}U \leqslant -2\rho V - \theta^{-2}\boldsymbol{z}^\mathrm{T}\boldsymbol{z} + \boldsymbol{w}^\mathrm{T}\boldsymbol{w} - \boldsymbol{u}^\mathrm{T}\boldsymbol{K}^f\boldsymbol{u} - \sum(2\rho\eta_i - k_i^f u_i^2) = -2\rho U - \theta^{-2}\boldsymbol{z}^\mathrm{T}\boldsymbol{z} + \boldsymbol{w}^\mathrm{T}\boldsymbol{w}$$

最后一步，证明在系统状态跳跃变化的时候，U 不增大。根据引理 9-3，有如下的等式：

$$\boldsymbol{P}_0(d) = \boldsymbol{F}_{21}(h-d)\boldsymbol{F}_{11}^{-1}(h-d) + \boldsymbol{F}_{11}^{-\mathrm{T}}(h-d)\boldsymbol{P}_0(h) +$$
$$\boldsymbol{P}_0(h)\boldsymbol{S}(h-d)(\boldsymbol{I} - \boldsymbol{S}^\mathrm{T}(h-d)\boldsymbol{P}_0(h)\boldsymbol{S}(h-d))^{-1}\boldsymbol{S}^\mathrm{T}(h-d)\boldsymbol{P}_0(h)\boldsymbol{F}_{11}^{-1}(h-d)$$

$$\boldsymbol{P}_1(0) = \boldsymbol{F}_{21}(d)\boldsymbol{F}_{11}^{-1}(d) + \boldsymbol{F}_{11}^{-\mathrm{T}}(d)\boldsymbol{P}_1(d) + \boldsymbol{P}_1(d)\boldsymbol{S}(d)$$
$$(\boldsymbol{I} - \boldsymbol{S}^\mathrm{T}(d)\boldsymbol{P}_1(d)\boldsymbol{S}(d))^{-1}\boldsymbol{S}^\mathrm{T}(d)\boldsymbol{P}_1(d)\boldsymbol{F}_{11}^{-1}(d)$$

通过使用舒尔补 [7] 和 S-procedure [8]，得到当 $(\boldsymbol{x},r) \in \mathcal{D}_h$：

$$U(t) = V(t) + \sum\eta_i(t) = \xi^\mathrm{T}(t)\boldsymbol{P}_{0h}\xi(t) + \sum\eta_i(t)$$
$$\geqslant \xi^\mathrm{T}(t)\left(\boldsymbol{J}_{\mathcal{J}}^{'\mathrm{T}}\boldsymbol{P}_{10}\boldsymbol{J}_{\mathcal{J}}^{'} + \boldsymbol{Y}^\mathrm{T}\boldsymbol{K}_{\mathcal{J}}^g\boldsymbol{Y} - \boldsymbol{\varXi}\right)\xi(t) + \sum\eta_i(t)$$
$$= \xi^\mathrm{T}(t)\boldsymbol{J}_{\mathcal{J}}^{'\mathrm{T}}\boldsymbol{P}_{10}\boldsymbol{J}_{\mathcal{J}}^{'}\xi(t) + \sum(\eta_i(t) + k_i^k u_i^2(t) - \gamma_i\beta_i\xi^\mathrm{T}(t)\boldsymbol{Q}_i\xi(t))$$
$$= \xi^\mathrm{T}(t^+)\boldsymbol{P}_{10}\xi(t^+) + \sum\eta_i(t^+) = U(t^+)$$

当 $(\boldsymbol{x},r) \in \mathcal{D}_d$：

$$U(t) = V(t) + \sum\eta_i(t) = \xi^\mathrm{T}(t)\boldsymbol{P}_{1d}\xi(t) + \sum\eta_i(t) \geqslant \xi^\mathrm{T}(t)\tilde{\boldsymbol{J}}_{\mathcal{J}}^\mathrm{T}\boldsymbol{P}_{0d}\tilde{\boldsymbol{J}}_{\mathcal{J}}\xi(t) + \sum\eta_i(t)$$
$$= \xi^\mathrm{T}(t^+)\boldsymbol{P}_{0d}\xi(t^+) + \sum\eta_i(t^+) = U(t^+)$$

通过这 4 个步骤，可以保证 U 是一个合适的李雅普诺夫方程，且当 $\boldsymbol{w} = 0$ 时系统是全局指数收敛的，收敛速率为 ρ；从 $\boldsymbol{w}$ 到 $\boldsymbol{z}$ 的 $\mathcal{L}_2$ -增益不大于 γ。证毕。□

定理 10-2 的证明：

证明的基本思路与第 9 章定理 9-1 的证明类似。证明分为 3 个步骤。第一步，

需要证明方程 V 满足：$\forall t \in \mathbb{R}_0^+$

$$c_1 \left|\boldsymbol{\xi}\right|^2 \leqslant V(\boldsymbol{\xi}, \tau, l) \leqslant c_2 \left|\boldsymbol{\xi}\right|^2$$

其中，c_1 和 c_2 满足 $0 < c_1 \leqslant c_2$。不难发现，$\forall \tau \in [0, h]$，有 $\boldsymbol{P}_i(\tau) \succ 0$ 并且

$$c_1 = \min_{i \in \{1, \cdots, n_u\}} \min_{\tau \in [0, h]} \lambda_{\min}(\boldsymbol{P}_i(\tau))$$

$$c_2 = \max_{i \in \{1, \cdots, n_u\}} \max_{\tau \in [0, h]} \lambda_{\max}(\boldsymbol{P}_i(\tau))$$

第二步，证明混杂系统状态连续变化的时候，方程 V 有一个供给速率 $\gamma^{-2} \boldsymbol{z}^{\mathrm{T}} \boldsymbol{z} - \boldsymbol{w}^{\mathrm{T}} \boldsymbol{w}$。从定理内容可以得知 $\gamma^2 > \lambda_{\max}(\bar{\boldsymbol{D}}^{\mathrm{T}} \bar{\boldsymbol{D}})$，通过对方程 V 进行时间上的求导，可以得到如下的不等式关系：当 $t \in [0, h]$ 时，

$$\frac{\mathrm{d}}{\mathrm{d}t} V(t) \leqslant -2\rho V(t) - \gamma^{-2} \boldsymbol{z}^{\mathrm{T}}(t) \boldsymbol{z}(t) + \boldsymbol{w}^{\mathrm{T}}(t) \boldsymbol{w}(t)$$

第三步，需要证明混杂系统状态产生跳变时，方程 V 不增大，如下的等式成立：

$$\boldsymbol{P}_i(0) = \boldsymbol{F}_{21}(h) \boldsymbol{F}_{11}^{-1}(h) + \boldsymbol{F}_{11}^{-\mathrm{T}}(h)(\boldsymbol{P}_{ih}(h) + \boldsymbol{P}_{ih}(h) \bar{\boldsymbol{S}}(\boldsymbol{I} - \bar{\boldsymbol{S}}^{\mathrm{T}} \boldsymbol{P}_{ih}(h) \bar{\boldsymbol{S}})^{-1} \bar{\boldsymbol{S}}^{\mathrm{T}} \boldsymbol{P}_{ih}(h)) \boldsymbol{F}_{11}^{-1}(h)$$

通过使用舒尔补和 S-procedure，可以得到，当 $u_i(t)$ 上有事件发生时：

$$\boldsymbol{\xi}^{\mathrm{T}}(t) \boldsymbol{P}_i(h) \boldsymbol{\xi}(t) \geqslant \boldsymbol{\xi}^{\mathrm{T}}(t) \boldsymbol{J}_i^{\mathrm{T}} \boldsymbol{P}_{i^+}(0) \boldsymbol{J}_i \boldsymbol{\xi}(t) = \boldsymbol{\xi}^{\mathrm{T}}(t^+) \boldsymbol{P}_{i^+}(0) \boldsymbol{\xi}(t^+)$$

类似地，如果 $u_i(t)$ 上没有事件发生时：

$$\boldsymbol{\xi}^{\mathrm{T}}(t) \boldsymbol{P}_i(h) \boldsymbol{\xi}(t) \geqslant \boldsymbol{\xi}^{\mathrm{T}}(t) \boldsymbol{J}_0^{\mathrm{T}} \boldsymbol{P}_{i^+}(0) \boldsymbol{J}_0 \boldsymbol{\xi}(t) = \boldsymbol{\xi}^{\mathrm{T}}(t^+) \boldsymbol{P}_{i^+}(0) \boldsymbol{\xi}(t^+)$$

通过这三个步骤保证了方程 V 是一个合适的李雅普诺夫方程，当 $w = 0$ 时，系统是全局指数收敛的，收敛速率为 ρ；当 $\boldsymbol{w} \neq \boldsymbol{0}$ 时，从 w 到 z 的 $\mathcal{L}_2$ - 增益不大于 γ。证毕。□

引理 10- 1 的证明：

证明的基本思路与定理 10-1 的证明相似。证明共分为 3 步。第一步，考虑李雅普诺夫方程：

$$V(\boldsymbol{\xi}, \tau) = \begin{cases} \boldsymbol{\xi}^{\mathrm{T}} \boldsymbol{P}_1(\tau) \boldsymbol{\xi}, \tau \in [0, \tau_d] \\ \boldsymbol{\xi}^{\mathrm{T}} \boldsymbol{P}_0(\tau) \boldsymbol{\xi}, \tau \in [\tau_d, h] \end{cases} \tag{10-31}$$

其中，$i \in \{1, 0\}$。

$$\frac{\mathrm{d}}{\mathrm{d}\tau} \boldsymbol{P}_i = -\bar{\boldsymbol{A}}^{\mathrm{T}} \boldsymbol{P}_i - \boldsymbol{P}_i \bar{\boldsymbol{A}} - 2\rho \boldsymbol{P}_i \tag{10-32}$$

且 $\boldsymbol{P}_0(h) = \boldsymbol{P}_{0h}$，$\boldsymbol{P}_1(\tau_d) = \boldsymbol{P}_{1d}$。此外定义 $\boldsymbol{P}_{10} := \boldsymbol{P}_1(0)$ 和 $\boldsymbol{P}_{0d} := \boldsymbol{P}_0(\tau_d)$。考虑两个

标量 c_1 和 c_2 满足 $0 < c_1 \leqslant c_2$，给出如下：

$$c_1 := \min\{\min_{\tau \in [0,\tau_d]} \lambda_{\min}(\boldsymbol{P}_1(\tau)), \min_{\tau \in [0,h]} \lambda_{\min}(\boldsymbol{P}_0(\tau))\}$$

$$c_2 := \max\{\max_{\tau \in [0,\tau_d]} \lambda_{\max}(\boldsymbol{P}_1(\tau)), \max_{\tau \in [0,h]} \lambda_{\max}(\boldsymbol{P}_0(\tau))\}$$

其中，$\lambda_{\min}(\boldsymbol{P}_i)$ 和 $\lambda_{\max}(\boldsymbol{P}_i)$ 分别为矩阵 $\boldsymbol{P}_i$ 的最小和最大特征值。因此 V 满足如下的不等式：

$$c_1 |\xi|^2 \leqslant V(\xi,\tau) \leqslant c_2 |\xi|^2$$

第二步，分析系统状态在连续变化的情况下 V 的动态。根据式（10-31）和式（10-32），结合 V 对 τ 的微分（$V : \tau \in [0,\tau_d]$ 和 $\tau \in [\tau_d, h]$），可以得到：

$$\frac{\mathrm{d}}{\mathrm{d}t} V(\xi,\tau) = -2\rho V(\xi,\tau)$$

第三步，分析系统状态在跳跃变化的情况下 V 的动态，需要证明 V 不增大。由引理 9-3 可以得到：

$$\boldsymbol{P}_{10} = \mathrm{e}^{2\rho\tau_d} \mathrm{e}^{\overline{A}^\mathrm{T}\tau_d} \boldsymbol{P}_{1d} \mathrm{e}^{\overline{A}\tau_d}$$

$$\boldsymbol{P}_{0d} = \mathrm{e}^{2\rho(h-\tau_d)} \mathrm{e}^{\overline{A}^\mathrm{T}(h-\tau_d)} \boldsymbol{P}_{0h} \mathrm{e}^{\overline{A}(h-\tau_d)}$$

通过对式（10-29）使用舒尔补和 S-procedure，有：

$$\xi^{+\mathrm{T}} \boldsymbol{P}_{10} \xi^+ = \xi^\mathrm{T} \boldsymbol{J}_{\mathcal{J}}^{'\mathrm{T}} \boldsymbol{P}_{10} \boldsymbol{J}_{\mathcal{J}}^{'} \xi \leqslant \xi^\mathrm{T} \boldsymbol{P}_{0h} \xi$$

$$\xi^{+\mathrm{T}} \boldsymbol{P}_{0d} \xi^+ = \xi^\mathrm{T} \tilde{\boldsymbol{J}}_{\mathcal{J}}^\mathrm{T} \boldsymbol{P}_{0d} \tilde{\boldsymbol{J}}_{\mathcal{J}} \xi \leqslant \xi^\mathrm{T} \boldsymbol{P}_{1d} \xi$$

至此，可以得到 V 是一个合适的李雅普诺夫方程，且系统是全局指数收敛的，收敛速度为 ρ。证毕。□

参考文献

[1] Heemels W P M H, Donkers M C F, Teel A R. Periodic event-triggered control for linear systems[J]. IEEE Transactions on Automatic Control, 2013, 58（4）: 847-861.

[2] Raza U, Kulkarni P, Sooriyabandara M. Low power wide area networks: An overview[J]. IEEE communications surveys & tutorials, 2017, 19（2）: 855-873.

[3] Tomić I, Bhatia L, Breza M J, et al. The limits of LoRaWAN in event-triggered wireless networked control systems[C]//2018 UKACC 12th International Conference on Control（CONTROL）.IEEE, 2018: 101-106.

[4] Song J, Han S, Mok A, et al. WirelessHART: Applying wireless technology in real-time industrial process control[C]//2008 IEEE Real-Time and

Embedded Technology and Applications Symposium.IEEE, 2008: 377-386.

[5] Vilajosana X, Watteyne T, Vučinić M, et al. 6TiSCH: Industrial performance for IPv6 Internet-of-Things networks [C]. IEEE, 2019, 107 (6): 1153-1165.

[6] Lu C, Saifullah A, Li B, et al. Real-time wireless sensor-actuator networks for industrial cyber-physical systems[C].

IEEE, 2015, 104 (5): 1013-1024.

[7] Zhang F. The Schur complement and its applications [M]. Berlin: Springer Science & Business Media, 2006.

[8] Boyd S P, El Ghaoui L, Feron E, et al. Linear matrix inequalities in system and control theory [J]. SIAM, 1994, 15.

Cutting-Edge Technologies in
**Smart
Environmental
Protection**

第 11 章

城市供水系统优化与调度

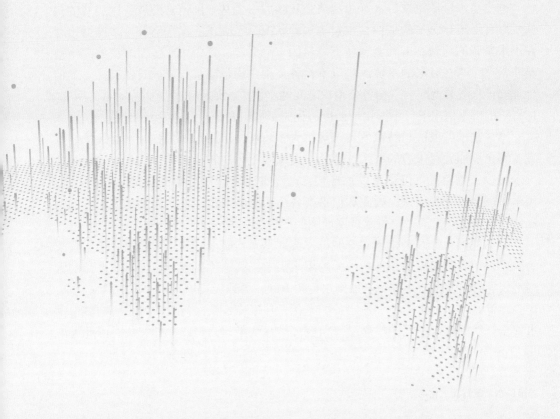

11.1
供水系统调度的作用与挑战

供水调度指的是充分利用现有供水系统的设施和有限的水资源条件满足用户用水需求。供水系统包含水源、水厂、管网等多个基础设施。对于现代城市的供水，单一水源已经远远不能满足不断发展的城市的用水需求，因此多水源成为了唯一的选择。供水调度的设计需要考虑如下重要问题。

① 根据各个水源的不同特性，协调各个水源的供水，优化水资源提供能力。

② 水厂负责生产质量符合标准的饮用水。生产过程中，需要消耗净水原料，同时需要定期对生产设备进行检修。因此，需要合理安排产能，减少原材料储存成本，降低损耗，同时合理安排设备检修时间，保证饮用水生产不中断。

③ 管网因为水锤效应等会导致压力不均。压力不足会导致无法满足用户用水需求；压力过大会导致漏损增加，甚至发生爆管事故。需要合理安排管网中泵群和阀门的工作状态，保证用户的用水需求。

因此，需要对供水系统进行调度，即发出科学的调度指令，使供水系各个环节协同工作，共同保证持续稳定、满足需求的饮用水供应。

城市供水调度面临诸多挑战。

首先是水资源短缺。水资源短缺是我国的一个基本国情。随着我国经济的快速发展和城市化脚步的加快，水资源短缺状况日益突出：全国有400多座城市存在供水紧张的问题，占到全国城市总量的三分之二，其中100多座城市的缺水情况非常严重。在有限的水资源供应下，各个用户用水需求的矛盾日益突出。如何合理安排水资源调配，平衡各个用户之间的水供应，是供水调度面临的重大问题。在有限的供水情况下，不同用户调度的优先级如何安排，也愈发复杂。

第二是水源保护与城镇发展矛盾扩大。随着城市的不断扩张，水源保护问题日益突出。加大对水源的取水，容易引发水源不可逆转的破坏，引起随之而来的供水减少；然而，仅仅维持取水现状，已经难以满足日益增长的城市用水需求，用水矛盾会进一步加深。因此如何平衡各个水源的取水，科学计划每个水源的取水量，避免竭泽而渔，是供水调度面临的严峻挑战。

第三是供水管网老化。部分城市，特别是大型城市，其供水管网修建年代较为久远，随着时间流逝和不断扩大的用水需求，其老化程度日益加深。老化的管网不仅容易引发漏损，进一步加剧水资源短缺，导致无法满足用户正常用水需求，还会降低饮用水的水质，加速水龄的老化，甚至导致二次污染，严重影响城市供水安全。然而供水管网的检修是一项庞大的系统工程，难以立即完成。因此考虑供水管网老化，合理安排管网检修，是供水调度面临的重大挑战之一。

第四是管网监测能力不足。虽然部分城市的供水系统安装了数据采集和监控系统（SCADA），然而相当数量的城市依旧采用传统的人工检测方法，导致监测能力较弱。即使安装有 SCADA 系统，由于城市供水系统，特别是管网系统十分庞大，结构异常复杂，管网通常深埋地下，导致传感器安装困难，安装数量有限，难以对供水系统实施有效监控。这使得供水系统对突发事件难以及时发现，实时应急供水保障能力薄弱。检测能力不足给供水调度带来了极大的困难，是其面临的重要挑战之一。

最后是供水调度的智能化不足。供水系统十分复杂，难以建立较为精确的模型，因此应用传统的优化方法制定决策，精度往往不高。而使用基于学习的优化决策方法难以保证决策的高度可靠。因此，针对供水系统这类有着极高安全要求的系统，研究智能调度方法是供水调度的另一个挑战。

11.2
供水系统调度的内容与发展现状

供水调度主要有 5 个方面，即水源的原水调度、水厂的生产调度、管网调度、站库调度，以及协调前 4 种调度的中心调度。各个调度之间的关系如图 11-1 所示。

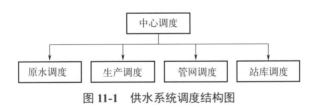

图 11-1　供水系统调度结构图

原水调度主要研究在多种类型、多个不同的水源供水时，如何结合各个水源水量的不同和水质的差异，实现按需供水和合理调配。不同的水源有不同的供水能力，例如：随着季节的变化、气候的变化和天气的变化，江河的供水能力会出现波动；地下水供水较为稳定，但是开采速度需要有所限制，否则容易产生地面沉降等问题；通过调水工程引入的水也会随着季节变化，且过度使用也会影响生态平衡；而通过污水处理厂再生的中水一般难以达到直接饮用标准，只能用作非饮用水用于绿化灌溉等。因此，研究多水源优化调配运行是非常重要的。

传统的原水调度主要由供水企业负责原水调度的供水调度工，依据原水水质检测结果、水源水量调度计划和以往的经验，来调节不同水源的取水量。目前已经难以满足现代城市，特别是大型城市对于多水源优化取水的要求。针对原水智能调度问题，目前已经有一些研究，这些研究期望建立多水源供水模型，利用优化方法实现原水的智能调度。Y. Han[1] 提出一个将非常规水资源与常规水相结合的多水源分配的系统框架，并建立多目标线性规划模型来实现多源水资源在多用户之间的分配，并通过采用阶梯法求解该多目标线性规划模型。目前，该模型已应用于大连市 2010 年、2015 年和 2020 年供水需求的配置方案。S. Zhang[2] 提出了水处理和分配站（水站）的概念，并将供水系统概括为三个模块：供水源、水站和用户。基于水网（水源 - 水站 - 用户）的拓扑图，建立了一个精细化的水资源分配模型。模型结果可以详细显示每个配水区所有用户的供水来源、供水量、配水工程等信息，这使得对用户的供需情况进行详细分析成为可能，并为区域配水的实施提供建议和理论指导。此模型选择了天津的水资源分配作为案例，模拟并讨论了多水源联合供水的水资源分配方案。

生产调度主要研究如何经济合理、安全可靠地满足各用户在水量和水质等方面的用水需求，实现产供平衡。不同的终端用户用水特性有所不同。居民生活用水有着非常强烈的随时间变化的特性，用水高峰一般出现在早晚，白天用水较为平稳，而凌晨则会存在用水低谷；工厂生产用水则较为平稳；商业用水所受的影响因素较多，需求变动较为复杂。因此，水厂的生产过程不仅要考虑水源供水的变动，还要考虑用户需水的差异。一般来说，水厂作为城镇基础设施的一部分，必须保证社会效益，即稳定、可靠供水；同时，水厂作为特殊的企业，还需要考虑经济效益，即在制水的过程中，降低成本，提高利润。因此，研究水厂的生产调度十分必要。

传统的生产调度由水工依据用户需水统计数据和经验来完成。生产过程主要关注水量、水质和电耗。随着技术的不断进步，目前很多水厂引入了基于 SCADA 的生产过程控制系统，利用 PLC 实现了自动化的过程控制。面向生产调度的智能化，目前也有一些研究。Y. Liu[3] 构建了一个由西门子 S7-200 PLC 控制的供水自动控制系统。该系统可以自动监测水质、水流量、pH 值、管网压力、工厂安全，并自动控制氯气和明矾投加量等。同时系统利用电脑主机系统实现了监测和数据的实时统计，并自动存储历史数据，达到了"现场无人值守，控制中心少人值守"的自动化成果。结果表明，出水水质满足国家饮用水标准的要求。A. Purohit[4] 构建了一个水质测量系统，可以实时测量水质。该系统是一个基于微控制器 8051 和 GSM 的系统，由多个传感器组成，用于测量水的各项指标，同时将信息发送到控制中心。

管网调度主要研究如何在满足用户用水需求的前提下，均衡管道压力，减少跑水、漏水，降低漏损率。传统的供水调度是没有考虑管网调度的。随着城市区域的不断扩张和高楼大厦的建成，更远的输送距离和更高的供水水头成为了供水管网面临的挑战。简单地提升供水压力会带来较高的漏损率，甚至导致无法正常供水。因此，需要研究如何合理安排管网中泵群的工作时间和工作状态，实现管道压力的均衡。

针对管网的智能调度问题，目前已经有了一些研究成果。M. Bharathi[5] 构建了一套自动配水系统。该系统使用液位传感器信息分配水资源，并通过 GSM 调制解调器向用户发送消息。系统由用户打开水泵或达到设定时间自动分配水，阀门的开启和关闭通过移动网络控制。R. Menke[6] 研究了用分支和边界方法对水泵调度问题进行表述。D. Fooladivanda[7] 重点讨论了配水网络的优化运行问题。通过使用物理和水力约束条件对配水网络工程进行建模，并利用变速泵的水力特性构建了一个水泵调度和水流的联合优化问题。提出了一个二阶锥松弛方法，并通过分析表明，所提出的松弛方法对于一类广泛的水网拓扑结构进行求解的结果是足够精确的。最后，考虑了一个真实世界的水网，并证明了所提出的松弛方法在计算最佳水泵运行计划和水流量方面的有效性。E. Price[8] 提出了用于最小化成本的水泵调度算法，该算法利用了适用于水力和质量约束的操作图算法。该算法的求解时间较短，因此适用于供水实时系统控制；如果离线使用，可以在考虑水力和水质约束的情况下给出水泵运行的建议。该算法的结果与通过列举发现的最佳结果进行了比较，结果为操作图算法返回了一个全局最小的解决方案，并且当与质量约束相结合时，返回了接近最优的结果。所提出的算法在一个有单个抽水机的 24h 实例应用中得到了成功证明。

站库调度主要研究供水管网中的水库、蓄水池、蓄水站的调度。由于不同用户需水的不同，城市供水系统含有大量的蓄水装置，通过错峰调蓄，即在用水低谷时大量储水，用水高峰时参与供水，降低了用水高峰时对水厂制水和供水管网的压力，平滑了需水量差异导致的水厂制水波动。早期小片区域供水依靠水塔的连通器原理实现，随着对水头的要求更高和技术的发展，出现了二次供水技术。二次供水技术可以分为对水塔出水进行加压和直接对管网终端加压。随着实践的检验，直接对管网加压会给管网带来较大负荷，因此目前提倡在终端引入供水水箱。但是水塔和水箱都存在水龄问题，即随着时间的推移，储水水质会持续下降，如果不及时使用或更换，会导致供水水质无法满足需求。因此，站库调度还需要建立水质变化模型，在调度中考虑水体水质的恶化。

面向站库的智能调度，目前已经有了一些研究成果。E. Alsukni[9] 使用 β-hill climbing 算法来建模多蓄水池操作问题（MROPs）。结果显示，所提出的方法能够产生一个可行的解决方案。R. Farmani[10] 研究了多目标进化算法在平衡美国 Anytown 镇输水系统的总成本、可靠性和水质之间的应用。解决方案的成本包括管道和水箱的资产成本，以及在特定时期内消耗的能源的成本。优化倾向于最小化成本，同时将可靠性作为优化过程中的目标之一。在 24h 和 5 种负荷条件下，提出了总成本、可靠性和水质之间的回报特性的结果。

中心调度主要研究如何协调上述 4 种调度。原水调度、生产调度、管网调度和站库调度之间相互关联、相互影响，由于优化目标不同，难免产生制约。因此需要一个高度集权的机构协调各个调度。中心调度的主要任务是根据总的优化目标，合理协调各个调度之间的关系，保证供水系统的安全稳定、经济高效运行。

针对中心调度的智能化问题，目前也有了一些研究成果。焦丽莹[11]阐述了城市需水量预测的研究现状以及理论方法，并运用 PSO-GM（1, 1, λ, ρ）模型与 PSO-DV-BP 神经网络模型的组合预测建立城市需水量的预测模型。在确定了水厂位置以及水源后，通过建造优化模型，分析研究每个水厂的设计规模，以及每个水厂所取用的水源和取水量，以期通过优化使取水费用及水处理费用能达到在约束下的最优。在优化模型中，同时考虑了水资源费用、泵站、输水管道、水厂。结合四川省某市多水源供水案例，通过优化后费用模型达到最小值，并将研究成果运用到该市给水系统的规划优化中。E.M. Dogo[12]探讨区块链和物联网技术的综合使用对智能水管理系统（IWMS）的影响。该文献还总结了专门为 IWMS 设计的安全解决方案，并讨论了一些可以从这两种技术的混合使用中受益的应用场景。

11.3
供水系统调度的发展趋势

当前较为先进的城市供水流程虽然引入了 SCADA 系统，但是供水系统的各个部分，以及供水系统各个 DMA 之间，各个供水系统之间，依旧存在非常严重的信息孤岛问题，导致数据的采集与整合受到非常多的限制。为了科学、合理地进行城市供水系统调度，优化调度指标，满足社会需求和提升经济效益，目前供水调度的发展重点在于系统整合与提升信息共享能力。

从目前的发展趋势来看，供水调度已经从原来水厂供水的单一调度，逐步向集制水生产、管网输配、营销服务、供水抢修等于一体的供水综合智能控制中心 IOC（Intelligent Operations Center）发展。供水综合智能控制中心是以智能传感网络、物联网、大数据、智能控制、云/雾计算、人工智能、数字孪生、虚拟现实技术为核心，以检测仪器仪表、无线通信网络、数据库系统、数据可视化展示、智慧运维等产品为支撑，以城市供水系统产、供、销、服、管的全面智能化和智慧化为目的的一类智慧城市智能运行中心。

供水综合智能控制中心的核心是综合指挥调度系统。该系统可将海量水务大数据进行分析与处理并集中展示；通过数据可视化全面掌控系统运行状况；通过特征提取，展示运营管理关键指标，并对异常关键指标进行预警和挖掘分析。供水综合智能控制中心分别针对供水系统的产、供、销、服、管，建有对应的子系统。产方面是水厂运营管理系统。该系统主要用于提升自来水生产过程的智能化和高效化，提高生产效率、优化能源消耗、降低生产成本，包括：把控生产全过程的智能过程控制；将工艺流程透明化、重要环节可视化的生产系统数字孪生和数据可视化；对异常问题早发现早处理的智能故障感知与容错处理；等等。供方面主要是供水管网检测管理系统。通过结合供水管网地理信息系统，实现对各测点的精确定位和信息收集；通过利用远程监控分析与接口系统对管网的压力流量等关键数据进行实时收集，从而对管网状态进行实时监测；通过分区计量，对管网漏损进行分析来降低供水过程的水资源浪费；此外，对越限数据进行及时报警，实现异常工况的早发现、早预警、早处理。销方面建有营业收费系统。系统对接基于NB-IoT的智能水表和微信、支付宝等多种缴费途径，实现抄表不入户、缴费不出门。此外，系统联通开通的微信公众号，实现报修的自主下单、维修的及时上门。服主要是客服管理系统。系统提供多种报修下单途径和维修订单一键指派，实现订单全流程可追踪。此外，客服管理系统可以自动处理意见反馈和客户投诉，实现对问题的及时发现、尽快处理、尽早反馈，提升服务的满意度。管则涉及企业内部管理系统。通过该系统实现对企业内部的科学高效管理，以及对应急事件的及时响应，包括：对突发事件的预警和快速响应；对车辆人员的调度，实现精准指派；应急视频会议，实现协调配合和统一指挥。

此外，随着人工智能技术，特别是第三代人工智能技术的提出和不断发展，对于城市供水系统这类强调过程安全的系统调度算法的研究也不断深入。提升数据模型的可解释性、提高算法的可靠性是供水系统调度算法的发展趋势[13]。

参考文献

[1] Han Y, Xu S G, Xu X Z. Modeling multisource multiuser water resources allocation [J]. Water resources management, 2008, 22 (7): 911-923.

[2] Zhang S, Yang J, Wan Z, et al. Multi-water source joint scheduling model using a refined water supply network: Case study of Tianjin[J]. Water, 2018, 10 (11): 1580.

[3] Liu Y, He X. Design of automatic control system for waterworks based on PLC [C] //2011 2nd International Conference on Artificial Intelligence, Management Science and Electronic Commerce (AIMSEC) .IEEE, 2011: 4996-4998.

[4] Purohit A, Gokhale U. Real time water quality measurement system based on GSM[J]. IOSR Journal of Electronics and Communication Engineering (IOSR-JECE), 2014, 9 (3): 63-67.

[5] Bharathi M, Kausalya M, Aishwarya S, et al. Design and Implementation of

Intelligent Water Distribution System for Apartments[J]. International Journal of Innovative Research In Technology, 2000, 6 (11): 205-210.

[6] Menke R, Abraham E, Parpas P, et al. Exploring optimal pump scheduling in water distribution networks with branch and bound methods[J]. Water Resources Management, 2016, 30 (14): 5333-5349.

[7] Fooladivanda D, Taylor J A. Optimal pump scheduling and water flow in water distribution networks [C] //2015 54th IEEE Conference on Decision and Control (CDC). IEEE, 2015: 5265-5271.

[8] Price E, Ostfeld A. Optimal pump scheduling in water distribution systems using graph theory under hydraulic and chlorine constraints [J].Journal of Water Resources Planning and Management, 2016, 142 (10): 04016037.

[9] Alsukni E, Arabeyyat O S, Awadallah M A, et al. Multiple-reservoir scheduling using β-hill climbing algorithm [J]. Journal of Intelligent Systems, 2019, 28 (4): 559-570.

[10] Farmani R, Walters G, Savic D. Evolutionary multi-objective optimization of the design and operation of water distribution network: total cost vs. reliability vs. water quality [J]. Journal of Hydroinformatics, 2006, 8 (3): 165-179.

[11] 焦丽莹. 多水源供水系统的优化研究 [D]. 重庆: 重庆大学, 2015.

[12] Dogo E M, Salami A F, Nwulu N I, et al. Blockchain and internet of things-based technologies for intelligent water management system [J]. Artificial intelligence in IoT, 2019: 129-150.

[13] 张钹, 朱军, 苏航. 迈向第三代人工智能 [J]. 中国科学 (信息科学), 2020, 50 (9): 1281-1302.

中英文对照表

英文名称	英文缩写	中文名称
Adaptive Control	AC	自适应控制
Acknowledgment	ACK	应答包
Ant Colony Optimization	ACO	蚁群算法
Asynchronous Decentralized Control Time-Division Multiple Access	ADC-TDMA	异步更新事件触发的时分多址传输协议
Asynchronous Decentralized Event-Triggered Control	ADETC	分布式异步更新事件触发控制
Asynchronous Decentralized Periodic Event-Triggered Control	ADPETC	周期性分布式异步更新事件触发控制
Artificial Neural Networks	ANN	人工神经网络
Asynchronous Sampling Decentralized Periodic Event-Triggered Control	ASDPETC	异步采样周期性分布式事件触发控制
Code Division Multiplexing	CDM	码分多路复用
Code Division Multiple Access	CDMA	码分多址
Control Time-Division Multiple Access	C-TDMA	集中式事件触发的时分多址传输协议
Cyber-Physical System	CPS	信息物理系统
Chaos Particle Swarm Optimization	CPSO	混沌粒子群优化算法
Central Processing Unit	CPU	中央处理器
Carrier-Sense Multiple Access	CSMA	载波侦听多路访问
Carrier-Sense Multiple Access with Collision Avoidance	CSMA/CA	载波侦听多路访问/冲突避免
Carrier-Sense Multiple Access with Collision Detection	CSMA/CD	载波侦听多路访问/冲突检测
Dynamic Decentralized Periodic Event-Triggered Control	DDPETC	动态周期性分布式事件触发控制方法
Differential Evolution	DE	差分进化算法
District Meter Area	DMA	独立计量区域
Decentralized Periodic Event-Triggered Control	DPETC	周期性分布式事件触发控制方法
Event-Triggered Control	ETC	事件触发控制

英文名称	英文缩写	中文名称
Event-Triggered Mechanism	ETM	事件触发机制
Fuzzy Control	FC	模糊控制
Frequency Division Multiplexing	FDM	频分多路复用
Failed Transmission Requests	FTR	失败传输申请数量
Genetic Algorithm	GA	遗传算法
Generational Distance	GD	世代距离
Geographic Information System	GIS	地理信息系统
Global Positioning System	GPS	全球定位系统
Global System for Mobile Communications	GSM	全球移动通信系统
Honey-Bee Mating Optimization	HBMO	蜜蜂算法
Inverted Generational Distance	IGD	反向世代距离
Linear Matrix Inequality	LMI	线性矩阵不等式
Long Range Radio	LoRa	远距离无线电
Low-Power Wide-Area	LPWA	低功耗广域
Low-Power Wide-Area Network	LPWAN	低功耗广覆盖局域网
Long Term Evolution	LTE	长期演进技术
Medium Access Control	MAC	介质访问控制
Maximum-Error First	MEF	最大误差优先
Multiple Input Multiple Output	MIMO	多输入多输出
Multi Objective Genetic Algorithm	MOGA	多目标遗传算法
Multi-objective Optimization Problem	MOP	多目标优化问题
Model Predictive Control	MPC	模型预测控制
Model-Reference Adaptive Control	MRAC	模型参考自适应控制
Narrow Band Internet of Things	NB-IoT	窄带物联网
Non-dominated Sorting Genetic Algorithm	NSGA	非劣排序遗传算法
Network Time Protocol	NTP	网络时间协议
Packet Delivery Ratio	PDR	数据包发送速率
Programmable Logic Controller	PLC	可编程控制器
Particle Swarm Optimization	PSO	粒子群优化算法

英文名称	英文缩写	中文名称
Quality of Service	QoS	供水质量
Round-Robin	RR	令牌环
Request Reply Message	RRM	请求回复消息
Simulated Annealing	SA	模拟退火算法
Supervisory Control And Data Acquisition	SCADA	数据采集和监控系统
Synchronous Decentralized Event-Triggered Control	SDETC	分布式同步更新事件触发控制
Synchronous Decentralized Periodic Event-Triggered Control	SDPETC	周期性分布式同步更新事件触发控制（第9章）
Static Decentralized Periodic Event-Triggered Control	SDPETC	静态周期性分布式事件触发控制方法（第10章）
Shuffled Frog Leaping Algorithm	SFLA	蛙跳算法
Single Input Single Output	SISO	单输入单输出
Spacing	SP	空间评价指标
Strength Pareto Evolutionary Algorithm	SPEA	强度Pareto进化算法
Service Set Identifier	SSID	服务集标识符
Statistical Time Division Multiplexing	STDM	统计时分多路复用
Time Division Multiplexing	TDM	时分多路复用
Time-Division Multiple Access	TDMA	时分多址
Try-Once-Discard	TOD	尝试-放弃
Time-Triggered Control	TTC	时间触发控制
Unified Datagram Protocol	UDP	用户数据报协议
Uniformly Global pre-Asymptotical Stable	UGpAS	全局预渐进收敛稳定
Up Link	UL	上行通道
Universal Mobile Telecommunications Service	UMTS	通用移动通信业务
Wide Area Cyber Physical System	WA-CPS	大范围信息物理系统
Wavelength Division Multiplexing	WDM	波分多路复用
Water Distribution System	WDS	供水系统
Wireless Networked Control System	WNCS	无线网络化控制系统
Zero-Order Holder	ZOH	零阶保持器